Anlagentechnik für sterile und ultrareine Prozesse

Siegfried Ripperger · Kai Nikolaus

Anlagentechnik für sterile und ultrareine Prozesse

Springer Vieweg

Siegfried Ripperger
Ehemaliger Leiter des Lehrstuhls für
Mechanische Verfahrenstechnik
Rheinland-Pfälzische Technische Universität
Kaiserslautern-Landau
Kaiserslautern, Deutschland

Kai Nikolaus
Lehrstuhl für Mechanische Verfahrenstechnik
Rheinland-Pfälzische Technische Universität
Kaiserslautern-Landau
Kaiserslautern, Deutschland

ISBN 978-3-662-69216-5
https://doi.org/10.1007/978-3-662-69217-2

ISBN 978-3-662-69217-2 (eBook)

Die Deutsche Nationalbibliothek verzeichnet diese Publikation in der Deutschen Nationalbibliografie; detaillierte bibliografische Daten sind im Internet über http://dnb.d-nb.de abrufbar.

Planung/Lektorat: Alexander Grün
Springer Vieweg ist ein Imprint der eingetragenen Gesellschaft Springer-Verlag GmbH, DE und ist ein Teil von Springer Nature.
Die Anschrift der Gesellschaft ist: Heidelberger Platz 3, 14197 Berlin, Germany

Vorwort

Das vorgelegte Werk ergänzt das Buch „Entwicklung und Planung verfahrenstechnischer Anlagen“ (Ripperger und Nikolaus 2020) um die spezifischen Aspekte der sterilen und ultrareinen Verfahrenstechnik. Diese kommt bei der Herstellung zahlreicher Produkte zum Einsatz, so z. B. in der Lebensmittel- und Biotechnologie, der pharmazeutischen und medizinischen Technik sowie bei der Herstellung elektronischer Bauteile. Sie ist notwendig, wenn sehr geringe Grenzen für Verunreinigungen eingehalten werden müssen. Als Verunreinigungen können je nach Anwendung unter anderem Partikeln (Staub), Mikroorganismen und Viren in den verarbeiteten Stoffsystemen oder auf den Oberflächen der Apparate gewertet werden.

In vielen Bereichen werden die Anforderungen an die Ausführung und den Betrieb von technischen Anlagen auch maßgeblich durch die einzuhaltende Hygiene bestimmt. Um diese zu gewährleisten, wurden gesetzliche Vorgaben sowie Normen und Richtlinien erarbeitet, die beachtet werden müssen. Sie werden hier ebenso betrachtet wie die Grundlagen zur Anlagenreinigung, -desinfektion und -sterilisation. Auch die hygienegerechte Gestaltung von Maschinen und Apparaten sowie die Entkeimungs- bzw. Sterilfiltration werden behandelt.

Zunehmend werden sterilisiert angelieferte Single-Use-Elemente, wie sie seit längerem in der Medizin- und Labortechnik verwendet werden, auch zur Herstellung biopharmazeutischer Produkte eingesetzt. Sie ersparen die wiederkehrende Reinigung und Sterilisation der verfahrenstechnischen Anlagen. Im letzten Kapitel wird diese Entwicklung aufgezeigt.

Dieses Buch richtet sich vorwiegend an Studierende und an Fachleute aus der Industrie und der akademischen Forschung der oben genannten Fachrichtungen.

Da die Vollständigkeit oder Aktualität der Angaben zu Gesetzen, Vorschriften oder Richtlinien trotz größter Sorgfalt nicht gewährleistet werden kann, wird empfohlen, gegebenenfalls für die eigenen Arbeiten die vollständigen rechtlichen Vorgaben in der gültigen Fassung hinzuzuziehen.

Kaiserslautern, Deutschland
Mai 2024

Siegfried Ripperger
Kai Nikolaus

Abkürzungs- und Symbolverzeichnis

Abkürzungsverzeichnis

3-A-SSI	3-A Sanitary Standard Inc.
AFM	Atomic Force Microscope
AiF	Arbeitsgemeinschaft industrieller Forschungsvereinigungen „Otto von Guericke“ e. V.
AISI	American Iron and Steel Institute
AMG	Arzneimittelgesetz
AMWHV	Arzneimittel- und Wirkstoffherstellungsverordnung
AOX	Adsorbierbare organisch gebundene Halogene X
API	Active Pharmaceutical Ingrediens
ASTM	American Society for Testing and Materials
ATCC	American Type Culture Collection
ATP	Adenosintriphosphat
AVBWasserV	Verordnung über allgemeine Bedingungen für die Versorgung mit Wasser
BfR	Bundesinstituts für Risikobewertung
BImSchG	Bundesimmissionsschutzgesetz
BPSA	Bio-Process Systems Alliance
CCP	Critical Control Points
CFR	Code of Federal Regulations
CFU	Colony Forming Units
cGMP	Current Good Manufacturing Practice
CIP	Cleaning in Place
CMC	Critical Micell Concentration
COP	Cleaning Out of Place
DAB	Deutsches Arzneibuch
DGHM	Deutsche Gesellschaft für Hygiene und Mikrobiologie
DIN	Deutsches Institut für Normung e. V.
DNA	Desoxyribonukleinsäure

DVGW	Deutsche Verein des Gas- und Wasserfaches e. V.
D-Wert	Dezimale Reduktionszeit
E. coli	Escherichia coli
ECTFE	Ethylenchlortrifluorethylen
EDI	Elektrochemische Deionisation
EDTA	Ethylendiamintetraessigsäure
EG	Europäische Gemeinschaft
EHEDG	European Hygienic Engineering Design Group
EN	Europäische Normen
EPDM	Ethylen-Propylen-Dien-Kautschuk
EPS	Extrazelluläre polymere Substanzen
EU	Europäische Union
EWG	Europäische Wirtschaftsgemeinschaft
FAO	Ernährungs- und Landwirtschaftsorganisation der Vereinten Nationen
FCD	Fédération des Entreprises du Commerce et de la Distribution
FDA	U.S. Food and Drug Administration
FFU	Filter-Fan-Units
FiT	Fachverband industrielle Teilereinigung e. V.
FMEA	Fehlermöglichkeits- und Einflussanalyse
FRT	Europäische Forschungsgemeinschaft Reinigungs- und Hygienetechnologie e. V.
F-Wert	Gesamtletalität
GefStoffV	Gefahrstoffverordnung
GenTG	Gentechnikgesetz
GMP	Good Manufacturing Practice
GPG	Good Practice Guides
GVC	Gesellschaft Verfahrenstechnik und Chemieingenieurwesen
GVO	Gentechnisch veränderte Organismen
HACCP	Hazard Analysis and Critical Control Point
HDE	Hauptverband des Deutschen Einzelhandels
HEPA-Filter	High Efficiency Particulate Airfilter
Hg	Quecksilber
HIMA	Health Industries Manufacturers Association
HLB	hydrophilic-lipophilic-ballance
IAFIS	International Association Food Industry Suppliers
IAFP	International Association for Food Protection
IFS	International Food Standard
IfSG	Infektionsschutzgesetz
IMF	Intermediate Moisture Foods
ISO	Internationale Organisation für Normung
ISPE	International Society for Pharmaceutical Engineering
KbE	Koloniebildende Einheiten

LFGB	Lebensmittel- und Futtermittelgesetzbuch
LRV	log. reduction value
MAG	Metall-Aktivgas
MF	Mikrofiltration
MIF	Milk Industry Foundation
MPBetreibV	Medizinprodukte-Betreiberverordnung
MPG	Medizinproduktgesetz
MPPS	Most penetrating Particle Size
MPV	Medizinprodukte-Verordnung
MSG	Metall-Schutzgas
NBR	Nitril-Butadien-Kautschuk
NF	National Formulary
NF	Nanofiltration
NIAS	non-intentionally added substances
NIOSH	National Institute for Occupational Safety and Health
NOEL	no observed effect level
NSF	National Sanitation Foundation
OEB	Occupational Exposure Band
OEL	Occupational Exposure Limit
PE	Polyethylen
PES	Peressigsäure
PES	Polyethersulfon
pH	Potential des Wasserstoffs
PP	Polypropylen
ppt	Parts per Trillion
PREN	Pitting Resistance Equivalent Number
PTFE	Polytetrafluorethylen
PVC	Polyvinylchlorid
PVDF	Polyvinylidinfluorid
QAV	Quartäre Ammoniumverbindungen
QHD	Qualified Hygienic Design
QM-System	Qualitätsmanagementsystem
Ra	Mittenrauwert nach DIN EN ISO 21920-2
RLU	Relative Light Units
RNA	Ribonukleinsäure
RO	Umkehrosmose
SIP	Sterilization in Place
SOP	Standard Operation Procedure
SUB	Single-Use-Bioreaktor
SUT	Single-Use Technology
SUUR-Toolkit	Single-Use-User-Requirements-Toolkit
TLS	VDI-Gesellschaft „Technologies of Life Sciences“

TOC	total organic carbon
TrinkwV	Trinkwasserverordnung
UBA	Umweltbundesamt
UF	Ultrafiltration
ULPA	Ultra Low Penetration Airfilter
URS	User-Requirement-Specifications
USP	United States Pharmacopeia
UV	Ultraviolett
VAH	Verbund für Angewandte Hygiene
VDI	Verein Deutscher Ingenieure
VDMA	Verband deutscher Maschinen und Anlagenbau e. V.
VwV	Verwaltungsvorschriften
WFI	Water for Injection
WHO	Weltgesundheitsorganisation
WIG	Wolfram-Inert-Schutzgas
WIP	Washing in Place
ZVO	Zentralverband Oberflächentechnik e. V.

Symbolverzeichnis

A	(durchströmte) Querschnittsfläche [m^2]
A	Konstante der Arrhenius-Gleichung [1/s]
a	Unsicherheitsfaktor bei OEL-Bestimmung [–]
a_W	Activity of Water [–]
b	Bioverfügbarkeitsunterschied zu inhalierter Aufnahmen bei OEL-Bestimmung [–]
C	Konstanter Faktor [–]
c_i	Konzentration der Komponente i [kg/m^3]
c_K	Konzentration in der Kernströmung [kg/m^3]
c_W	Flächenbezogene Schmutz-Konzentration [kg/m^2]
c_W	Konzentration an der Wand [kg/m^3]
c_{W0}	Flächenbezogene Schmutz-Anfangskonzentration [kg/m^2]
D	Rohrinnendurchmesser [m]
d_h	Hydraulischer Durchmesser [m]
D_i	Diffusionskoeffizient der Komponente i [m^2/s]
d_p	Partikeldurchmesser [m]
$d_{p,\max}$	Maximaler Porendurchmesser der Membran [m]
D_ϑ	Dezimale Reduktionszeit bei Temperatur ϑ [s]
E_S	Inaktivierungsenergie [J/mol]
F	Gesamtletalität [s]
F_D	Druckkraft [N]

F_L	Liftkraft, hydrodynamischer Auftrieb [N]
F_W	Schleppkraft, Widerstandskraft [N]
k	Rohrwandrauigkeit [m]
k	Konstante [1/s]
k	Abtötungskoeffizient (spezifischer Inaktivierungskoeffizient) [–]
K	Beiwert für Einfluss der Porenstruktur auf Blaspunktdruck [–]
L	Länge [m]
L_E	Länge der Einlaufstrecke [m]
$\dot{m}$	Massenstrom [kg/s]
m_K	Körpermasse [kg]
N	Anzahl der Keime pro Flächen- bzw. Volumeneinheit [–]
n	Luftwechselrate [1/s]
N_0	Anfangskeimzahl pro Flächen- bzw. Volumeneinheit (bei $t=0$) [–]
NOEL	no observed effect level bei OEL-Bestimmung [mg/kg]
p	Wasserdampfpartialdruck [Pa]
p_B	Benetzungsdruck [Pa]
p_{BP}	Blaspunktdruck [Pa]
p_S	Sättigungspartialdruck [Pa]
r	Radius [m]
R	Steilheitsparameter der Weibull-Verteilung [–]
R	Allgemeine Gaskonstante [J/mol K]
$r(t)$	Flächenbezogener Restschmutzanteil [–]
r_0	Radius an der Rohrinnenwand [m]
Re	Reynolds-Zahl [–]
Re_{krit}	Kritische Reynolds-Zahl [–]
S	Kumulierte Konzentrationen im Blutplasma nach wiederholter Aufnahme von toxischen Stoffen [–]
Sc_i	Schmidt-Zahl der Komponente i [–]
Sh_i	Sherwood-Zahl der Komponente i [–]
t	Reinigungszeit [s]
T	Zeitkonstante [s]
T	Temperatur [K]
U	Benetzter Umfang des durchströmten Querschnitts [m]
$\dot{V}$	Volumenstrom des Fluides [m^3/s]
V_{8h}	Volumen, das ein Mitarbeiter in 8 h einatmet m^3]
w	Lokale Strömungsgeschwindigkeit [m/s]
$\overline{w}$	Mittlere Strömungsgeschwindigkeit [m/s]
$w_{\max}$	Maximalgeschwindigkeit im Strömungsprofil [m/s]
w_τ	Schubspannungsgeschwindigkeit [m/s]
y	Wandabstand, Richtungskomponente [m]
y^+	Dimensionsloser Wandabstand [–]
β_i	Stofftransportkoeffizient der Komponente i [m/s]

δ Konzentrationsgrenzschichtdicke nach Filmtheorie [m]
Δp Druckabfall [Pa]
η Dynamische Viskosität des Fluides [Pa s]
ν Kinematische Viskosität des Fluides [m^2/s]
π Kreiszahl [−]
ρ Dichte des Fluides [kg/m$^{3]}$
σ Oberflächenspannung der Flüssigkeit [N/m]
τ Schubspannung [Pa]
τ_W Wandschubspannung [Pa]
φ Benetzungswinkel [°]
λ Rohrreibungszahl [−]
ϑ Temperatur [°C]

Inhaltsverzeichnis

Apparate und Anlagen der sterilen und ultrareinen Prozesstechnik

1

1.1 Einführung

In dem Buch „Entwicklung und Planung verfahrenstechnischer Anlagen“ (Ripperger und Nikolaus 2020) werden die Apparate- und Anlagentechnik als Teilgebiet der Verfahrenstechnik vorgestellt. Es werden darin Grundlagen behandelt, die bei der Planung und Entwicklung verfahrenstechnischer Prozesse sowie dem Bau der zugehörigen Apparate, Maschinen und Anlagen zu beachten sind. Meist handelt es sich dabei um einmalige komplexe Vorhaben, bei denen Methoden des Projektmanagements berücksichtigt werden. Grundlagen hierzu sowie die dabei zu beachtenden rechtlichen Vorgaben werden in dem oben genannten Buch behandelt. Diese Inhalte werden im Folgenden um die speziellen Anforderungen an die Apparate- und Anlagentechnik ergänzt, die bei sterilen und ultrareinen Prozessen einzuhalten sind.

1.1.1 Sterile Prozesstechnik

Mit der Entwicklung der Lebensmitteltechnik, der industriellen pharmazeutischen Technik und der Biotechnologie hat sich eine „sterile Verfahrenstechnik“ bzw. eine „sterile Prozesstechnik“ herausgebildet, die an die Apparate- und Anlagentechnik besondere Anforderungen stellt. Die „sterile Prozesstechnik“ ist eng mit den „Life Sciences“ (zu Deutsch „Lebens- oder Biowissenschaften“) verbunden. Unter diesem Begriff werden Wissenschaftsgebiete zusammengefasst, die mit „lebender“ Materie zu tun haben, und bei der ein schneller biologischer Verderb der behandelten Produkte möglich ist. Die „Life Sciences“ sind die Basis bedeutender Industriezweige. Dazu gehören neben der Pharma- und Lebensmittelindustrie auch die Kosmetik- und Diätetikindustrie. Letztere wird oft auch mit der Bezeichnung „Health-Food-Industrie“ zusammengefasst. In den Industriezweigen werden große Mengen verderblicher Produkte im industriellen Maßstab verarbeitet. Die hergestellten Produkte, ganz gleich ob Herztropfen, Antibabypille,

S. Ripperger, K. Nikolaus, *Anlagentechnik für sterile und ultrareine Prozesse*,
https://doi.org/10.1007/978-3-662-69217-2_1

Sonnenschutzcreme, Wurst oder Joghurt, müssen von den Grundstoffen bis zur Verpackung unter höchsten hygienischen Anforderungen behandelt und produziert werden. Die Anlagen müssen gesetzlichen Anforderungen einerseits und hohen Standards hinsichtlich Reinheit, Effizienz, Durchsatz und Flexibilität andererseits gerecht werden. Um diese Voraussetzungen zu erfüllen, werden höchste Anforderungen an die Werkstoffe, die Konstruktion, die Ausführung und die Fertigung der einzelnen Anlagenelemente gestellt. In vielen dieser Anlagen werden die Produkte unter aseptischen bzw. sterilen Bedingungen verarbeitet. Es werden dabei Bedingungen geschaffen und ständig eingehalten, die eine Kontamination der Produkte durch Fremdstoffe sicher verhindern. Es werden dadurch beispielsweise Erkrankungen durch die Einnahme von Fremdstoffen aus kontaminierten Lebensmitteln vermieden oder eine längere Haltbarkeit von Lebensmitteln erreicht.

Die ersten Grundlagen der hygienegerechten Produktion von Lebensmitteln und Arzneimitteln wurden in der Frühphase des Fachgebietes der Biotechnologie gelegt. In der Biotechnologie werden zum Teil empfindliche pflanzliche und tierische Zellkulturen invitro kultiviert, die zuvor aus den vielzelligen Organismen isoliert worden sind. Zur optimalen Kultivierung müssen meist sehr enge Grenzen der Umgebungsbedingungen eingehalten werden. Die seit Jahrtausenden angewandten Verfahren zur Herstellung und Konservierung von Lebensmitteln, wie z. B. die Fermentationen zur Alkohol-, Käse- und Milchsäureherstellung, liefen weitgehend spontan und unsteril ab. Erst mit der Entwicklung der Bakteriologie und der von Louis Pasteur (1822–1895) für kritische Arbeitsschritte in der Pharmazie und Medizin propagierten aseptischen Arbeitsweise erkannte man die negative Auswirkung einer Fremdverkeimung. Pasteur bewies 1856, dass die unerwünschte Produktion von Milchsäure oder Essigsäure, die durch Bakterien bei der Fermentation erzeugt werden, Bier und Wein sauer machen. Robert Koch (1843–1910), gelang es 1876 den Erreger des Milzbrands, der als Viehseuche damals eine große Rolle spielte und auch Menschen befallen konnte, außerhalb des Organismus zu kultivieren. Er konnte aufgrund seiner Studien die Rolle von Bakterien beim Entstehen einiger Krankheiten beschreiben, unter anderem der Tuberkulose. Bis zur Erfindung des Penicillins im Jahre 1929 blieben jedoch Infektionskrankheit noch die Geißel Nummer eins in Europa. Im Zusammenhang mit der Herstellung von Antibiotika und Vakzinen wurde in den folgenden Jahren die sterile Prozesstechnik bei der industriellen Fermentation perfektioniert. Es wurde dadurch möglich, Monokulturen auch im großtechnischen Maßstab zu kultivieren. Auch die Herstellung vieler anderer Arzneimittel wurde im Laufe der Jahre in den industriellen Bereich verlagert. Mit dieser Entwicklung wurden die produzierten Mengen ausgeweitet und auch die Palette der Arzneiformen wesentlich erweitert. Neue pharmazeutische Wirkstoffe (engl. Active Pharmaceutical Ingrediens, APIs), neue Wirkstoffträger und Hilfsstoffe sowie neue Herstellungs-, Aufbereitungs- und Verarbeitungsverfahren gaben dem Gebiet ein neues Profil, das als pharmazeutische Technik bzw. pharmazeutische Verfahrenstechnik bezeichnet wird (Fahr 2021; Müller-Goymann et al. 2022).

Aufbauend auf den in der pharmazeutischen Industrie gewonnenen Erkenntnissen entwickelte sich die sterile Prozesstechnik auch in anderen Bereichen, insbesondere in der Biotechnologie und Lebensmitteltechnik. Grundlagen zur technischen Umsetzung einer hygienischen Produktion in diesen Branchen werden ausführlich von Hauser (2008a, 2008b) beschrieben.

Bei der sterilen Prozesstechnik unterscheidet man zwischen einer aseptischen Verarbeitung von Produkten und der konventionellen Methode der Endsterilisation der Produkte. Bei Prozessen mit einer Endsterilisation wird z. B. das Füllen und Verschließen von Produktbehältern unter hohen Reinheitsbedingungen der Umgebung ausgeführt, jedoch gelten in den meisten Fällen das Produkt, der Behälter und der Verschluss nicht als steril. Daher ist eine terminale Sterilisation als letzter Produktionsschritt notwendig. Bei der aseptischen Verarbeitung werden das Produkt, der Behälter und der Verschluss getrennten Sterilisationsprozessen unterzogen und erst danach zusammengefügt. Da dabei häufig keine Endsterilisation mehr stattfindet, ist es von entscheidender Bedeutung, dass der Behälter unter sterilen Umgebungsbedingungen verschlossen wird. Eine Produktion unter ultrareinen Bedingungen muss in diesem Fall gewährleistet werden.

1.1.2 Ultrareine Prozesstechnik

Neben der Pharma- oder Lebensmittelindustrie, die eine sterile Prozesstechnik anwenden, haben sich auch andere Industriezweige entwickelt, in denen eine ultrareine Prozesstechnik notwendig ist, weil bereits kleinste Mengen einer unerwünschten Substanz, sei es in Form von Partikeln, Molekülen, Metallionen oder Mikroorganismen zur Verunreinigung eines Produktes oder Störung eines Produktionsablaufs führen und hohen Schaden anrichten können. Hierzu gehören unter anderem Fertigungseinrichtungen für Medizinprodukte und die Elektronikindustrie mit ihren Fertigungsstätten für mikroelektronische Bauteile. An letztere werden höchste Reinheitsanforderungen gestellt. Der Trend geht dahin, bestimmte Kontaminanten, wie Metalle in den eingesetzten Chemikalien zur Halbleiterherstellung auf „parts per trillion (ppt)" zu reduzieren. Die Strukturgrößen heutiger Mikrochips der Elektronikindustrie liegen im Bereich von wenigen Nanometern. Sie beträgt z. B. bei der Prozessor-Mikroarchitektur Broadwell des Chipherstellers Intel nur 14 nm. Um solche Produkte sicher fertigen zu können, wurden in den letzten Jahrzehnten Technologien für ultrareine Herstellungsprozesse entwickelt, die unter der Bezeichnung „Reine Technologien" zusammengefasst werden können. Dabei handelt es sich um Technologien zur Erzeugung und Aufrechterhaltung definierter (reiner) stofflicher Zusammensetzungen in Räumen und Apparaten sowie zur Herstellung reiner Stoffe (z. B. Gase, Flüssigkeiten, Pulver) und zur Erzeugung reiner Oberflächen.

Das Ziel ist es, Verunreinigungen zu vermeiden bzw. auf sehr geringe Werte zu begrenzen. Als Verunreinigung werden unerwünschte Stoffe bezeichnet. In Gasen kann es sich dabei um Partikeln (Staub), Mikroorganismen (Viren, Bakterien, Hefen, Pilze), Tröpfchen und Fremdgase handeln. Verunreinigungen in Flüssigkeiten können ebenfalls Partikeln, Mikroorganismen und emulgierte Tröpfchen sowie gelöste Stoffe sein. Pulver können durch Fremdpartikeln, Feuchtigkeit oder adsorbierte Gase verunreinigt werden. An den Feststoffoberflächen in Apparaten können Partikeln und Mikroorganismen haften und Ablagerungsschichten bilden. Einige Produkte werden bereits durch ein- oder mehrlagige, adsorbierte Molekülschichten derart verunreinigt, dass die weitere Produktion bzw. die Produktanwendungen gestört werden.

Ultrareine Prozesstechniken werden angewendet zur

- Erzeugung reiner Umgebungsbedingungen in Produktionsräumen (Reinraumtechnik),
- Erzeugung reiner und/oder steriler Atmosphären in Apparaten,
- Verhinderung, dass lebensfähige Fremdkeime und Fremdstoffe Systemgrenzen überschreiten (z. B. beim Arbeiten mit pathogenen oder genmanipulierten Mikroorganismen),
- Erzeugung reiner Luft, reinem Wasser und sonstigen reinen Prozessmedien,
- Erzeugung von reinen (sauberen) Oberflächen in Apparaten und Geräten.

Die enge Verwandtschaft zwischen der sterilen und der ultrareinen Prozesstechnik verdeutlicht sich am Beispiel der gesetzlich vorgeschriebenen Reinheit von Abwasser- und Abluftströmen aus biotechnologischen Anlagen, die insbesondere dann von Belang ist, wenn im Prozess rekombinante Zellen verarbeitet wurden. Gemäß den gesetzlichen Vorschriften dürfen Emissionen aus Prozessen mit genmanipulierten Zellen nur steril an die Umwelt abgeleitet werden. Einzelheiten dazu regelt das Gentechnikgesetz (GenTG), das in Abschn. 2.3.5 näher erläutert wird. Maßnahmen und Techniken zur Sterilisation der Abwasser- und Abluftströme werden in den Kap. 5, 7 und 8 vorgestellt.

Bei der Herstellung von hochreinen Produkten werden, wie bei der sterilen Prozesstechnik, die hohen Anforderungen an die Anlagentechnik in der Regel nur dann erfüllt, wenn alle Lieferanten der Lieferkette die Methoden des Qualitätsmanagements anwenden. Nur so wird nachweislich sichergestellt, dass die Lieferanten von Apparaten und Anlagen für diese Bereiche neben dem Prozess-Know-How auch die notwendigen Reinheitsanforderungen gewährleisten. Die Entwicklungen auf dem Gebiet der sterilen und ultrareinen Prozesstechnik finden in einem Spannungsfeld statt, in dem steigende Anforderungen an die Anlagen und die Hygiene in Verbindung mit wirtschaftlichen Zwängen sowie der Notwendigkeit der Ressourceneinsparung erfüllt werden müssen.

1.2 Begriffe und Grundlagen der Hygiene und Mikrobiologie

Die Grundlagen der Hygiene, d. h. der „Lehre von der Verhütung der Krankheiten und der Erhaltung, Förderung und Festigung der Gesundheit“ bilden die Basis der sterilen Prozesstechnik. Nach der Richtlinie VDI 6023 Blatt 1:2022-09, welche für die Planung, die Ausführung und den Betrieb von Trinkwasserinstallationen erarbeitet wurde, werden mit dem Begriff Hygiene die „Gesamtheit aller Bestrebungen und Maßnahmen zur Verhütung von mittelbaren oder unmittelbaren gesundheitlichen Beeinträchtigungen und Störungen des Wohlbefindens (Unbehagen) beim einzelnen Nutzer“ zusammengefasst.

Übertragen auf die sterile Prozesstechnik bedeutet dies, dass die verwendeten Apparaturen so zu errichten sind, dass eine Kontamination der darin hergestellten Produkte mit Fremdstoffen jeglicher Art sicher vermieden wird. In diesem Zusammenhang ist insbesondere eine leichte Reinigbarkeit aller produktberührenden Oberflächen von zentraler Bedeutung. Eine Kontamination der verarbeiteten Produkte z. B. mit unerwünschten Mikroorganismen kann unter anderem durch die Ausgangsstoffe, das Personal, die Anlagenausführung und die in den Betriebsräumen anzutreffenden Mikroorganismen-Flora erfolgen. Daher schließen die Maßnahmen zur Sicherung der Hygiene die sachgerechte Aufbereitung der Rohstoffe, die Personalhygiene sowie die Reinigung und Desinfektion der Anlagen und Räume mit ein. Insbesondere bei offenen Prozessen kann die Umgebung innerhalb des Produktionsraumes einen Einfluss auf das Produkt nehmen, wodurch ein Kontaminationsrisiko nicht nur durch die Anlage, sondern auch durch das Personal und die Raumluft vorliegt. Dabei spielt beispielsweise die Filtration der Raumluft, die in Kap. 9 näher behandelt wird, eine wichtige Rolle, weil Keime, die durch die Luft übertragen werden, überwiegend an Staubpartikeln oder feinsten Tröpfchen gebunden sind und über diese eine Kontamination des Produktes verursachen können. Die hygienegerechte Gestaltung von Produktionsanlagen mit offenen Prozessen betrifft deshalb nicht nur die Anlage, sondern den gesamten Produktionsraum. Dagegen hat das Produkt bei geschlossenen Prozessen keinen Kontakt mit der Umgebung, wodurch das Kontaminationsrisiko in diesem Fall nur durch die Anlage selbst verursacht werden kann. Aus diesem Grund bezieht sich die hygienegerechte Gestaltung bei geschlossenen Prozessen in der Regel nur auf die Anlageninnenseite.

Um den hygienegerechten Anforderungen von offenen oder geschlossenen Produktionsanlagen zu genügen, entwickelte sich das Fachgebiet „sterile Verfahrenstechnik“, „sterile Prozesstechnik“ oder „Steriltechnik“, welches als ein spezielles Teilgebiet der Apparate- und Anlagentechnik betrachtet werden kann. Die Vermeidung einer Kontamination des Produktes stellt das zentrale Ziel der sterilen Prozesstechnik dar. Eine Kontamination bezeichnet den Eintrag oder das Auftreten von jeglichen biologischen oder chemischen Fremdstoffen oder anderen Substanzen, die unbeabsichtigt dem Produkt zugeführt werden und die Produktsicherheit oder Produkteigenschaften negativ beeinträchtigen (EHEDG Glossary 2020). Dabei können Kontaminationen als Fremdkörper, chemische Kontaminationen, allergene Kontaminationen oder als biologische Kontaminationen auftreten.

1.2.1 Kontamination durch Mikroorganismen

Biologische Kontaminationen werden in der Regel über Mikroorganismen übertragen und sind in Lebensmitteln besonders problematisch, weil sie sich in kurzen Zeiträumen sehr stark vermehren können. Durch die Vermehrung von Mikroorganismen kann die sensorische Qualität (Aussehen, Geruch und Geschmack) des Lebensmittels negativ beeinflusst werden oder sogar eine gesundheitsschädliche Wirkung entfalten. Der Begriff Mikroorganismus umfasst alle Organismen, die nicht mit bloßem Auge erkennbar sind. Sie sind zur Vermehrung oder zur Weitergabe von genetischem Material fähig. Darunter fallen unter anderem Bakterien, Pilze wie Hefe- und Schimmelpilze, Mikroalgen und Protozoen.

Viren werden oft nicht als Lebewesen angesehen, da sie keinen eigenständigen Stoffwechsel haben und sich nicht eigenständig vermehren können. Dadurch sind sie nicht direkt am zeitlichen Verderb von Produkten beteiligt. Da sie jedoch mit lebenden Organismen interagieren, wird die Virologie als Teilgebiet der Mikrobiologie betrachtet. Viren bestehen aus DNA, RNA und Proteinen, die es ihnen ermöglichen in eine Zelle einzudringen und sich zu vermehren. Außerdem besitzen sie die Fähigkeit zur Evolution. Da jeder Organismus von pathogenen Viren infiziert werden kann, sind Viren auch im Bereich der Hygiene zu berücksichtigen. Mit Viren kontaminierte Produkte können auf Lebewesen übertragen werden und dort Krankheiten auslösen. Das trifft z. B. auf kontaminierte humane und tierische Blutprodukte sowie Lebensmittel wie Fleisch, Fisch, Schalentiere und Milch zu. Beispielsweise muss im Zusammenhang mit den Influenza-Viren bei der Lebensmittelverarbeitung auch deren leichte Übertragung über die Atemluft beachtet werden.

Eine Mikroorganismen-Flora kann sich aus einer Vielzahl verschiedener Mikroorganismen zusammensetzen (Madigan et al. 2020). Sie kann sich an unterschiedlichen Stellen einer Anlage ansiedeln und vermehren. Dabei muss zwischen einer harmlosen und einer pathogenen Mikroorganismen-Flora unterschieden werden. Pathogene Organismen und ihre produzierten Toxine oder Krankheitserreger sind dafür verantwortlich, dass Produkte wie z. B. Lebensmittel, eine gesundheitsschädliche Wirkung entfalten können. Krankheitserreger oder Keime sind unter anderem Mikroorganismen (oder Viren), die in anderen Organismen gesundheitsschädigende Abläufe verursachen. Die toxische oder krankheitserregende Wirkung von Mikroorganismen erfolgt durch Intoxikation (Vergiftung) oder Infektion und kann von den Mikroorganismen selbst oder ihren Stoffwechselprodukten ausgehen. Beide können beim Atmen, beim Essen und Trinken und Stoffwechselprodukte auch über die Haut aufgenommen werden. Sie können akute oder chronische Gesundheitsschäden hervorrufen oder sogar den Tod auslösen.

Lebensmittelinfektionen erfolgen in den meisten Fällen über die Bakterien *Campylobacter*, *Listerien* oder *Salmonellen*, während Lebensmittelintoxikationen insbesondere durch *Staphylococcus aureus*, *Bacillus cereus* oder *Clostridium*-Arten hervorgerufen werden. Bakterien, die hingegen „nur“ den Verderb von Lebensmitteln durch enzymatischen Abbau von Kohlehydraten, Proteinen und Fetten verursachen, sind z. B. verschiedene *Bacillus subtilis* Stämme. Mit dem Verderb geht zwar eine erhebliche Beeinträchtigung der Qualität des Lebensmittels, wie Farbe, Konsistenz, Geruch und Geschmack einher, ohne jedoch eine toxische oder krankheitserregende Wirkung zu verursachen. Insofern sind Verderbniserreger von Toxinbildnern und Krankheitserregern abzugrenzen. Ebenso wirken die meisten Schimmelpilze (filamentös wachsende Pilze) durch enzymatische Stoffwechselprozesse als Verderbniserreger. Zahlreiche Schimmelpilze bilden jedoch auch toxische

Stoffwechselprodukte (Mykotoxine) wie z. B. *Aflatoxine*, die leberkrebserregend wirken. Hefepilze (sprossend wachsende Pilze) sind ebenso in erster Linie als Verderbniserreger zu betrachten. Es gibt aber auch pathogene Hefen, die spezifische Infektionskrankheiten (Mykosen) verursachen können.

Der Verbraucher hat das Recht auf hygienisch einwandfreie und sichere Produkte. Aufgrund dieser Erwartungen hat der Gesetzgeber ein umfangreiches Regelwerk geschaffen, das in Kap. 2 vorgestellt wird.

1.2.2 Einflussfaktoren auf die Vermehrung von Mikroorganismen

Wichtige Faktoren für die Ansiedlung und Vermehrung von Mikroorganismen auf oder in einem Produkt sind der pH-Wert, die Feuchte, der Sauerstoff-Partialdruck, die Temperatur sowie die chemische Zusammensetzung. Die Haltbarkeit eines Produktes kann verlängert werden, indem die Vermehrung der Mikroorganismen verhindert wird.

Über den pH-Wert eines Produktes kann man bereits auf die mögliche Mikroorganismen-Flora schließen. So können auf sauren Produkten nur wenige säuretolerante Bakterien, Hefen und Schimmelpilze wachsen. Im schwach sauren bis neutralen Bereich können sich dagegen viele pathogene Mikroorganismen vermehren. Daher wird z. B. zur Haltbarmachung bei Lebensmitteln, die einen pH-Wert von über 4,5 aufweisen, eine Sterilisation durchgeführt, während bei einem niedrigeren pH-Wert oft nur eine Wärmebehandlung bei einer Temperatur < 100 °C zur Haltbarmachung ausreichend ist. Fruchtsäfte werden beispielsweise mit Zitronensäure angesäuert, um ein Keimwachstum zu verhindern. Bei einem pH-Wert unter 4,5 erfolgt kein Wachstum pathogener Keime mehr. Die untere Grenze in diesem Zusammenhang bilden die Bakterien *Clostridium botulinum* und *Staphylococcus aureus*, die erst ab einem pH-Wert > 4,5 und 4,6 wachsen können. Bei der Einteilung von Lebensmitteln in übliche pH-Bereiche sind z. B. Fleisch, Fisch, Geflügel, Milch oder Gemüse mit einem pH-Wert zwischen 4,5 und 7 leicht sauer und damit gefährdeter für einen bakteriellen Befall als saure Produkte wie Bier, Fruchtsäfte, Äpfel, Tomaten oder Orangen, die einen pH-Wert < 4,5 aufweisen.

Die Vermehrung von Mikroorganismen wird außerdem von der Temperatur der Umgebung beeinflusst. Unterhalb von 15 °C findet nur ein langsames Wachstum statt, das unter 7 °C noch einmal deutlich verringert ist. Zwischen 15 und 40 °C befindet sich für viele Mikroorganismen ein günstiger Temperaturbereich für das Wachstum. Psychrotrophe Keime, die optimale Wachstumsbedingungen bei ca. 25 bis 30 °C aufweisen, sind Hauptverursacher des Lebensmittelverderbs. Über 65 °C werden viele für einen Verderb relevante Keime bereits stark im Wachstum behindert oder sogar abgetötet. Es gibt jedoch auch thermophile Mikroorganismen, die in einem Temperaturbereich von 45 bis ca. 75 °C wachsen. Aus diesem Grund ist erst ab 75 °C eine sichere Keimreduktion möglich.

Ein weiterer wichtiger Parameter für die Vermehrung von Mikroorganismen ist die Feuchte, die bei Lebensmitteln mit dem a_W-Wert (a_W = activity of water bzw. Wasseraktivität) erfasst wird. Der a_W-Wert ist ein Maß für das frei verfügbare Wasser in einem Produkt. Er ist definiert mit $a_W = p/p_S$, darin ist p der sich einstellende Wasserdampfpartialdruck über einer Probe (z. B. einem Lebensmittel) und p_S ist der Sättigungspartialdruck, d. h. der Partialdruck des Wasserdampfes über einer ebenen Wasseroberfläche bei der gleichen Temperatur. Der a_W-Wert entspricht damit der Gleichgewichtsfeuchtigkeit, das heißt der relativen Luftfeuchtigkeit, bei der das Lebensmittel bei der gegebenen Temperatur mit der Umgebungsluft im Gleichgewicht steht. Diese relative Luftfeuchte stellt sich über einer Probe im thermodynamischen Gleichgewicht ein. Bei einem a_W-Wert unterhalb von ca. 0,75 wachsen nur noch wenige Mikroorganismen. Bei einem a_W-Wert von weniger als 0,9 ist bis auf Schimmelpilzen mit nur noch einer geringen Gefährdung durch pathogene Mikroorganismen zu rechnen. Dieser Wert wird z. B. von vielen halbtrockenen Produkten unterschritten. Lebensmittel mit einer Wasseraktivität zwischen 0,6 und 0,9 sind ohne Kühlung bei günstigen pH-Werten lagerstabil und werden als „intermediate moisture foods" (IMF) bezeichnet. Optimale Wachstumsbedingungen für Mikroorganismen liegen in der Nähe der Luftsättigung, also im Bereich von 0,96 bis 1 vor. Damit ist der a_W-Wert ein wichtiges Maß zur Bewertung der Haltbarkeit eines Produktes bei vorgegebenen klimatischen Bedingungen.

Von besonderer Bedeutung bei der Reduktion und Elimination von Mikroorganismen sind Endosporen von Bakterien, die innerhalb des Organismus gebildet werden. Sie können bei bestimmten Bedingungen ihre Stoffwechselaktivität einstellen und verfügen über Schutzmechanismen gegenüber extremen Milieubedingungen. Sie sind in der Regel resistent gegen Austrocknung, Alterung und Hitze. Auch besitzen sie eine höhere Widerstandsfähigkeit gegenüber einer Reihe von Desinfektionsmitteln und auf andere Weise aggressive Stoffe. Einige Bakterien-Endosporen können mehrere Stunden in kochendem Wasser überdauern. Bakterien aus den Gattungen *Bacillus* und *Clostridium* haben die Fähigkeit, derartige Sporen bei ungünstigen Wachstumsbedingungen als Überlebensstrategie zu bilden, die bei günstigen Bedingungen wieder auskeimen.

Die mögliche Vermehrung von unerwünschten Mikroorganismen innerhalb von Produktionsanlagen muss bei vielen Prozessen verhindert werden. Aus wenigen an einer Oberfläche haftenden Mikroorganismen kann sich über einen längeren Zeitraum ein sogenannter Biofilm ausbilden. In ihm sind mikrobielle Zellen (Bakterien, Pilze, Algen) in einer dreidimensionalen Matrix eingebettet, die durch extrazelluläre Substanzen (EPS) zusammengehalten wird. Eine Voraussetzung für eine Biofilmbildung ist ein Nährstoffangebot, wobei bereits eine sehr geringe Nährstoffkonzentration ausreicht. Extrazelluläre polymere Substanzen (EPS), die aus langkettigen Verbindungen (Polymeren) bestehen und von den Mikroorganismen gebildet und an ihre unmittelbare Umgebung abgegeben werden, spielen dabei eine wichtige Rolle. Aufgrund der dadurch sich ausbildenden hohen Haftkräfte und der Vermehrungsfähigkeit der Mikroorganismen, lassen sich ausgebildete Biofilme schwer entfernen. Nur mit zeitintensiven Reinigungsschritten können sie beseitigt werden.

1.3 Teilgebiete der sterilen Prozesstechnik

Anforderungen, denen technische Anlagen in der Lebensmittel- und Biotechnologie sowie der pharmazeutischen Technik genügen müssen, werden in einer Reihe international und national gültiger Regelwerke formuliert (siehe Kap. 2 und Kap. 3). Es wird in den genannten Bereichen eine Apparate- und Anlagentechnik gefordert, die höchsten Anforderungen gerecht werden muss. Jeder Hersteller ist verpflichtet, im Rahmen einer Risikobeurteilung eine Gefährdungsanalyse vorzunehmen, um alle mit den Anlagen, Maschinen oder Bauteilen verbundenen Gefährdungen festzustellen und die damit verbundenen Risiken – und hierzu zählt auch das Hygienerisiko – zu bewerten.

Technische Lösungen, um das Hygienerisiko zu reduzieren, werden unter dem Begriff sterile Prozesstechnik bzw. „hygienic Processing" zusammengefasst. Die sterile Prozesstechnik beinhaltet alle Verfahren, die für eine hygienische Produktion unverzichtbar sind. Dazu zählen unter anderem die Reinigungs-, Desinfektions- und Sterilisationsverfahren (siehe Kap. 4 und Kap. 5).

Ein Teilgebiet der sterilen Prozesstechnik beschäftigt sich mit der hygienegerechten Gestaltung von Maschinen und Apparaten, dem Hygienic Design. Es handelt sich dabei um Gestaltungsgrundsätze und Regeln, deren Anwendung z. B. die sichere und für den Verzehr geeignete Herstellung von Lebensmitteln ermöglichen (siehe Kap. 6). Darunter fällt insbesondere die reinigungsgerechte Gestaltung der produktberührenden Oberflächen von Apparaten, Maschinen und Bauteilen, die eine Grundvoraussetzung für eine nachfolgende Desinfektion und Sterilisation der Anlage darstellt. Nur mit einer angepassten Anlagenkonstruktion wird die Einhaltung der hygienischen Standards bei der Reinigung und Desinfektion bzw. Sterilisation der Anlage gewährleistet.

Oft muss nicht nur das Produkt vor Kontaminationen geschützt werden, sondern auch die Beschäftigten in der Produktion vor dem Produkt. Diese Maßnahmen zum Arbeitsschutz betreffen z. B. die pharmazeutische Verfahrenstechnik. Auch, wenn die Wirkstoffe in den Arzneimitteln bei der vorgesehenen Dosierung heilende Wirkung haben, so sind diese Stoffe in den Konzentrationen, die bei der Herstellung von Arzneimitteln zum Einsatz kommen, zum Großteil gesundheitsschädlich. Insbesondere, wenn bei der Herstellung von Arzneimitteln pulverförmige CMR-Stoffe (cancerogen, mutagen, reprotoxisch) zur Anwendung kommen, die als krebserzeugend, erbgutverändernd oder fortpflanzungsgefährdend eingestuft sind, ist der Schutz der Beschäftigten eine Herausforderung. Auch bei der Herstellung von Antibiotika und Vakzinen muss anlagentechnisch verhindert werden, dass diese Stoffe in die Umwelt gelangen.

Um den Kontakt mit der Umgebung und den Beschäftigten zu minimieren, werden oft hermetisch geschlossene Anlagen eingesetzt, in denen mehrere verfahrenstechnische Grundoperationen durchgeführt werden können, ohne das Produkt zu entnehmen. So kann zum Beispiel das Mischen, Filtrieren und Trocknen in einem Apparat durchgeführt werden. Aufgrund der geringen Chargengrößen handelt es sich dabei häufig um Mehrproduktanlagen, d. h. um Anlagen, die zur Herstellung mehrerer Produkte eingesetzt werden. Vor diesem Hintergrund ist die reinigungsgerechte Gestaltung solcher Anlagen auch zur

Verhinderung einer Kontamination des Folgeproduktes, eine sogenannte Kreuzkontamination, von zentraler Bedeutung. Der Schutz der Beschäftigten in pharmazeutischen Anlagen wird unter anderem auch durch Reinräume oder Containments erreicht, die in Kap. 9 näher vorgestellt werden.

1.4 Trends der hygienegerechten Anlagengestaltung

Bei hygienegerechten Produktionsanlagen zeichnet sich ein Trend zu standardisierten und modularisierten Anlagen ab (Ripperger und Nikolaus 2020). Dabei gilt es, wie auch in anderen Bereichen, Produktideen schnell umzusetzen bzw. an die Bedürfnisse des Marktes anzupassen. Anlagen auf Basis von standardisierten Modulen können schneller angepasst und umgerüstet werden und kommen diesem Trend entgegen. Sie ermöglichen nicht nur eine Verkürzung der Produkt- und zugehörigen Anlagenentwicklung von den ersten Versuchen im Labor bis zur Produktion, sondern reduzieren auch den Aufwand zum Nachweis der Reinigbarkeit (siehe Abschn. 4.7).

Ein weiterer Trend innerhalb der Biotechnologie und pharmazeutischen Verfahrenstechnik ist der Einsatz von „Single-Use-Produkten". Eine Vielzahl von Single-Use-Produkten, wie z. B. Kunststoffflaschen und -beutel, Filtercapsulen, Schlauchsysteme und Behälter, werden in diesen Bereichen eingesetzt. Nach dem Gebrauch werden diese Produkte entsorgt. Zunehmend werden auch ganze Produktionsprozesse mit Single-use-Produkten errichtet. In Kap. 10 wird auf diese Entwicklung näher eingegangen.

Literatur

EHEDG Glossary (2020) Version 2020/08. G04, Amsterdam

Fahr A (2021) Voigt Pharmazeutische Technologie. Deutscher Apotheker-Verlag, Stuttgart

Hauser G (2008a) Hygienische Produktion. Band 1: Hygienische Produktionstechnologie. Wiley-VCH, Weinheim. https://doi.org/10.1002/9783527626335

Hauser G (2008b) Hygienische Produktion. Band 2: Hygienegerechte Apparate und Anlagen. Wiley-VCH, Weinheim. https://doi.org/10.1002/9783527661732

Madigan MT, Bender KS, Buckley DH, Sattley WM, Stahl DA (2020) Brock Mikrobiologie. Pearson, München

Müller-Goymann C, Schubert R, Reichl S, Schiffter-Weinle HA (2022) Bauer/Frömming/Führer Pharmazeutische Technologie. Wissenschaftliche Verlagsgesellschaft, Stuttgart

Ripperger S, Nikolaus K (2020) Entwicklung und Planung verfahrenstechnischer Anlagen. Springer Vieweg, Berlin

Rechtliche Vorgaben für hygienische und sterile Prozesse

2

2.1 Einführung

Ripperger und Nikolaus behandeln in ihrem Buch (Ripperger und Nikolaus 2020) aktuell bestehende rechtliche Vorgaben, die bei der Planung verfahrenstechnischer Anlagen zu beachten sind. Bei genehmigungsbedürftigen Anlagen ist die Einhaltung des geltenden Rechts eine Voraussetzung für die Bau- bzw. Betriebsgenehmigung. Die Erfüllung der Anforderungen wird im Genehmigungsverfahren geprüft. Einige Regelungen, welche

- die Arbeitssicherheit und den Arbeitsschutz,
- den Umweltschutz (Luft, Wasser, Boden, Abfall, Lärm, Strahlungen),
- den Energiebedarf,
- das Baurecht,
- und sonstige Bereiche (unter anderem Naturschutz, Landschaftspflege)

betreffen, werden im genannten Buch erläutert. Darin wird auch die Struktur des Technischen Rechts, die sich aus seiner historischen Entwicklung ergab, behandelt. Das Technische Recht wird innerhalb der EU mehr und mehr durch Regelungen der EU bestimmt. Dadurch soll ein EU-Binnenmarkt geschaffen werden, in dem die folgenden vier „Grundfreiheiten" verwirklicht sind:

- freier Warenverkehr,
- Freizügigkeit der Arbeitnehmer und Arbeitnehmerinnen,
- freier Dienstleistungsverkehr und
- freier Kapital- und Zahlungsverkehr.

Die Kompetenz der EU, eigene Gesetze in bestimmten Bereichen zu erlassen, erlangte sie durch die geschlossenen Verträge der Mitgliedsstaaten (Primärrecht). Der EU selbst fehlt eine umfassende Hoheitsgewalt, so dass das „Prinzip der begrenzten Einzelermächtigung"

S. Ripperger, K. Nikolaus, *Anlagentechnik für sterile und ultrareine Prozesse*,
https://doi.org/10.1007/978-3-662-69217-2_2

gilt. Daher sind die Verträge der Mitgliedstaaten die Basis für die rechtlichen Instrumente der EU, das sogenannte Sekundärrecht, da es ein vom Primärrecht abgeleitetes Recht beinhaltet. Das Sekundärrecht umfasst die EU-Verordnungen und EU-Richtlinien, die EU-Beschlüsse sowie die Empfehlungen und Stellungnahmen. Verordnungen gelten unmittelbar in den Mitgliedstaaten und sind für jedermann verbindlich. Mit ihnen wird praktisch ein neues, einheitliches Gemeinschaftsrecht geschaffen. EU-Richtlinien sind hinsichtlich ihrer Zielsetzung für die Mitgliedsstaaten verbindlich. Es werden mit ihnen Ziele in Form von verbindlichen Forderungen vorgegeben, die innerhalb bestimmter Fristen erreicht werden müssen. Sie wenden sich daher an die Regierungen und an nationale Parlamente. Die Forderungen werden in der Regel durch ihre Umsetzung in nationales Recht bzw. durch Änderungen von nationalen Bestimmungen erfüllt. Im Zusammenhang mit den EU-Regeln zur Technik ist auch das 1985 beschlossene „Neue Konzept (New Approach)“ zur technischen Harmonisierung und zur Normung von Bedeutung. Das neue Konzept sieht beispielsweise vor, dass die wesentlichen Sicherheitsanforderungen an die Beschaffenheit von Produkten, die in der EU vertrieben werden, rechtlich festgelegt werden und dass in harmonisierten Normen und anderen technischen Spezifikationen erläutert wird, wie diese Anforderungen erfüllt werden können. Den Herstellern steht die Wahl der technischen Lösung zwar frei, mit der sie die Konformität mit den Sicherheitsanforderungen erreichen wollen, jedoch sind die Konformitätsbewertungsverfahren zum Nachweis der Konformität rechtlich festgelegt und der Prüfumfang entsprechend dem Risikopotential des Produktes definiert.

Im Folgenden werden Regelungen aufgeführt, die zusätzlich zu den von Ripperger und Nikolaus in ihrem Buch vorgestellten rechtlichen Vorgaben für technische Anlagen und Produkte im Speziellen für die sterile Prozesstechnik von Bedeutung sind. Die Originaltexte der Verordnungen und Richtlinien der EU sind unter der Webseite https://eur-lex.europa.eu abrufbar.

2.2 EU-Regelungen

2.2.1 Maschinenrichtlinie

Sicherheitsanforderungen zu Maschinen sind in der EU-Maschinenrichtlinie 2006/42/EG aufgeführt. Im Anhang I Abschnitt 2.1 der Richtlinie sind Anforderungen an Maschinen zur Verarbeitung von Nahrungsmitteln und für kosmetische oder pharmazeutische Erzeugnisse enthalten. Demnach müssen die Maschinen so konstruiert und gebaut sein, dass das Risiko einer Infektion, Krankheit oder Ansteckung ausgeschlossen ist.

Nach der Richtlinie sind folgende Anforderungen zu beachten:

a) Die Materialien, die mit Lebensmitteln, kosmetischen oder pharmazeutischen Erzeugnissen in Berührung kommen oder kommen können, müssen den „einschlägigen“ Richtlinien entsprechen, die in den Abschn. 2.2.2 und Abschn. 2.2.3 aufgeführt werden. Die Maschine muss so konstruiert und gebaut sein, dass diese Materialien vor jeder Benutzung gereinigt werden können. Ist dies nicht möglich, sind Einwegteile zu verwenden.

b) Alle mit Lebensmitteln, kosmetischen oder pharmazeutischen Erzeugnissen in Berührung kommenden Flächen mit Ausnahme der Flächen von Einwegteilen müssen
   - glatt sein und dürfen keine Erhöhungen und Vertiefungen aufweisen, an denen organische Stoffe zurückbleiben können; das Gleiche gilt für Verbindungsstellen zwischen Flächen,
   - so gestaltet und gefertigt sein, dass Vorsprünge, Kanten und Aussparungen an Bauteilen auf ein Minimum reduziert werden,
   - leicht zu reinigen und zu desinfizieren sein, erforderlichenfalls nach Abnehmen leicht demontierbarer Teile; die Innenflächen müssen Ausrundungen mit ausreichendem Radius aufweisen, damit sie vollständig gereinigt werden können.

c) Von Lebensmitteln, kosmetischen und pharmazeutischen Erzeugnissen sowie von Reinigungs-, Desinfektions- und Spülmitteln stammende Flüssigkeiten, Gase und Aerosole müssen vollständig aus der Maschine abgeleitet werden können.

d) Die Maschine muss so konstruiert und gebaut sein, dass in Bereichen, die nicht zur Reinigung zugänglich sind, keine Substanzen oder Lebewesen, insbesondere Insekten, eindringen können und dass sich darin keine organischen Bestandteile festsetzen können.

e) Die Maschine muss so konstruiert und gebaut sein, dass gesundheitsgefährliche Betriebsstoffe, einschließlich Schmiermittel, nicht mit den Lebensmitteln, kosmetischen oder pharmazeutischen Erzeugnissen in Berührung kommen können. Sie muss gegebenenfalls so konstruiert und gebaut sein, dass die fortdauernde Erfüllung dieser Anforderung überprüft werden kann.

In der Betriebsanleitung für Nahrungsmittelmaschinen und für Maschinen zur Verwendung mit kosmetischen oder pharmazeutischen Erzeugnissen müssen die empfohlenen Reinigungs-, Desinfektions- und Spülmittel und -verfahren angegeben werden, und zwar nicht nur für die leicht zugänglichen Bereiche, sondern auch für Bereiche, zu denen ein Zugang unmöglich oder nicht ratsam ist.

Wichtige Normen zur Einhaltung der aufgeführten Sicherheits- und Hygieneanforderungen sind die DIN EN 1672-2, die allgemeine Gestaltungsleitsätze für Nahrungsmittelmaschinen zusammenfasst und die DIN EN ISO 14159, die Hygieneanforderungen an die Gestaltung von Maschinen aufstellt. Beide Normen enthalten Diagramme zur Risikoanalyse und viele Beispiele für richtlinienkonforme und nicht-konforme Gestaltungsweisen.

2.2.2 Verordnungen zur Verarbeitung von Lebensmitteln

Alle EU-Verordnungen zum Handel mit Lebensmitteln enthalten in erste Linie Vorgaben, die im Zusammenhang mit dem Verbraucherschutz stehen und damit dem Bereich des Lebensmittelrechts zuzuordnen sind. Die Grundlage des harmonisierten Lebensmittelrechts und Futtermittelrechts in der Europäischen Union ist die Lebensmittelbasisverordnung (EG) Nr. 178/2002. Das Ziel der Verordnung ist das Erreichen eines hohen Schutzniveaus für die Gesundheit des Menschen, indem die folgenden allgemeinen Grundprinzipien des EU-Lebensmittelrechts festgelegt werden:

- Risikoanalyse: Wissenschaftliche Risikobewertung, Risikomanagement und Risikokommunikation sind die Basis für die Lebensmittelsicherheit,
- Vorsorgeprinzip: Maßnahmen zum Schutz der Verbraucher bei mangelnder wissenschaftlicher Sicherheit,
- Transparenzgrundsatz: Information der Öffentlichkeit bei hinreichendem Verdacht eines Risikos,
- Lebensmittelsicherheit: Unsichere Lebensmittel dürfen nicht in Verkehr gebracht werden,
- Stufenverantwortung: Die Verantwortung für die Lebensmittelsicherheit liegt bei jedem Lebensmittelbetrieb auf seiner Produktions-, Verarbeitungs- und Vertriebsstufe,
- Rückverfolgbarkeit: Dokumentationspflicht des Vor- und Nachlieferanten für alle Inhaltsstoffe eines Lebensmittels.

In direktem Zusammenhang mit der Lebensmittelsicherheit steht die Hygiene bei der Lebensmittelproduktion und dem Handel mit Lebensmitteln. Zu Beginn des Jahres 2006 sind modifizierte EU-Lebensmittelhygieneverordnungen in Kraft getreten, die unmittelbar in den EU-Mitgliedsländern gelten. Dadurch wurde das nationale Hygienerecht weitgehend ersetzt. Die EU-Hygienevorschriften haben als unmittelbar geltende Verordnungen erhebliche Auswirkungen auf das bestehende nationale Hygienerecht.

Die zu beachtenden EU-Lebensmittelhygieneverordnungen werden im Folgenden aufgeführt.

EG-Verordnung 852/2004 über Lebensmittelhygiene (H1)

Die Verordnung stellt eine generelle Basisregelung der Lebensmittelhygiene für die Betriebe der Lebensmittelkette einschließlich der Primärproduktion dar. Sie gilt auch für tierische Lebensmittel (z. B. Fleisch, Fisch, Milch, Ei, Honig). Die Verordnung enthält

- das allgemeine Hygienegebot,
- die Verpflichtung zur Eigenkontrolle nach den Grundsätzen des HACCP-Konzeptes einschließlich einer Dokumentationsverpflichtung der HACCP-bezogenen Maßnahmen (HACCP = Hazard Analysis and Critical Control Points). Es handelt sich dabei um ein dokumentiertes Kontrollsystem, das die Sicherheit von Lebensmitteln gewährleisten soll. Das HACCP-Konzept wird im weiteren Verlauf des Abschnitts näher erläutert.

- eine allgemeine (An-)Melde- bzw. Registrierungspflicht, aller Betriebe die Lebensmittel verarbeiten und eine Zulassungspflicht für Betriebe, die Lebensmittel tierischen Ursprungs erstverarbeiten;
- die Forderung, dass Lebensmittelbetriebe in Drittländern, welche in die europäische Gemeinschaft liefern, gleiche Anforderungen zu erfüllen haben;
- ein Verfahren für die Erarbeitung und Prüfung von branchenbezogenen nationalen oder gemeinschaftlichen freiwilligen „Leitlinien für eine gute Hygiene-Praxis";
- Anhänge mit allgemeinen Hygienevorschriften getrennt nach Primärproduktion und allen sonstigen Betriebsstätten.

So wird z. B. in Anhang II, Kapitel V der Verordnung gefordert, dass Gegenstände, Armaturen und Ausrüstungen, mit denen Lebensmitteln in Berührung kommen, so gebaut, beschaffen und instandgehalten sein müssen, dass das Risiko einer (mikrobiellen) Kontamination so gering wie möglich ist. Sie müssen darüber hinaus gut zu reinigen und erforderlichenfalls zu desinfizieren und so installiert sein, dass die Ausrüstungen und das unmittelbare Umfeld angemessen gereinigt werden können.

Zur dauerhaften Einhaltung der Hygieneanforderungen verpflichtet die Verordnung 852/2004 Lebensmittelbetriebe zur Anwendung des HACCP-Konzeptes. Das HACCP-Konzept (Hazard Analysis and Critical Control Point) wurde erstmals im Jahre 1959 in den USA zur Herstellung einer sicheren Astronautennahrung entwickelt. Seit 1993 ist es Teil des Codex Alimentarius, der von der Weltgesundheitsorganisation (WHO) und der Ernährungs- und Landwirtschaftsorganisation (FAO) der Vereinten Nationen herausgegeben wird. Dieser Codex wurde 1963 gegründet und wird heute von ca. 165 Ländern akzeptiert.

Das HACCP-Konzept soll die Sicherheit von Lebensmitteln und Verbrauchern gewährleisten. Dabei werden die Prozessstufen der Produktionsprozesse auf mögliche hygienische Schwachstellen hin analysiert. Wenn eine Stelle, von der eine Gefährdung ausgehen kann („kritischer Kontrollpunkt"), erkannt wurde, muss sie bewertet werden. Im Anschluss an die Bewertung werden Maßnahmen festgelegt, wodurch die Gefährdung ausgeschaltet, reduziert oder kontrolliert wird.

Entsprechend dem HACCP-Konzept müssen in regelmäßigen Abständen Überprüfungen stattfinden. Die Ergebnisse der Überprüfung müssen dokumentiert werden. Je höher das Gefährdungspotential in einem Prozess ist, umso größer ist der Aufwand für die Überprüfung und Dokumentation. Umgekehrt bedeutet das aber auch, dass bei der Planung eines Prozesses „kritische Punkte" möglichst auszuschließen sind.

Ein verwandtes Konzept, das in vielen Bereichen der Industrie angewendet wird, ist die Fehlermöglichkeits- und Einflussanalyse (FMEA). Sie wurde in der Automobilindustrie eingeführt und weiterentwickelt. In DIN EN 60812:2015-08 ist die Methodik der Analyse beschrieben und festgelegt. Bei der FMEA werden denkbare potentielle Fehlermöglichkeiten erfasst, analysiert und bewertet. Man schätzt dabei die Wahrscheinlichkeit des Auftretens und des Entdeckens eines Fehlers sowie seine Auswirkungen auf die folgenden Prozessschritte und die Produktqualität ab. Ein Ergebnis der Analysen sind

Kennzahlen (Risikoprioritätszahlen) mit denen Risiken abgeschätzt und gegeneinander abgegrenzt werden. Auf Basis der abgeschätzten Kennzahlen können Maßnahmen zur Risikominimierung ergriffen werden (z. B. Änderung von Prozessparametern und Einführung genauerer Prüfungen). Zur Beurteilung der Maßnahmen kann im Anschluss wieder eine FMEA durchgeführt werden. Die Methoden der FMEA-Analyse kommen auch bei dem HACCP-Konzept zum Einsatz.

EG-Verordnung 853/2004 über spezifische Hygienevorschriften für Lebensmittel tierischer Herkunft (H2)

Diese Verordnung enthält spezifische Hygienevorschriften für Betriebe, die Lebensmittel tierischen Ursprungs verarbeiten. Sie gilt zusätzlich zur oben genannten allgemeinen Hygieneverordnung. Unternehmen, die unter die Vorschriften fallen, sind zulassungspflichtig und erhalten ein branchenunabhängiges Identitätskennzeichen. Zum Zweck der Rückverfolgbarkeit sind Lebensmittel aus zulassungspflichtigen Betrieben mit der Identifizierungsnummer des Betriebes zu kennzeichnen. Darüber hinaus enthält die Verordnung in den Anhängen detaillierte Hygienevorschriften für die fleisch-, fisch-, milch- und eierverarbeitenden Betriebe.

EG-Verordnung 1935/2004 über Materialien und Gegenstände, die dazu bestimmt sind, mit Lebensmitteln in Berührung zu kommen

Die Rahmenverordnung 1935/2004 gilt für das Herstellen und Inverkehrbringen von „Materialien und Gegenständen, die dazu bestimmt sind, mit Lebensmitteln in Berührung zu kommen". Man spricht in diesem Zusammenhang auch von „Lebensmittelkontaktmaterialien" oder „Lebensmittelbedarfsgegenständen". Beispiele für Lebensmittelbedarfsgegenstände sind Aufbewahrungsgefäße, Behälter, lebensmittelberührende Teile von Maschinen und Anlagen wie z. B. Rohrleitungen, Schläuche, Filter und Förderbänder.

Die Verordnung fordert, dass Materialien und Gegenstände, die mit Lebensmitteln in Kontakt kommen, nach guter Herstellungspraxis (GMP) so herzustellen sind, dass sie unter normalen oder vorhersehbaren Verwendungsbedingungen ausreichend inert sind, damit ausgeschlossen wird, dass Stoffe in Mengen in Lebensmitteln übergehen, die genügen würden, um die menschliche Gesundheit zu gefährden oder eine unvertretbare Veränderung der Zusammensetzung oder Beeinträchtigung der organoleptischen Eigenschaften der Lebensmitteln herbeizuführen. Materialien und Gegenstände, welche die Verordnung erfüllen, können als Kennzeichnung das Glas-Gabel-Symbol (Abb. 2.1) tragen. Die Kennzeichnung dient in erster Linie der Information der Verbraucher, die das Symbol beispielsweise auf Plastikbechern finden. Für technische Anlagen oder deren Komponenten gibt es keine Kennzeichnungspflicht.

In der Werkstoffverordnung 1935/2004 wird die Rückverfolgbarkeit aller Materialien vorgeschrieben und Inhalte der Konformitätserklärung zum Nachweis der Übereinstimmung mit den Vorgaben der Verordnung definiert. Hierbei ist zu beachten, dass eine Konformitätserklärung nur dann möglich ist, wenn entsprechende Einzelmaßnahmen erlassen wurden. Einzelmaßnahmen gehen über die generellen Vorgaben, die für alle Lebensmit-

Abb. 2.1 Glas-Gabel-Symbol für Materialien und Gegenstände, die mit Lebensmitteln in Kontakt kommen. (Quelle: Verordnung [EG] Nr. 1935/2004)

telkontaktmaterialien gelten, hinaus und definieren Vorgaben, die sich auf bestimmte Materialien wie beispielsweise Kunststoffe beziehen. Die Werkstoffverordnung 1935/2004 ermöglicht in Artikel 5 als Einzelmaßnahmen ein Verzeichnis zugelassener Werkstoffe sowie Reinheitskriterien und Migrationsgrenzwerte der verwendeten Materialien. Die EU-Verordnung 10/2011 ist ein Beispiel für eine solche Einzelmaßnahme, die speziell für Kunststoffe Gültigkeit hat und auf Grundlage der Rahmenverordnung 1935/2004 aufgebaut ist. Vergleichbare Verordnungen gibt es auch für Keramik, Email und Stoffe in „aktiven und intelligenten Verpackungen" zur Verbesserung und Kontrolle der Lebensmittelhaltbarkeit. Hingegen gibt es für andere gängige Lebensmittelkontaktmaterialien wie beispielsweise Metalle, Legierungen und Glas derzeit keine harmonisierte materialspezifische Regelung. Sollte das Material nicht durch eine Einzelmaßnahme gemäß Artikel 5 der Werkstoffverordnung 1935/2004 geregelt sein, so ist die Konformität zwar nicht zwingend durch eine Konformitätserklärung zu bescheinigen, dennoch gelten für alle Lebensmittelkontaktmaterialien die Anforderungen der Werkstoffverordnung 1935/2004. Diese Materialien unterliegen zudem der Verordnung (EG) Nr. 2023/2006 über die gute Herstellungspraxis für Lebensmittelkontaktmaterialien. Demnach sind „angemessene" Unterlagen für die Konformität und die Sicherheit des Materials zu erstellen und auf Verlangen den zuständigen Behörden zugänglich zu machen. Als angemessene Unterlagen kommen hierbei wissenschaftliche Risikobewertungen des Materials gemäß den Grundprinzipien der Lebensmittelbasisverordnung (EG) Nr. 178/2002 in Betracht. Zur Konformitätsüberprüfung können in diesen Fällen Europarats-Empfehlungen (wie z. B. die Technische Leitlinie „Metals and alloys used in food contact materials and articles"), Empfehlungen des Bundesinstituts für Risikobewertung (BfR), Normen oder auch wissenschaftliche Publikationen herangezogen werden.

EU-Verordnung 10/2011 über Materialien und Gegenstände aus Kunststoff, die dazu bestimmt sind, mit Lebensmitteln in Berührung zu kommen

Die Verordnung 10/2011 definiert innerhalb der Europäischen Union die Sicherheitsanforderungen an Lebensmittelkontaktmaterialien aus Kunststoffen, die weit über die allgemeinen Anforderungen aus der Rahmenverordnung 1935/2004 hinausgehen. Die Kunststoffverordnung 10/2011 stellt somit eine Einzelmaßnahme gemäß Artikel 5 der Werkstoffverordnung 1935/2004 dar. Insbesondere enthält die Verordnung 10/2011 eine ausführliche Liste für den Lebensmittelkontakt zugelassener Kunststoffe und legt dabei sowohl spezifische Migrationsgrenzwerte in mg Stoff pro kg Lebensmittel fest als auch einen

Gesamtmigrationsgrenzwert, der bei 60 mg/kg liegt. Diese Liste umfasst auch Ausgangsstoffe, Zusatzstoffe und Hilfsstoffe, aus denen weitere verordnungskonforme Kunststoffe hergestellt werden können. Außerdem werden in der Verordnung auch Beschränkungen beispielsweise für Barium, Kupfer oder Mangan festgelegt. Die Verordnung 10/2011 definiert auch die Prüfmethodik für die Zertifizierung, in deren Fokus insbesondere die Migrationsprüfung der verwendeten Kunststoffe beim Kontakt mit Lebensmitteln steht. Die Verordnung macht zudem spezifische Vorgaben zur Konformitätserklärung, die beispielsweise auch die Arten von Lebensmitteln aufführen sollen, die mit dem betreffenden Kunststoff in Kontakt kommen können. Die Verordnung ist sehr detailliert und enthält zahlreiche Vorgaben, auf die näher in Abschn. 6.2.1 eingegangen wird. In der Verordnung 10/2011 nicht aufgeführt sind Elastomere und Silikone und somit ein Großteil der Dichtungsmaterialien. Zum Nachweis der Materialsicherheit gemäß der Werkstoffverordnung 1935/2004 können in diesem Fall die Datenbanken der FDA (U.S. Food and Drug Administration) und insbesondere die Prüfbedingungen unter 21CFR170 herangezogen werden. Zudem liegen auch BfR-Empfehlungen zu Silikonen oder Polyamiden für eine Verwendung mit Lebensmittelkontakt vor, die eine Orientierung zum Nachweis der Materialsicherheit im Sinne der Werkstoffverordnung 1935/2004 bieten können.

2.2.3 Richtlinie zur Herstellung von Arzneimitteln

Arzneimittel sind Stoffe und Zubereitungen, welche dazu bestimmt sind Krankheiten, Körperschäden oder krankhafte Beschwerden zu heilen, zu lindern, zu verhüten oder zu erkennen. Sie enthalten einen aktiven Wirkstoff und Hilfsstoffe. Das Arzneimittelrecht regelt die Arzneimittelherstellung, die Arzneimittelabgabe sowie die Entwicklung und Prüfung von Arzneimitteln in klinischen Studien. In der Europäischen Union ist das Arzneimittelrecht im Hinblick auf die Arzneimittelherstellung weitgehend harmonisiert und streng reglementiert.

Prägend für die pharmazeutische Produktion waren die GMP-Richtlinien (Requirements for **G**ood **M**anufacturing **P**ractice in the Manufacture and Quality Control of Drugs and Pharmaceutical Specialities), die 1968 von der Weltgesundheitsorganisation (WHO) herausgegeben wurden. Der Begriff GMP (= **G**ood **M**anufacturing **P**ractice) wird im Deutschen oft mit „Gute Herstellungspraxis" übersetzt. Bei der Herstellung von Arzneimitteln ist die Einhaltung der GMP-Regularien gesetzlich verpflichtend. Sie dienen der Qualitätssicherung und werden auch in anderen Bereichen wie der Wirkstoff- und Hilfsstoffherstellung, bei der Herstellung von Medizinprodukten sowie in der Kosmetik- und Lebensmittelindustrie sinngemäß angewendet. Die GMP-Richtlinien liegen heute in überarbeiteter Form vor und fanden in Europa Eingang in die GMP-Richtlinie 2003/94/EG (später Richtlinie (EU) 2017/1572) der Europäischen Kommission. Ausführliche Leitlinien zur Auslegung der vorgegebenen Grundsätze und Leitlinien der Guten Herstellungspraxis werden im EU-GMP-Leitfaden „Grundsätze und Leitlinien der guten Herstellungspraxis für Humanarzneimittel und für zur Anwendung beim Menschen bestimmte

Prüfpräparate“ veröffentlicht. Die EG-Richtlinien müssen in nationales Recht überführt werden, um Rechtsverbindlichkeit in den Mitgliedsstaaten zu erlangen. Mit dem Inkrafttreten der Arzneimittel- und Wirkstoffherstellungsverordnung (AMWHV) im Jahre 2006 wurde auch eine offizielle deutsche Übersetzung des EU-GMP-Leitfadens vom Bundesministerium für Gesundheit veröffentlicht. Dass die vorgeschriebenen Qualitätsanforderungen eingehalten werden, wird bei der Herstellung von Arzneimitteln und Wirkstoffen durch die zuständigen Behörden der Länder überwacht.

Die Regularien zur Herstellung von Arzneimitteln schreiben vor, dass der Herstellungsprozess beschrieben wird und kritische Prozessschritte validiert werden. Eine Validierung beinhaltet eine systematische Überprüfung der Prozessschritte und der Einrichtungen mit dem Ziel, sicherzustellen, dass mit dem spezifischen Verfahren ein Produkt zuverlässig und reproduzierbar mit der gewünschten Qualität hergestellt werden kann. Die Validierung beginnt in der Entwicklungsphase eines Produktes und des zugehörigen Produktionsprozesses. Anhand von Versuchen wird geprüft, ob die festgelegten Produktmerkmale unter beherrschbaren Bedingungen sicher erreicht werden. Die Untersuchungsergebnisse werden dokumentiert. Auf ihrer Grundlage und den Erfahrungen werden Arbeitsanweisungen für die Praxis erarbeitet.

Durch eine Validierung können Entwicklungsergebnisse auch von Personen beurteilt werden, die nicht an der Entwicklung beteiligt waren. Dem späteren Betreiber bzw. Nutzer einer verfahrenstechnischen Anlage bleibt die Validierung eines Prozessschrittes nicht erspart, er kann jedoch auf Ergebnisse und Dokumente der Anlagen- und Komponentenhersteller zurückgreifen, wodurch sein Aufwand zur Validierung reduziert wird. Dennoch ist der Aufwand zur Validierung und Dokumentation groß. Die erstellte Dokumentation wird mit dem Antrag zur Zulassung eines Medikamentes eingereicht und ist eine Grundlage für eine Zulassung. Eine später geplante Abweichung vom dokumentierten Herstellungsprozess muss daher genehmigt werden. Daher wird an einem zugelassenen Herstellprozess in der Regel wenig verändert. Dies ist aus Sicherheits- und Kostengründen nachvollziehbar, verhindert jedoch auch, dass technische Neuerungen oder Verbesserungen umgesetzt werden. Neue Technologien kommen daher meist erst in Verbindung mit neu entwickelten Medikamenten zur Anwendung. Für eine Prozessentwicklung ist es wichtig, dass die Mitarbeiter der Arzneimittelforschung und der Anlagenplanung eng zusammenarbeiten, damit das Optimierungspotential beim Herstellungsprozess weitgehend ausgeschöpft wird. Dadurch werden teure spätere Änderungen vermieden.

Die „Gute Herstellungspraxis“ von Arzneimitteln verlangt von pharmazeutischen Unternehmen unter anderem auch, dass Räumlichkeiten, Apparate und Ausrüstungsgegenstände nach schriftlich festgelegten Verfahren gereinigt, desinfiziert und/oder sterilisiert werden. Geeignete Verfahren hierzu können die Unternehmen selbst auf Basis von Hinweisen und Regeln, eigenen Erfahrungen und dem Stand der Technik entwickeln. Der Stand der Technik zur Reinigung von verfahrenstechnischen Anlagen wird in diesem Buch in Kap. 4, die Desinfektion und Sterilisation von Anlagen in Kap. 5 und die Validierung der Entkeimungsfiltration in Kap. 7 behandelt. Die mit den GMP-Richtlinien vorgegebene Validierungspraxis wurde auch auf andere Bereiche, wie z. B. die Herstellung von Lebensmitteln, Kosmetika, Genussmitteln und Feinchemikalien, übertragen.

In den USA sind die Richtlinien des „Current Good Manufacturing Practice (cGMP)" in Form einer Rechtsverordnung im Code of Federal Regulations (CFR) unter 21CFR210 und 21CFR211 niedergelegt.

Aufgrund der Vernetzung einzelner Bereiche innerhalb einer Produktion oder zwischen einem pharmazeutischen Produzenten und einem Anlagenhersteller kommt den dadurch bedingten Schnittstellen in Bezug auf die GMP-Richtlinien eine große Bedeutung zu. Bei Planungs- und Bauvorhaben ist in solchen Fällen eine genaue Strukturierung des Projektablaufs mit einer Definition der Projekt-Schnittstellen mit Klärung der Zuständig- und Verantwortlichkeiten sowie der Kommunikationswege entscheidend für eine erfolgreiche Projektabwicklung. Als Arbeitshilfe für solche interdisziplinären Projekte im GMP-Umfeld wurde die Richtlinie VDI 6305:2018-06 erarbeitet. Die Richtlinie hilft dabei, GMP-regulierte Planungs- und Bauvorhaben sowie den folgenden Betrieb von Beginn an zu planen.

Um die Einführung neuer Technologien bei der Produktion pharmazeutischer Produkte zu fördern und zu erleichtern hat die FDA 2001 eine Initiative unter dem Titel „Process Analytical Technology (PAT)" gestartet. Das Ziel von PAT ist, durch in-, on- und at-line Messungen in Verbindung mit einer Datenverarbeitung und statistischen Auswertungen sicherzustellen, dass sowohl Hilfs- und Betriebsstoffe als auch Fertigarzneimittel unter Einhaltung von bekannten und relevanten, kritischen Prozessparametern hergestellt werden. Die Initiative wird von der Erkenntnis getragen, dass eine Verbesserung der Produktqualität nur durch ein hohes Verständnis der Herstellungsprozesse erreicht werden kann. Die Ziele der Initiative und daraus sich ergebenen Folgerungen werden in (Dünnebier und Tups 2007) erläutert.

2.2.4 Verordnung über Medizinprodukte

Medizinprodukte sind unter anderem nichtaktive Implantate, wie künstliche Gelenke, und aktive Implantate, wie Herzschrittmacher, Arzneimittelpumpen sowie Infusions- und Transfusionsgeräte, Dialysatoren, Filter für medizinische Anwendungen, Verbandsstoffe und medizinische Textilien. Mit der Richtlinie über Medizinprodukte 93/42/EWG und der Richtlinie 90/385/EWG über aktive implantierbare Medizinprodukte wurden in Europa grundlegende Anforderungen an Medizinprodukte und die zugehörigen Verfahren zur Bewertung der Konformität mit den EU-Richtlinien entsprechend dem „neuen Konzept" festgelegt. Als Ergänzung der Richtlinien wurden zahlreiche Normen erarbeitet, unter anderem die folgenden:

DIN EN 285: Sterilisation – Dampfsterilisatoren,
DIN EN 556: Sterilisation von Medizinprodukten,
DIN EN 13624: Chemische Desinfektionsmittel und Antiseptika,

DIN EN 14683: Medizinische Gesichtsmasken,
DIN EN ISO 13485: Medizinprodukte-Qualitätsmanagementsysteme,
DIN EN ISO 14971: Anwendung des Risikomanagements auf Medizinprodukte.

Die EU-Richtlinie wurde in Deutschland mit dem Gesetz über Medizinprodukte (Medizinproduktgesetz – MPG) in nationales Recht umgesetzt.

Seit 2021 werden beide Medizinprodukte-Richtlinien durch die neue Verordnung (EU) 2017/745 über Medizinprodukte ersetzt, die unmittelbar in den Mitgliedstaaten der Europäischen Union Gültigkeit hat und nicht in nationales Recht umgesetzt werden muss. Gleichwohl sind im nationalen Medizinprodukterecht umfängliche Anpassungen notwendig. In Anhang 1 der Verordnung (EU) 2017/745 werden grundlegende Sicherheits- und Leistungsanforderungen an Medizinprodukte zusammengestellt und im Speziellen Anforderungen an die Auslegung und Herstellung festgelegt. Von Relevanz für die sterile Prozesstechnik ist insbesondere die Sicherstellung der Sterilität bei der Herstellung der Produkte durch geeignete, validierte Verfahren unter angemessenen und kontrollierten Bedingungen und in angemessenen und kontrollierten Räumlichkeiten.

2.2.5 Freisetzungsrichtlinie

Die EU-Richtlinie 2001/18/EG von 2001 regelt die absichtliche Freisetzung von gentechnisch veränderten Organismen in die Umwelt. In Deutschland wurden die Bestimmungen der Richtlinie durch das Gentechnikgesetz (GenTG) in nationales Recht umgesetzt.

2.3 Deutsches Recht

2.3.1 Einführung

Das abgestufte System von Rechtsnormen im deutschen Recht wird von Ripperger und Nikolaus in ihrem Buch (Ripperger und Nikolaus 2020) erläutert. An der Spitze dieser Normenhierarchie steht das Grundgesetz (Verfassung), darunter die formellen, sogenannten einfachen Gesetze, zu denen auch die Verordnungen zählen. Ergänzt werden die Gesetze und Verordnungen durch „Verwaltungsvorschriften (VwV)“. Letztere dienen dazu, eine einheitliche Rechtsanwendung der Behörden zu gewährleisten und wenden sich daher unmittelbar an die zuständigen Behörden, nicht jedoch an den ebenfalls betroffenen Bürger. Die Behörden setzen die Verwaltungsvorschrift durch einen Verwaltungsakt (z. B. eine Anordnung oder einen Bescheid) in verbindliches Recht um. So kann beispielsweise die Erteilung einer Genehmigung nach dem Bundes-Immissionsschutzgesetz von der Einhaltung der Vorschriften der Technischen Anleitung zur Reinhaltung der Luft (kurz: TA Luft) abhängen.

Auch die Besonderheit in Deutschland, die Aufteilung der Gesetzgebungsbefugnisse zwischen Bund und Ländern im deutschen Verfassungsrecht, wird von Ripperger und Nikolaus behandelt. Seit dem 1. September 2006 sind die Zuständigkeiten teils in eine ausschließliche oder eine konkurrierende Gesetzgebung des Bundes überführt worden. Eine Besonderheit der deutschen Rechtsstruktur ist auch, dass EU-Richtlinien nicht nur in Form von allgemeingültigen Gesetzen und Verordnungen erfolgt, sondern auch durch „normenkonkretisierende" Verwaltungsvorschriften, auf deren Basis die Richtlinien im Einzelfall durch Verwaltungsakte rechtsverbindlich umgesetzt werden. Es gibt einige wenige Fälle, bei denen EU-Richtlinien dies ausdrücklich zulassen. Das deutsche System hat den Vorteil, dass es einen gewissen Spielraum für konkrete Festlegungen gibt, der in anderen Mitgliedsstaaten oft durch Ausnahmeregelungen im allgemeingültigen Gesetz eröffnet wird.

Die Überwachung der Einhaltung gesetzlicher Vorgaben obliegt den jeweils zuständigen Behörden. Die Zuweisung ihrer sachlichen und örtlichen Zuständigkeit erfolgt durch Gesetze oder Verwaltungsvorschriften. Sie muss daher individuell für die jeweilige Aufgabe ermittelt werden. Die Behörden haben nicht nur das Recht, sondern auch die Pflicht, die ihr zugewiesene Aufgabe zu erfüllen. So sind z. B. die Gesundheitsämter unter anderem für die Überwachung von Unternehmen, Betrieben und Institutionen bezüglich der Einhaltung von Hygienestandards zuständig. Viele der Ämter sind auf der Ebene der Landkreise und der kreisfreien Städte angesiedelt. So z. B. auch die Ämter zur Genehmigung von genehmigungspflichtigen Anlagen nach dem Bundesimmissionsschutzgesetz (BImSchG). Solche Anlagen sind im Anhang der 4. Verordnung zur Durchführung des Gesetzes aufgeführt.

Im Folgenden werden deutsche Gesetze vorgestellt, welche für die Apparate- und Anlagentechnik in den Bereichen Pharmazie, Medizin sowie Lebensmittel- und Futtermittelindustrie relevant sind. Diese Gesetze und nahezu das gesamte deutsche Bundesrecht sind unter der Webseite https://www.gesetze-im-internet.de abrufbar.

2.3.2 Lebensmittel- und Futtermittelgesetzbuch

Für den Bereich der Lebensmittelverarbeitung gilt in Deutschland neben den in Abschn. 2.2.2 beschriebenen EU-Verordnungen auch das Lebensmittel- und Futtermittelgesetzbuch (LFGB). In ihm wird in § 31 Abs. 2 gefordert, dass die Bauteile und Gegenstände, die mit einem Lebensmittel in Kontakt kommen, unter normalen oder vorhersehbaren Verwendungsbedingungen keine Stoffe auf das Lebensmittel in Mengen abgeben, die geeignet sind, die menschliche Gesundheit zu gefährden. Das Gesetz nimmt damit Bezug auf die EG-Verordnung 1935/2004.

2.3.3 Arzneimittelgesetz

Der Kern des deutschen Arzneimittelrechts ist das Gesetz über den Verkehr mit Arzneimitteln (Arzneimittelgesetz – AMG) vom 24.08.1976, das mehrmals novelliert wurde. Auch dieses Gesetz wird durch eine Reihe von Verordnungen und Verwaltungsvorschriften ergänzt. Aspekte der Herstellung werden in der Arzneimittel- und Wirkstoffherstellungsverordnung (AMWHV) geregelt. Mit ihr wurde auch die EG-Richtlinie 2003/94/EG, welche Leitlinien der „Guten Herstellungspraxis" beschreibt, in das nationale Recht überführt.

2.3.4 Medizinprodukterecht-Durchführungsgesetz

Zur Umsetzung der EU-Richtlinien für Medizinprodukte wurde in Deutschland 2002 das Medizinproduktegesetz (MPG) erlassen. Mit dem Gesetz und den ergänzenden Änderungsgesetzen, wurden Anforderungen an das erstmalige Inverkehrbringen und die erste Inbetriebnahme von Medizinprodukten geregelt. Das Gesetz hatte eine inhaltliche und systematische Umgestaltung des deutschen Rechtes hinsichtlich der Medizinprodukte zur Folge, da früher zugehörige Produktgruppen in verschiedenen Rechtsbereichen geregelt wurden. Als Ergänzung zum Medizinproduktegesetz wurden ebenfalls Verordnungen erlassen, unter anderem die Medizinprodukte-Verordnung (MPV) sowie die Medizinprodukte-Betreiberverordnung (MPBetreibV).

Die Änderungen waren zur Umsetzung von EU-Richtlinien notwendig, welche erlassen wurden, um einem freien Warenverkehr und eine weitgehende Harmonisierung der Anforderungen und Vorschriften innerhalb der EU zu gewährleisten. Bei einem Blick zurück erkennt man, dass in einem halben Jahrhundert viel erreicht wurde. Jedoch muss auch in Zukunft mit weiteren Änderungen gerechnet werden.

So ersetzt seit Mai 2021 die EU-Verordnung 2017/745 über Medizinprodukte das deutsche Medizinproduktegesetz. Das Medizinproduktegesetz wurde durch das Medizinprodukterecht-Durchführungsgesetz für alle Produkte im Anwendungsbereich der Verordnung (EU) 2017/745 im deutschen Recht abgelöst.

2.3.5 Gentechnikgesetz

Die Erzeugung und Verwendung gentechnisch veränderter Organismen (GVO) in geschlossenen Systemen unterliegen europarechtlichen Regelungen. Diese verpflichten die Mitgliedsstaaten, durch nationale Gesetzgebungen dafür Sorge zu tragen, dass die menschliche Gesundheit und die Umwelt vor schädlichen Auswirkungen gentechnischer Verfahren geschützt werden. In Deutschland wurde dieser Verpflichtung durch des Gentechnikgesetzes (GenTG) von 1990 und ergänzender Verordnungen nachgekommen. Die Gentechnik-Sicherheitsverordnung regelt Sicherheitsanforderungen an gentechnische Anlagen und die Freisetzung von gentechnisch veränderten Organismen.

Literatur

Dünnebier G, Tups H (2007) FDA PAT Initiative – Eine Anwendersicht zu technischen Möglichkeiten und aktueller industrieller Umsetzung. Chem-Ing-Tech 79:2019–2028. https://doi.org/10.1002/cite.200700156

Ripperger S, Nikolaus K (2020) Entwicklung und Planung verfahrenstechnischer Anlagen. Springer Vieweg, Berlin

Normen und Richtlinien für hygienische und sterile Prozesse 3

3.1 Einführung

Die hygienegerechte Gestaltung verfahrenstechnischer Anlagen wird in einer Vielzahl von nationalen und internationalen Regelwerken gefordert (siehe Kap. 2). Viele der Anforderungen werden in Verbindung mit der Herstellung bestimmter Produkte bzw. Produktgruppen (z. B. Lebensmitteln, Arzneimitteln, Kosmetika) formuliert. Meist werden Anforderungen beschrieben, jedoch keine Hinweise gegeben wie diese konkret erfüllt werden. Um diese Lücke zu schließen, wurden von verschiedenen Organisationen Normen und Richtlinien erarbeitet, die auf den Anforderungen der rechtlichen Vorschriften aufbauen und anwendungsnah beschreiben wie die Anforderungen eingehalten werden können.

Normen und Richtlinien sind qualifizierte Regeln bzw. Empfehlungen, welche auf Basis des aktuellen Standes der Technik und Wirtschaft ausgearbeitet wurden. Sie bieten anerkannte Lösungen für immer wiederkehrende Aufgaben. Ziele und Ergebnisse der Normung sowie Grundsätze, die bei ihrer Ausarbeitung zu beachten sind, werden ausführlich von Ripperger und Nikolaus in ihrem Buch (Ripperger und Nikolaus 2020) behandelt. Darin werden auch nationale und internationale Organisationen vorgestellt, die für die Anlagentechnik relevante Normen und Technische Regelwerke erstellen und in Kraft setzen. Diese Ausführungen werden im Folgenden durch Organisationen ergänzt, die Richtlinien zur hygienegerechten Gestaltung von Maschinen und Apparaten erarbeiteten. Relevante Normen, welche technische Anlagen im Anwendungsbereich der sterilen Prozesstechnik betreffen, sind in der Tab. 3.1 aufgeführt.

S. Ripperger, K. Nikolaus, *Anlagentechnik für sterile und ultrareine Prozesse*,
https://doi.org/10.1007/978-3-662-69217-2_3

Tab. 3.1 Auswahl relevanter Normen für hygienische und sterile Prozesse

Norm	Inhalt
DIN EN 556	Sterilisation von Medizinprodukten – Anforderungen an Medizinprodukte, die als „STERIL" gekennzeichnet werden – Teil 1: Anforderungen an Medizinprodukte, die in der Endpackung sterilisiert wurden
DIN EN 1672	Nahrungsmittelmaschinen – Allgemeine Gestaltungsleitsätze: Teil 1: Sicherheitsanforderungen Teil 2: Hygieneanforderungen
EN ISO 4287	Geometrische Produktspezifikationen – Oberflächenbeschaffenheit: Tastschnittverfahren –Benennungen, Definitionen und Kenngrößen der Oberflächenbeschaffenheit
EN ISO 4288	Geometrische Produktspezifikationen – Oberflächenbeschaffenheit: Tastschnittverfahren – Regeln und Verfahren für die Beurteilung der Oberflächenbeschaffenheit
DIN 10113	Bestimmung des Oberflächenkeimgehaltes auf Einrichtungs- und Bedarfsgegenständen im Lebensmittelbereich Teil 1: Quantitatives Tupferverfahren Teil 2: Semiquantitatives Tupferverfahren Teil 3: Semiquantitatives Verfahren mit nährbodenbeschichteten Entnahmevorrichtungen (Abklatschverfahren)
DIN 10510	Lebensmittelhygiene – Gewerbliches Geschirrspülen mit Mehrtank-Transportgeschirrspülmaschinen – Hygienische Anforderungen, Verfahrensprüfung
DIN 10511	Lebensmittelhygiene – Gewerbliches Gläserspülen mit Gläserspülmaschinen – Hygienische Anforderungen, Prüfung
DIN 10512	Lebensmittelhygiene – Gewerbliches Geschirrspülen mit Eintank-Geschirrspülmaschinen – Hygienische Anforderungen, Typprüfung
DIN 10514	Lebensmittelhygiene – Hygieneschulung
DIN 10516	Lebensmittelhygiene – Reinigung und Sterilisation
DIN 10522	Lebensmittelhygiene – Gewerbliches maschinelles Spülen von Mehrwegkästen und Mehrwegbehältnissen für unverpackte Lebensmittel – Hygieneanforderungen, Prüfung
DIN 10528	Lebensmittelhygiene – Anleitung für die Auswahl von Werkstoffen für den Kontakt mit Lebensmitteln – Allgemeine Grundsätze
DIN 11480	Milchwirtschaftliche Maschinen; Tanks und Apparate; Oberflächen
DIN 11481	Milchwirtschaftliche Maschinen; Betriebsmittel-Rohrleitungen in Molkereibetrieben; Verlegung und Wärmedämmung
DIN 11482	Milchwirtschaftliche Maschinen; Lagertanks für Milch und flüssige Milchprodukte
DIN 11483	Milchwirtschaftliche Anlagen – Reinigung und Desinfektion
DIN 11484	Milchwirtschaftliche Anlagen – Rührwerke – Anforderungen an die Reinigbarkeit
DIN EN ISO 11607	Verpackungen für in der Endverpackung zu sterilisierende Medizinprodukte Teil 1: Anforderungen an Materialien, Sterilbarrieresysteme und Verpackungssysteme

Tab. 3.1 (Fortsetzung)

Norm	Inhalt
DIN 11851	Armaturen aus nichtrostendem Stahl für Lebensmittel und Chemie – Rohrverschraubungen zum Einwalzen und Stumpfschweißen
DIN 11853	Komponenten aus nichtrostendem Stahl für hygienische Anwendungen in der Lebensmittel- und chemischen Industrie Teil 1: Rohrverschraubungen Teil 2: Flanschverbindungen Teil 3: Klemmverbindungen
DIN 11864	Armaturen aus nichtrostendem Stahl für Aseptik, Chemie und Pharmazie – Teil 1: Aseptik-Rohrverschraubung, Normalausführung Teil 2: Aseptik-Flanschverbindung, Normalausführung Teil 3: Aseptik-Klemmverbindung
DIN 11866	Komponenten aus nichtrostendem Stahl für aseptische Anwendungen in der chemischen und pharmazeutischen Industrie – Rohre
DIN EN 12462	Biotechnik – Leistungskriterien für Pumpen
DIN EN ISO 13408	Aseptische Herstellung von Produkten für die Gesundheitsfürsorge Teil 1: Allgemeine Anforderungen Teil 2: Sterilfiltration Teil 3: Gefriertrocknung Teil 4: Clean in place Technologien (CIP) Teil 5: Sterilization in place (SIP) Teil 6: Isolatorensysteme Teil 7: Alternative Verfahren für Medizinprodukte und Kombinationsprodukte
ISO 13485	Medizinprodukte – Qualitätsmanagementsysteme
DIN EN ISO 14159	Sicherheit von Maschinen – Hygieneanforderungen an die Gestaltung von Maschinen
DIN EN ISO 15883	Reinigungs-Desinfektionsgeräte – Teil 1: Allgemeine Anforderungen, Begriffe und Prüfverfahren
DIN 32676	Armaturen für Lebensmittel, Chemie und Pharmazie –Klemmverbindungen für Rohre aus nichtrostendem Stahl – Ausführung zum Anschweißen
VDI 2083	Reinraumtechnik
VDI 4066	Hygienische Anforderungen an die Herstellung und aseptische Abfüllung von Getränken Blatt 1: Grundlagen und Auslegungskriterien Blatt 2: Hygieneschulungen Blatt 3: Hinweise zu mikrobiologischen Funktionsprüfungen Blatt 4: Hygieneanforderungen an die Herstellung und rekontaminationsfreie Abfüllung von Molkereiprodukten Blatt 5: Analytische Prozesskontrolle
VDI 6300	Gentechnische Arbeiten in geschlossenen Systemen Blatt 1: Leitfaden für einen sicheren Betrieb gentechnischer Anlagen

3.2 Richtlinien erarbeitende Organisationen

European Hygienic Engineering Design Group (EHEDG)

Die European Hygienic Engineering Design Group (EHEDG) ist eine 1989 gegründete Non-Profit-Organisation aus Apparate-, Geräte- und Komponentenherstellern sowie Unternehmen der Lebensmittelindustrie, Forschungsinstitute und Gesundheitsbehörden (Internetadresse: https://www.ehedg.org). Die EHEDG wurde gegründet, um auf dem Gebiet der hygienegerechten Konstruktion Erfahrungen zusammenzuführen und ein einheitliches Vorgehen zu erreichen.

Die Organisation der deutschen Gruppe ist beim Verband deutscher Maschinen und Anlagenbau e. V. (VDMA) angesiedelt. Die EHEDG hat keine gesetzgeberische Funktion. Ihr Ziel ist es, Erfahrungen für hygienegerechtes Design von technischen Anlagen im Lebensmittelbereich auf einer gesicherten Basis zu verbreiten und die gesetzlich vorgeschriebenen Anforderungen im Zusammenhang mit der hygienischen Produktion von Lebensmitteln umzusetzen. Die EHEDG entwickelt und veröffentlicht Konstruktionsstandards für leicht zu reinigende Bauteile und fördert dabei das Hygienebewusstsein bei der Entwicklung und beim Betrieb von Maschinen und Anlagen zur Verarbeitung von Nahrungsmitteln. Die EHEDG Guidelines sind europaweit anerkannt und sind oft eine Grundlage für europäische Normen. So prägte die EHEDG sowohl die EN 1672-2, als auch die EN ISO 14159, die beide allgemeine Hygieneanforderungen an Maschinen und Anlagen formulieren. Da viele rechtlich vorgegebene Regeln inhaltlich sehr allgemein verfasst sind, stellen die EHEDG Guidelines oft auch eine Ergänzung bzw. Erweiterung dar (siehe hierzu auch Abschn. 6.3). Die EHEDG kooperiert auf internationaler Ebene mit Organisationen mit einer verwandten Zielsetzung (z. B. 3A und NSF in den USA). Ein weiteres Ziel der EHEDG ist es auch, die Richtlinien über Europa hinaus zu harmonisieren.

Darüber hinaus entwickelte die EHEDG auch Teststandards für den praktischen Nachweis der Reinigbarkeit von Anlagen und Komponenten. Diese Testmethoden sind unabhängig vom Produkt und der im Betrieb eingesetzten Reinigungsverfahren anwendbar. Der Nachweis der Reinigbarkeit von Bauteilen erfolgt durch einen Vergleich des Reinigungsergebnisses mit einem entsprechend gereinigten Referenzrohr. Durch die Prüfung einzelner Anlagenkomponenten (Rohrverbindungen, Armaturen, usw.) können schlecht konstruierte Stellen der Anlage oder des Bauteils z. B. über verfärbte Testbakterien optisch detektiert werden und damit eine Grundlage für Konstruktionsverbesserungen schaffen. Ein Bauteil, das den standardisierten Reinigungstest besteht, kann die hygienegerechte Gestaltung über ein EHEDG-Zertifikat nachweisen.

Die Organisation 3-A
Die Organisation 3-A (Internetadresse: https://www.3-a.org) wurde als Non-Profit-Organisation 1920 in den USA von den drei folgenden Organisationen gegründet:

- International Association Food Industry Suppliers (IAFIS)
- International Association for Food Protection (IAFP)
- Milk Industry Foundation (MIF).

Hierbei stand die Richtlinienarbeit zu Ausrüstungen und Anlagen für Molkereien im Vordergrund. Die Richtlinien und Normen sollen die Produktqualität sicherstellen und die Gesundheit der Endverbraucher schützen. Seit 2002 existiert ein Tochterunternehmen, die 3-A Sanitary Standard Inc. (3-A-SSI). Die 3-A-Standards werden in vielen Ländern anerkannt. Die 3-A arbeitet in den USA eng mit der FDA (U.S. Food and Drug Administration; Internetadresse: https://www.fda.gov) zusammen, in deren Auftrag sie zum Teil auch tätig ist. Die Grundsätze und Zertifikate finden auch außerhalb der Milchindustrie Anwendung. Dabei prüft und zertifiziert die 3-A im Rahmen einer „Third-party certification" die Einhaltung der 3-A-Standards durch eigene Auditoren.

Die 3-A beschäftigt sich hauptsächlich mit konstruktiven Merkmalen von Geräten und Anlagen und ihrer Bewertung. Es wurden entsprechende Grundsätze zur Einhaltung des hygienischen Designs erarbeitet. Parallel zu der FDA veröffentlicht die 3-A eine Liste, aus der hervorgeht, welche Materialien, insbesondere welche Kunststoffe, eingesetzt werden können.

National Sanitation Foundation (NSF)
Die NSF wurde 1944 als National Sanitation Foundation in Michigan (USA) gegründet (Internetadresse: https://www.nsf.org). 1952 wurde daran das National Sanitation Foundation Testing Laboratory (NSFTL) angeschlossen. Es handelt sich um ein Unternehmen, das wie eine Stiftung arbeitet und nicht auf Profiterzielung ausgerichtet ist. Sie kooperiert mit dem ANSI (American National Standards Institute; https://www.ansi.org) und arbeitet eng mit 3-A zusammen. Die NSF beschäftigt sich mit dem Risikomanagement im Bereich der Nahrungsmittel und bietet hierzu, wie die anderen Organisationen auch, Schulungen an. Die NSF erarbeitet Standards und finanziert sich durch die Prüfungen. Die NSF hat auch verschiedene Labore und Beratungsfirmen aufgekauft, die im Auftrag Studien und Untersuchungen durchführen. Schwerpunkte hierbei sind Wasseranalysen und mikrobiologische Untersuchungen. Die NSF zertifiziert zudem H1 Schmiermittel – das sind lebensmittelverträgliche Schmierstoffe, die in der Lebensmittel- und Getränkeindustrie zum Einsatz kommen.

International Food Standard (IFS)
Mitgliedsunternehmen des Hauptverbandes des Deutschen Einzelhandels (HDE; Internetadresse: https://www.einzelhandel.de) entwickelten mit der korrespondierenden französischen Organisation (FCD – Fédération des Entreprises du Commerce et de la Distribution;

Internetadresse: https://www.fcd.fr/) den International Food Standard (IFS). Er wurde von den Handelsketten entwickelt, da sie durch die gesetzlichen Regelungen und den Verkauf von eigenen Handelsmarken rechtlich wie Hersteller von Lebensmitteln behandelt werden und auch eine Herstellerverantwortung übernehmen mussten. Um das entstandene Risiko kalkulierbar zu machen, wurden Grundlagen zur Bewertung der Qualität von Produktionseinrichtungen entwickelt. Es wurden Richtlinien zu Audits bei den Herstellern und zur Zertifizierung erarbeitet, wobei die EU-Gesetzgebung berücksichtigt wurde. Bei einem Audit werden unter anderem Herstellungsprozesse und die zugehörigen Anlagen und Arbeitsräume bewertet. Der IFS baut auf der Norm zum Qualitätsmanagement DIN EN ISO 9001 auf, und beinhaltet zusätzlich Grundsätze der Guten Herstellungspraxis (GMP) und des HACCP-Konzeptes (siehe Abschn. 2.2.2).

Die Organisatoren (HDE und FCD) veröffentlichen im Mitgliederbereich eine Liste, in der zu einzelnen Produkten zertifizierte Unternehmen mit dem Audit-Ergebnis aufgeführt sind. Der IFS wird oft auch zur generellen Bewertung von Lebensmittellieferanten angewendet. Damit sind nahezu alle Lieferanten großer Handelsketten vom IFS betroffen.

Die ISO Kommission hat mit der Norm ISO 22000 einen ähnlichen Standard erarbeitet. Er wurde am 30. September 2005 in Kraft gesetzt und soll als weltweit gültiges Managementsystem für Lebensmittelsicherheit gelten. Auch die ISO 22000 baut auf der ISO 9001 auf und ergänzt diese im Hinblick auf das HACCP-Konzept und zusammenhängende Forderungen. Die Norm lässt größere Spielräume als die Standards der Handelsverbände zu. Die ISO-Norm ist auch als DIN EN ISO 22000 veröffentlicht.

Deutsche Gesellschaft für Hygiene und Mikrobiologie (DGHM)

Die DGHM wurde 1906 als „Freie Vereinigung für Mikrobiologie“ gegründet. In dieser Zeit standen die Infektionskrankheiten im Vordergrund. 1949 erhielt sie ihren heutigen Namen. Nach ihrer Satzung „erstrebt [sie] den Zusammenschluss aller in der Mikrobiologie und Hygiene tätigen Wissenschaftler in Deutschland und hat die Aufgabe, Forschung und Lehre auf den verschiedenen Teilgebieten der Mikrobiologie und Infektionsimmunologie sowie der Hygiene und des Gesundheitswesens durch Austausch wissenschaftlicher und praktischer Erfahrung, Durchführung von wissenschaftlichen Veranstaltungen und gemeinsamen wissenschaftlichen Vorhaben zu fördern.“ 1977 wurden die folgenden vier Sektionen eingerichtet: Naturwissenschaftliche Mikrobiologie, Medizinische Mikrobiologie, Hygiene und Virologie. Sie ist Mitglied in verschiedenen internationalen Fachgesellschaften und außerdem Mitglied im Verbund für Angewandte Hygiene (VAH). Hauptarbeitsgebiete sind die Infektionskrankheiten und ihre Bekämpfung sowie die Krankenhaushygiene. Internetadresse: https://www.dghm.org.

Europäische Forschungsgemeinschaft Reinigungs- und Hygienetechnologie e. V. (FRT)

Die Europäische Forschungsgemeinschaft Reinigungs- und Hygienetechnologie e. V. (FRT) wurde von Firmen im Jahre 1991 gegründet. Sie ist im Vereinsregister in Krefeld als gemeinnützig anerkannter Verein eingetragen. Als Mitglied der Arbeitsgemeinschaft industrieller Forschungsvereinigungen „Otto von Guericke“ e. V. (AiF) hat sie Zugang zum Förderprogramm des Bundeswirtschaftsministeriums zur Unterstützung der Wettbewerbsfähigkeit kleiner und mittelständischer Firmen. Unter dem Dach der AiF haben sich rund 100 branchenspezifische Forschungsvereinigungen zusammengeschlossen. Die FRT ist ein Netzwerk der ihr angeschlossenen Fachverbände und Firmen auf dem Gebiet der Reinigung und Hygiene, um gemeinsam interessierende Projekte zu planen, praxisgerecht durchzuführen und die erzielten Ergebnisse auf kurzem Weg in die Praxis umzusetzen.

Verbund für Angewandte Hygiene (VAH)
Der Verbund für Angewandte Hygiene wurde 2003 in Frankfurt gegründet und setzt sich für die Qualitätssicherung von Hygienemaßnahmen ein. Der VAH ist die bevorzugte Instanz, wenn es um die Qualitätssicherung in der prophylaktischen Desinfektion geht. Er zertifiziert Desinfektionsmittel und publiziert diese Produkte mit den wichtigsten Gebrauchsinformationen in seiner VAH-Liste. Zu den Mitgliedern im VAH gehören wissenschaftliche Fachgesellschaften und Berufsverbände sowie Experten aus den Bereichen Hygiene, Öffentliches Gesundheitswesen und Infektiologie. Internetadresse: https://www.vah-online.de.

International Society for Pharmaceutical Engineering (ISPE)
Die International Society for Pharmaceutical Engineering (ISPE) ist ein gemeinnütziger Verein und wurde 1980 von Ingenieuren in den USA gegründet. Mit der Zeit erweiterte sich die ISPE über das Engineering hinaus. Ziel der Organisation ist es, Innovationen zu fördern und die Entwicklung, Herstellung und zuverlässige Lieferung hochwertiger Medikamente zu verbessern. Sie unterstützt die Weiterbildung und den Wissenstransfer zwischen den Fachleuten durch Foren, Konferenzen und weitere Veranstaltungen. Die ISPE ist Herausgeber des ISPE Good Practice Guides (GPGs). Sie nehmen Bezug auf die aktuellen regulatorischen Anforderungen und geben Hinweise wie diese erfüllt werden können. Internetadresse: https://www.ispe.org.

Bio-Process System Alliance
Die Bio-Process Systems Alliance (BPSA) ist ein internationaler Industrieverband, der sich für die Förderung und beschleunigte Einführung der Single-Use-Technologie bei der Produktion von Biopharmazeutika und Impfstoffen einsetzt. Er wurde 2005 gegründet. Internetadresse: https://bpsalliance.org.

BioPhorum
BioPhorum ist ein Zusammenschluss von Unternehmen und Fachleuten, die zusammenarbeiten, um Wissen, Praktiken und Ideen auf dem Gebiet der Biotechnologie und pharmazeutischen Produktion weiterzuentwickeln und sich gegenseitig zu unterstützen. In verschiedenen Arbeitskreisen werden spezifische Aufgaben der Branche behandelt. Es werden unter anderem Vorlagen zu User-Requirement-Specifications (URS) erarbeitet, die den Rahmen für die Bereitstellung von Prozessbeschreibungen und Anwendungsdetails

bieten, um die Kommunikation zwischen Endnutzern und Lieferanten zu vereinfachen. Die Vorlage bietet den Lieferanten den Rahmen, um zu beschreiben, wie die Einhaltung der Anforderungen im Hinblick auf die Sorgfaltspflicht bei der Produktanwendung sichergestellt werden kann.

Für die in der biopharmazeutischen Industrie zunehmend angewendete Single-Use-Technologie wurde in Zusammenarbeit mit der Bio-Process System Alliance (BPSA) z. B. ein Single-Use-User-Requirements-Toolkit (SUUR-Toolkit) entwickelt, das Kunden und Herstellern bei der ersten Implementierung Hilfestellungen bietet. Es dient dazu, den z. T. langwierigen iterativen Prozess zwischen Endbenutzer und Lieferant zur Sicherstellung der qualitativen, gesetzlichen und technischen Anforderungen zu verkürzen. Bei der Ausarbeitung wurden anerkannte Industriestandards (z. B. ASTM E3051) berücksichtigt. Internetadresse: https://www.biophorum.com.

VDI-Gesellschaft „Technologies of Life Sciences"

Die Gesellschaft „Technologies of Life Sciences (TLS)" ist eine von 12 Fachgesellschaften des Vereins Deutscher Ingenieure (VDI). In der Fachgesellschaft werden VDI-Aktivitäten auf den Gebieten Ernährung, Gesundheit und Sicherheit zusammengefasst. Die Mitglieder der Gesellschaft erarbeiten unter anderem in den zugeordneten Fachbereichen Agrartechnik, Bionik, Biotechnologie, Biodiversität, Monitoring gentechnisch veränderter Organismen (GVO-Monitoring), Risikomanagement und Medizintechnik Standards für europäische und internationale Regelwerke. Die Gesellschaft wurde 2009 innerhalb des VDI gegründet und bündelt das umfangreiche Angebot des VDI e. V. in den Life Sciences. Sie steht dabei im regen Austausch mit anderen VDI-Gesellschaften, unter anderem mit der „Gesellschaft Verfahrenstechnik und Chemieingenieurwesen (GVC)". Internetadresse: https://www.vdi.de.

Fachverband industrielle Teilereinigung e. V. (FiT)

Der Fachverband industrielle Teilereinigung e. V. repräsentiert Firmen und wissenschaftliche Institute, die auf dem Gebiet der Reinigungstechnik, vorwiegend im Zusammenhang mit der Oberflächentechnik, aktiv sind. Der FiT fungiert als Schnittstelle zwischen Forschung, Entwicklung und Anwendung industrieller Reinigungstechnik. Sein Ziel ist es, neue Erkenntnisse im Bereich der Reinigungstechnik zu generieren, vorhandenes Wissen zusammenzutragen sowie den Austausch innerhalb der Branche und nach außen zu fördern. Zu den unterschiedlichen Themen bilden Mitglieder des Fachverbandes Fachausschüsse. Von besonderem Interesse sind innovative neue Techniken im Bereich der Reinigungschemie, Anlagentechnik, Umweltschutz, Abfallverwertung, Abfallentsorgung und der praxisorientierten Oberflächenanalytik. Der FiT bietet, teilweise zusammen mit dem Zentralverband Oberflächentechnik e. V. (ZVO) ein Forum für die Behandlung branchenspezifischer Reinigungsprobleme. Es werden einzelne Publikationen zur Bauteilreinigung angeboten. Internetadresse: https://www.fit-online.org.

Verband der Automobilindustrie e. V. (VDA)
Der Verband der Automobilindustrie e. V. (VDA) hat im Jahre 2004 mit dem Regelwerk VDA 19 „Prüfung der Technischen Sauberkeit – Partikelverunreinigung funktionsrelevanter Automobilteile" Grundlagen zur technischen Sauberkeit von Bauteilen erarbeitet. Bei einigen Bauteilen, Baugruppen und technischen Systemen besteht die Gefahr, dass durch geringe Mengen an Restschmutz, der z. B. mit einem technischen Bauteil in ein System eingetragen wird, die Funktion des ganzen Systems nicht mehr erfüllt wird. Entsprechend wird verlangt, dass kritische Bauteile frei von Restschmutz sind. Dabei werden insbesondere störende Partikeln und Fasern betrachtet. Für diese Art von Sauberkeit wurde der Begriff „technische Sauberkeit" geprägt. Mit der technischen Sauberkeit soll sichergestellt werden, dass die Funktion des Bauteils, der Baugruppe bzw. des technischen Systems nicht beeinträchtigt bzw. geschädigt wird. In der Automobilindustrie und in den Zulieferbetrieben wurden in der Folge Sauberkeitslabore eingerichtet und entsprechende Fachleute ausgebildet. Auf Basis der gesammelten Erfahrungen wurde die Richtlinie erweitert und überarbeitet. Zu diesem Zweck wurde 2001 ein Industrieverbund Technische Sauberkeit (TecSa 2.0) gegründet. Im Jahr 2007 erschien die Norm ISO 16232, an deren Abfassung Mitglieder dieses Industrieverbundes beteiligt waren und die daher weitgehend auf die VDA 19 zurückzuführen ist.

Zentralverband Elektrotechnik- und Elektronikindustrie e. V. (ZVEI)
Aspekte der Sauberkeit und Haltbarkeit von Elektronik-Bauteilen werden in einem von dem ZVEI 2018 als 2. Auflage herausgegebenen Leitfaden „Technische Sauberkeit in der Elektrotechnik" behandelt. Durch die dabei definierte technische Sauberkeit soll bei elektronischen Baugruppen auch das Auftreten von Kriechströmen, Spannungsüberschlägen und elektrochemische Migration (ECM) durch hygroskopische Partikeln verhindert werden. In Anlehnung an das Regelwerk VDA 19 enthält der Leitfaden für die Fertigung von elektrischen, elektronischen und elektromechanischen Bauelementen sowie von Leiterplatten und elektronischen Baugruppen Empfehlungen zur Prüfung und Messung von Verunreinigungen auf Baugruppen. Außerdem werden Fragestellungen zur Planung und Optimierung von sauberkeitsrelevanten Fertigungsbereichen behandelt. Der Leitfaden kann unter https://www.zvei.org heruntergeladen werden.

Literatur

Ripperger S, Nikolaus K (2020) Entwicklung und Planung verfahrenstechnischer Anlagen. Springer Vieweg, Berlin

4 Reinigung verfahrenstechnischer Anlagen

4.1 Einführung

Im Bereich der Lebensmitteltechnik und Biotechnologie sowie bei der Produktion von Arzneimitteln werden überwiegend verderbliche Produkte verarbeitet. Dadurch entsteht für die Konsumenten der Produkte ein mögliches Gefahrenpotenzial, das ausgeschlossen werden muss. Zudem müssen vor allem die Produkte der pharmazeutischen Industrie mit einer definierten hohen Reinheit hergestellt werden. Es müssen daher in den Produktionsanlagen Bedingungen geschaffen und ständig eingehalten werden, die eine Kontamination der Produkte durch jegliche Fremdstoffe verhindern. Insbesondere muss eine Kontamination mit pathogenen Keimen sicher ausgeschlossen werden. Um eine Produktion unter hygienischen und/oder ultrareinen Bedingungen zu gewährleisten, müssen die verwendeten Anlagen in bestimmten Intervallen gereinigt, desinfiziert und ggf. auch sterilisiert werden. Die Sauberkeit der Anlagen ist in diesem Fall eine Voraussetzung zur Herstellung einwandfreier Produkte. Dazu ist ein effizientes Reinigungsverfahren notwendig.

Ziel der Reinigung ist die möglichst vollständige Befreiung der produktberührenden Oberflächen von unerwünschten Stoffen (Verunreinigungen, Schmutz), Produktresten und schädlichen Mikroorganismen. Nach der Reinigung soll die Produktion mit einer sauberen Anlage wieder aufgenommen werden. Es ist allerdings zu beachten, dass eine absolute Reinheit der Anlagenelemente bei Berücksichtigung von wirtschaftlichen Randbedingungen nicht zu erreichen ist. Der Nachweis des Reinigungserfolges und die Validierung der Effizienz des Reinigungsverfahrens werden in den Abschn. 4.6 und 4.7 behandelt. Jedoch sind auch bei einer sehr effizienten Reinigung die inneren Oberflächen einer Anlage nicht frei von Keimen. Daher ist nach einer Reinigung insbesondere bei der Verarbeitung von Produkten, die einem biologischen Verderb unterliegen, häufig zusätzlich eine Desinfektion oder Sterilisation der Anlage erforderlich, wodurch eine Reduktion bzw. ein Abtöten aller lebenden Keime in der Anlage erreicht wird. Dies gilt z. B. für Bioreaktoren, die über lange Zeitspannen mit Reinkulturen betrieben werden. Die Desinfektion oder Sterilisation von Anlagen werden ausführlich in Kap. 5 behandelt. Dabei gelingt die Desinfektion

S. Ripperger, K. Nikolaus, *Anlagentechnik für sterile und ultrareine Prozesse*,
https://doi.org/10.1007/978-3-662-69217-2_4

oder Sterilisation einer Anlage umso wirtschaftlicher, je effizienter der vorgeschaltete Reinigungsprozess ausgeführt ist. Zudem sind abgetötete Keime durch wiederkehrende Reinigungsschritte aus der Anlage zu entfernen, wodurch der reinigungsgerechten Gestaltung der Anlage eine zentrale Bedeutung zukommt.

Bei der industriellen Produktion von Lebensmitteln und Arzneimitteln werden zunehmend automatisierte Prozesse mit geschlossenen Anlagen eingesetzt. Dadurch wird verhindert, dass die Produkte durch einen Kontakt mit der Umgebung kontaminiert werden. Problematisch dabei ist jedoch, dass die produktberührenden Innenflächen nicht mehr für eine Inspektion zugänglich sind. Eine Reinigung muss daher zuverlässig sicherstellen, dass die Anlage bei Produktionsbeginn den hygienischen Anforderungen entspricht. Die Anforderungen an den Apparate- und Anlagenbau und den Anlagenbetrieb gehen in diesen Fällen weit über die der üblichen Anlagentechnik hinaus. Nur mit regelmäßigen Reinigungen und einer angepassten Anlagenkonstruktion wird die Einhaltung der vorgeschriebenen hygienischen Standards gewährleistet. Die reinigungsgerechte Auslegung und konstruktive Gestaltung von Anlagen wird mit dem Begriff „Hygienic Design" zusammengefasst. Konzepte und Regeln zum Hygienic Design mit dem Ziel einer leichten Reinigbarkeit aller Anlagenelemente sind Gegenstand von Kap. 6.

Die Produktionsanlagen der Lebensmittelindustrie und pharmazeutischen Industrie werden häufig im Batch- bzw. Chargenbetrieb eingesetzt. Zudem werden in diesen Bereichen meist Mehrproduktanlagen verwendet, d. h. die Anlagen sind so flexibel, dass unterschiedliche Produkte darin hergestellt bzw. verarbeitet werden können. Produktreste einer Charge in der Anlage stellen für die nächste Charge meist eine Verunreinigung dar. In einem solchen Fall kann die Verunreinigung als „Materie an der falschen Stelle" bezeichnet werden, die durch eine Reinigung entfernt werden muss. Dabei kann zwischen „toter" und „lebender" Materie unterschieden werden. Lebende Materie enthält Mikroorganismen (unter anderem Bakterien, Hefen, Pilze). Die Sauberkeit aller Anlagenteile nach einer Reinigung ist bei Mehrproduktanlagen eine Voraussetzung zur Verhinderung einer Kreuzkontamination. Als Kreuzkontamination wird die direkte oder vor allem die indirekte ungewollte Übertragung von Verunreinigungen auf ein Folgeprodukt einer Mehrproduktanlage bezeichnet.

Eine Kreuzkontamination kann beispielsweise durch schwer zu beseitigende Verunreinigungen wie Biofilme oder Fouling entstehen. Als Fouling bezeichnet man die unerwünschte Bildung von Belägen auf Oberflächen. Der Begriff wird insbesondere im Zusammenhang mit Wärmeübertragern und Membranen verwendet. Fouling behindert die ursprünglich geplante Wärme- oder Stoffübertragung und ist daher ein gravierendes Problem in vielen Bereichen der Industrie. Ansätze zur Verminderung von Fouling umfassen stoffliche, apparative und prozesstechnische Maßnahmen. Dazu gehören:

Stoffliche Maßnahmen:

- Wahl geeigneter foulingresistenter Materialien und Oberflächen,
- Vorkonditionierung der Flüssigkeiten z. B. durch Zugabe von Fouling-Inhibitoren (Hemmstoffe)

Apparative Maßnahmen:

- geeignete Apparate- und Oberflächengestaltung (Hygienic Design),
- foulingmindernde Dimensionierung

Prozesstechnische Maßnahmen:

- Wahl optimierter Verfahrensparameter (z. B. Temperatur, Strömungsgeschwindigkeiten, foulingmindernde Betriebsweisen),
- optimierte Produktionszyklen, Reinigungs-, Desinfektions- und/oder Sterilisationszyklen.

Insbesondere wiederkehrende Reinigungsschritte und Spülungen sind wichtige Maßnahmen, um einem Fouling vorzubeugen oder Kontaminationen aus der Anlage zu entfernen. Eine effiziente Reinigung der Anlage ist die zentrale Anforderung an die sterile und ultrareine Prozesstechnik. Die Verfahren, die zur Reinigung eingesetzt werden, können sich in ihrem Automatisierungsgrad stark unterscheiden. Zudem trennen sich die Nass- und die Trockenreinigung grundlegend voneinander ab. Welches Reinigungsverfahren zum Einsatz kommt und wie hoch sein Automatisierungsgrad ist, hängt zum einen davon ab, ob der Produktionsbereich als offener oder geschlossener Prozess ausgeführt ist und zum anderen, welche zu reinigenden Produktrückstände oder Verunreinigungen vorliegen. Es können folgende Formen der Reinigung von verfahrenstechnischen Anlagen unterschieden werden:

Vollautomatische Reinigung

Geschlossene Anlagen im industriellen Maßstab werden in der Regel einer CIP-Reinigung unterzogen (CIP = Cleaning in Place), was bedeutet, dass die Reinigung ohne Demontage der Anlagenkomponenten und ohne nennenswerte Änderungen der Einbaukonfiguration vollautomatisch abläuft. Anforderungen an das Hygienic Design für diese Anlagen und ihre Komponenten betreffen in erster Linie eine strömungsgünstige Gestaltung unter Vermeidung von Totwasserbereichen, eine geringe Anzahl von lösbaren Verbindungen und eine geringe Oberflächenrauigkeit (siehe Kap. 6). Damit die Anforderungen im Hinblick auf das Reinigungsergebnis erfüllt werden, müssen bereits bei der Planung der Anlagen und der Auswahl der Bauelemente die Belange der Reinigung berücksichtigt werden. Die reinigungsgerechte Gestaltung verfahrenstechnischer Anlagen und die Auslegung der entsprechenden Schritte setzt Expertenwissen voraus, das insbesondere in den letzten zwei Jahrzehnten systematisch erweitert wurde. Es wird in den Abschn. 4.2–4.7 näher erläutert.

Während die vollautomatische CIP-Reinigung im Inneren von Rohrleitungen, Armaturen oder Apparaten mit Hilfe von flüssigen Reinigungslösungen abläuft, wird zur automatischen Reinigung des Außenbereiches einer Anlage in der Regel eine Schaum- oder Gelreinigung eingesetzt, die im weiteren Verlauf des Abschnitts vorgestellt wird. Generell werden Anlagenkomponenten, die ohne Demontage einer vollautomatischen Reinigung unterzogen werden können, nach dem EHEDG-Zertifizierungsschema der Klasse 1 zugeordnet.

Semiautomatische Reinigung
Die vollautomatische CIP-Reinigung kann nicht bei allen Anlagen angewendet werden. In einigen Bereichen wird eine WIP-Reinigung (WIP = Washing in Place) eingesetzt. Bei ihr werden wie bei einer CIP-Reinigung die Flächen über Reinigungsdüsen mit einer Reinigungsflüssigkeit beaufschlagt, ohne die Anlage zu demontieren, so dass z. B. Rückstände aus einer Anlage ausgespült und abtransportiert werden. Dabei erfolgt in der Regel jedoch keine Vollflutung der Anlage, sondern ein Einsatz geringerer Mengen einer Reinigungsflüssigkeit. Im Gegensatz zur CIP-Reinigung werden die Flächen nach der Spülung im geöffneten bzw. zerlegten Zustand der Anlage manuell z. B. mit Hilfe von Tüchern gereinigt. Die Anforderungen an eine WIP-Reinigung können sehr unterschiedlich sein und sind nicht allgemein spezifiziert. WIP-Reinigungen werden unter anderem bei Anlagen zur Verarbeitung von Pulvern angewendet (z. B. bei Tablettenpressen).

Manuelle Reinigung
Auch manuelle Reinigungen sind noch oft notwendig. Die Anlagen und zugehörigen Produktionsausrüstungen werden hierzu teilweise demontiert. Man spricht in diesem Zusammenhang auch von einem „Cleaning Out of Place (COP)“. Häufig werden die zu reinigenden Einzelbauteile in einer Reinigungsstation bzw. Waschmaschine oder in Handwaschbecken gereinigt. Anforderungen an das Hygienic Design für diese Anlagen und ihre Komponenten betreffen insbesondere eine einfache Zugänglichkeit und Demontierbarkeit der Einzelbauteile, eine große Anzahl an lösbaren Verbindungen und eine mechanisch stabile Oberflächengestaltung. Nach einer manuellen Teilereinigung erfolgen die Überprüfung und Montage der zerlegten Anlagenteile. Um eine Reproduzierbarkeit der Reinigung zu gewährleisten, müssen sowohl bei eine WIP- als auch bei einer COP-Reinigung die Reinigungsprozeduren durch entsprechende Arbeitsanweisungen festgelegt und das Personal entsprechend geschult werden. Anlagenkomponenten, die nach einer Demontage einer manuellen Reinigung unterzogen werden, sind nach dem EHEDG-Zertifizierungsschema der Klasse 2 zugeordnet.

Nassreinigung
Die Nassreinigung innerhalb und außerhalb der Anlage erfolgt in der Regel mit flüssigen Reinigungslösungen. Einige Reinigungslösungen, die bei der vollautomatischen CIP-Reinigung der inneren Anlagenoberfläche Anwendung finden, werden ausführlich in Abschn. 4.3.8 vorgestellt. Die Nassreinigung mit Reinigungslösungen stellt häufig die effizienteste aller Reinigungsformen dar, da sie automatisierbar ist und eine weitgehend vollständige Entfernung von Produktrückständen ermöglicht. Allerdings muss in diesem Fall die Anlage so gestaltet sein, dass die Reinigungslösungen nach der Reinigung selbstständig aus der Anlage ablaufen können. Des Weiteren muss beachtet werden, dass die verwendeten Werkstoffe bei der Anwendung einer Nassreinigung gegen die eingesetzten Reinigungslösungen korrosionssicher sind.

Sowohl bei der manuellen als auch bei der semiautomatischen Reinigung kommen zur Nassreinigung außerhalb der Anlage Hochdruckreiniger, Dampfreiniger oder Schaumreiniger zur Anwendung. Der Einsatz einer Hoch- oder Niederdruckreinigung ist jedoch in Bereichen mit einer erhöhten Hygieneanforderung als kritisch zu betrachten, da es dabei häufig zur Aerosolbildung des zu entfernenden Schmutzes kommt, der die gesamte Produktionshalle kontaminieren kann. Eine bessere, alternative Nassreinigung ist in diesem Fall die Schaumreinigung. Bei der Schaumreinigung wird mittels stark schäumender Tenside und entsprechend gestalteten Düsen beim Versprühen der Reinigungsmittellösung Luft angesaugt und ein Schaum erzeugt, der bis zu 95 % aus Luft bestehen kann. Mit einer Schaumreinigung kann der Reinigungsmittelverbrauch reduziert werden. Schaum ist deutlich sichtbar, so dass der Anwender kontrollieren kann, wo das Reinigungsmittel aufgebracht wurde. Ebenso wird dadurch auch die Kontrolle des Abspülvorgangs verbessert. Hinzu kommt, dass Schaum an den Flächen eine längere Zeit haftet und dadurch das Reinigungsmittel nicht schnell abrinnen kann. Bei Anlagen zur Schaumreinigung kommen Spül-, Schaum- und Reinigungsdüsen zur Anwendung. Ihre Kombination in Verbindung mit verschiedenen Reinigungsmitteln erlaubt eine individuelle Anpassung der Reinigungsschritte an die jeweiligen Anforderungen. Schaum kommt oft auch in Verbindung mit einem Desinfektionsmittel zum Einsatz.

Trockenreinigung
In einigen Bereichen, insbesondere bei Trockenprozessen, bei denen eine erhöhte Feuchtigkeit in der Produktionsumgebung zu vermeiden ist, kommt in der Regel eine Trockenreinigung durch Ausblasen, Abblasen, Bürsten, Kehren oder Schaben zum Einsatz. Eine spezielle Form der Trockenreinigung ist die wasserfreie Trockeneis-Reinigung. Hierbei wird ein Strahl aus CO_2-Pellets mit hoher Luftgeschwindigkeit auf die zu reinigende Oberfläche aufgebracht. Die Pellets, die eine Temperatur von −79 °C aufweisen, bewirken einen Kryoschock, wodurch der Schmutz gefriert und spröde wird. Er bekommt Risse und wird durch die aufprallenden Pellets abgelöst und mit dem Druckluftstrom abgeführt. Mit der Methode werden auch feste Verkrustungen von Oberflächen entfernt. Bei einer Trockeneis-Reinigung bleibt kein Strahlmittel zurück. Der abgelöste Schmutz wird abgeführt und fällt zu Boden und kann aufgekehrt werden. Zur Herstellung der Trockeneis-Pellets werden Geräte angeboten, in denen die Pellets aus flüssigem Kohlendioxid hergestellt werden. Infolge eines Druckabfalls wird ein Trockeneisschnee erzeugt, der in einem Presszylinder verdichtet und durch eine formgebende Öffnung gepresst wird. Dadurch entstehen Stäbchen aus Trockeneis, die dann zu Pellets zerbrechen.

Nach dieser kurzen Einführung in die wichtigsten Reinigungsformen, beschränken sich die Ausführungen in den folgenden Abschnitten auf die vollautomatisierte CIP-Reinigung mit flüssigen Reinigungslösungen, die die effizienteste und verbreitetste Reinigungsform gegenüber den anderen darstellt.

4.2 Wissenschaftliche Untersuchungen zur Anlagenreinigung

Die Erkenntnisse zur Reinigung beruhen meist auf praktischen Erfahrungen und systematischen experimentellen Untersuchungen. Oft werden Untersuchungen mit „synthetischem Schmutz" in Form eines Schmutz-äquivalenten Modellstoffes durchgeführt, der vor der Reinigung „künstlich" auf die zu reinigenden Komponenten aufgebracht wird. Dies hat jedoch den Nachteil, dass dieser Verschmutzungszustand meist deutliche Unterschiede zu der real auftretenden Verschmutzung aufweist, die sich über längere Zeiträume mit dem real vorliegenden Stoffsystem bildet. Dennoch bietet die Anwendung von solchen Modellstoffen eine Zugangsmöglichkeit für erste valide wissenschaftliche Untersuchungen im Bereich der Reinigungstechnik. Im Folgenden werden einige historisch wichtige wissenschaftliche Arbeiten zur Anlagenreinigung zusammengefasst, durch die die Grundlage für einen effizienten Reinigungsvorgang von heutigen verfahrenstechnischen Anlagen gelegt wurde.

Erste systematische Untersuchungen zur CIP-Reinigung wurden an durchströmten Rohrleitungen durchgeführt. Thor und Loncin (1978) sowie Reuter (1983) beschrieben entsprechende Versuche. Graßhoff (1983, 1988) und Reuter (Graßhoff und Reuter 1983) erkannten die Problematik rechtwinklig abgehender Toträume in Rohrleitungssystemen und untersuchte ihre Reinigung.

Nassauer (1984) untersuchte die Produkthaftung auf festen Flächen und hat ermittelt, dass bei einer Rauheit unter 2 µm die Haft- bzw. Restmengen an frei ablaufenden Wänden und in schlecht gespülten Bereichen mit abnehmendem Mittenrauwert Ra (siehe Abschn. 4.3.5) reduziert werden. In durchströmten Leitungen ist dagegen bei einem Mittenrauwert von 2,3 und 0,23 µm nur noch ein minimaler Unterschied zu erkennen. Er zeigte, dass bei Rauigkeitswerten unterhalb von 2 µm die Haftung überwiegend vom Oberflächenpotential beeinflusst wird. Hoffmann und Reuter (1984) untersuchten den Einfluss der Rauigkeit auf das Ausspülen eines Belags aus Magermilchsporen bei geraden Rohrstücken. Ra-Werte und Restsporenmengen korrelierten linear, bewegten sich jedoch im untersuchten Bereich von 0,25 µm < Ra < 7 µm innerhalb einer Zehnerpotenz. Die Versuche zeigen, dass auch die Reinigungskinetik wesentlich von der Oberflächenrauigkeit beeinflusst wird.

Weigl (2004) untersuchte im Zusammenhang mit der Anlagenreinigung die nötigen Kräfte, die zum Ablösen von Mikroorganismen und Partikeln unter Einfluss der verwendeten Oberflächenmaterialen, -rauheiten und Umgebungsmedien erforderlich sind. Als „Modellverschmutzung" wurden Hefezellen und Partikel eingesetzt. Er stellte unter anderem fest, dass eine glatt polierte Oberfläche nicht immer niedrigere Haftkräfte zur Folge hat, so dass die Forderung nach immer glatteren Oberflächen nicht sinnvoll erscheint. Schmidt et al. (2003) haben festgestellt, dass ein Haftkraftminimum, abhängig von der Art der Kontaktpartner, oft im Bereich der mittlere Rautiefe Ra von 0,4 und 1,5 µm liegt.

Bobe (2008) untersuchte das Ablöseverhalten von Partikeln auf verschiedenen Oberflächen bei einer Überströmung unter Berücksichtigung des Einflusses der Oberflächenrauigkeit und -struktur sowie der Oberflächenenergie. Die Herstellung verschiedener Rauigkeitsstrukturen erfolgte mit einem lithographischen Ätzverfahren. Es wurde z. B. der Einfluss von Gräben unterschiedlicher Breite senkrecht zur Strömungsrichtung auf die Ablösung von zwei verschiedenen Partikelgrößen (1,16 und 5,71 µm) untersucht. Bobe ermittelte, dass die Struktur einer Oberfläche und das Größenverhältnis von der Grabenbreite der Struktur zur Partikelgröße den Reinigungserfolg stärker bestimmen als ein gemessener Rauheitskennwert. Zum anderen stellte er mit seinen Versuchen fest, dass Oberflächen mit geringer Oberflächenenergie besser zu reinigen sind.

Boulangé-Petermann (1996) hat die Forschungsergebnisse zur Haftung von Biofilmen an rostfreiem Stahl zusammengestellt.

Bénézech et al. (2002) untersuchten die Reinigung einer Exzenterschneckenpumpe mit dem Ziel, eine Testmethode zur Reinigbarkeit von Anlagenteilen zu entwickeln. Als Verunreinigung dienten Sporen des Stamms *Bacillus cereus*. Seine entwickelte Methode mit Nähragar kann an schwer erreichbaren Stellen innerhalb von Bauteilen nur bedingt angewendet werden.

Hofmann (2007) betrachtete die Reinigung löslicher Komponenten und beschreibt deren Stoffübergang in die Reinigungslösung. Daraus leitete er auch eine Qualifizierungsmethode zur Abschätzung der Reinigbarkeit von Produktionsanlagen ab.

Lelieveld (1994) betrachtete Critical Control Points (CCPs) und hierbei insbesondere statische und dynamische Dichtungen. Sie sollen ein Eindringen von Mikroorganismen in den abzudichtenden Raum und gleichzeitig auch das Austreten von Produkt aus diesem Raum verhindern. Er zeigte, dass O-Ringe zwischen Flanschen sich bei einem Temperaturanstieg so stark ausdehnen und deformieren können, dass eine Leckage möglich wird. Druckänderungen können ebenfalls eine Bewegung des O-Ringes zur Folge haben.

Viele solcher Untersuchungen zur Anlagenreinigung führten in den letzten Jahrzehnten zu wesentlich verbesserten und reinigungsgerechten Bauteilen, Dichtungen, Messgeräten und Pumpen. Es wurden Richtlinien und Hinweise zur hygienegerechten Konstruktion solcher Bauteile konzipiert, die unter dem Begriff „Hygienic Design" zusammengefasst werden (siehe Kap. 6). Es gibt jedoch dennoch Anlagenkomponenten, die schwer zu reinigen sind. Hierzu gehören z. B. Filtermedien, Membranmodule und Wellendurchführungen.

4.3 Einflussgrößen auf eine CIP-Reinigung

4.3.1 Cleaning in Place (CIP)

In Verbindung mit der zunehmenden Automatisierung der Prozesse wird, wenn möglich, die CIP-Reinigung (CIP = Cleaning in Place) angewendet. Für eine CIP-Reinigung werden die Anlagen so konstruiert und ausgeführt, dass die Schritte zur Reinigung, Desinfektion und ggf. auch Sterilisation der produktberührenden Oberflächen ohne ein Zerlegen oder Demontieren durchgeführt werden können. Man spricht in diesem Fall von einer geschlossenen Reinigung und von CIP- bzw. SIP-fähigen Anlage (SIP = Sterilization in

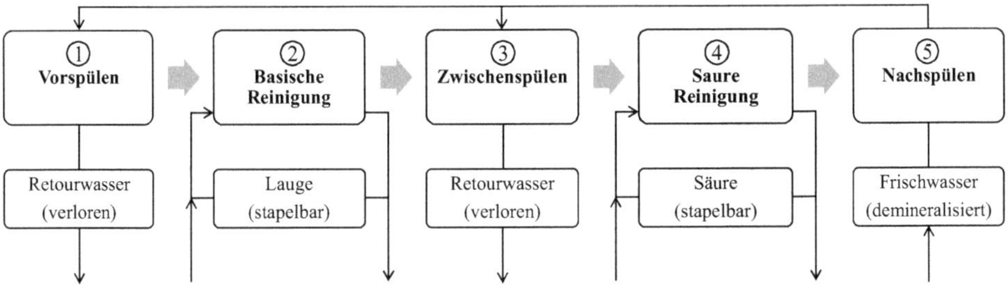

Abb. 4.1 Möglicher Ablauf einer CIP-Reinigung mit stapelbaren (mehrfachverwendbaren) und verlorenen (einfachverwendbaren) Reinigungslösungen

Place). Die automatisch ablaufende CIP-Reinigung wird typischerweise erreicht, indem eine Reinigungslösung aus einem Ansatz-, Vorrats- oder Stapelbehälter durch die Apparatur im Kreislauf oder Durchlauf gepumpt wird, so dass alle Innenflächen der Apparatur überströmt werden. Zusätzlich werden Sprühvorrichtungen zur Reinigung von Kesseln, Reaktoren und anderen Anlagenausrüstungen eingesetzt. Um die hohen Anforderungen an die Reinheit von Produkten und Anlagen zu erfüllen und eine hohe Verfügbarkeit der Anlage zu gewährleisten, gibt es für ihre Betreiber oft keine Alternative zu einer CIP-Reinigung. Sie wird auch in Bereichen eingesetzt, in denen große komplexe Apparate mit großen inneren Oberflächen verwendet werden, wie z. B. bei Membrananlagen und Wärmeübertragern. Besonderheiten der Reinigung von Membrananlagen werden vom Autor in (Ripperger 2004) behandelt.

Ein Problem der CIP-Reinigung ist, dass die Effizienz des Reinigungsvorgangs nicht einfach festzustellen ist. Eine optische Überprüfung ist nur an den zugänglichen Stellen möglich, die in den geschlossenen Prozessen der CIP-Reinigung in der Regel sehr begrenzt oder meist gar nicht vorliegen. Daher ist eine sorgfältige Planung beim Entwurf einer CIP-Reinigung notwendig. Durch eine Reinigung können Keime an den Oberflächen um mehrere Größenordnungen reduziert werden. Eine Gewähr für die Keimfreiheit ist jedoch nach einer Reinigung nicht gegeben. Zur weiteren Keimreduktion wird daher oft eine Desinfektion oder Sterilisation durchgeführt (siehe Kap. 5).

Meist werden mehrere Apparate, Behälter, Rohrleitungen und Pumpen in einem Reinigungskreis zusammengeschlossen. Mit Hilfe von speicherprogrammierbaren Steuerungen und Sensoren (z. B. Leitfähigkeitsmessgeräten) wird die Abfolge der Spül-, Reinigungs- und Desinfektionsschritte gesteuert. In Abb. 4.1 sind übliche Abläufe einer CIP-Reinigung dargestellt, die durch weitere Reinigungsschritte erweiterbar sind. Durchschnittlich werden pro Reinigungsschritt 10 bis 30 min benötigt.

Das Ergebnis einer CIP-Reinigung wird von folgenden Faktoren beeinflusst, die in den weiteren Abschnitten ausführlich behandelt werden:

1. die Art der verarbeiteten Produkte und Verunreinigungen,
2. die konstruktive Gestaltung der Anlage und ihrer Komponenten,

3. die Güte der produktberührenden Oberflächen,
4. die produktberührenden Werkstoffe,
5. die Strömungsmechanik während der Reinigung,
6. die Art und Konzentration der verwendeten Reinigungschemikalien,
7. die Temperatur während der Reinigung,
8. die Reinigungszeit und
9. die Kombination der einzelnen Reinigungsschritte.

4.3.2 Art der Verunreinigungen

Neben Kontaminationen mit Fremdstoffen, die in der Regel weitestgehend durch die Gestaltung CIP-fähiger Anlagen bis auf wenige kritische Stellen verhindert werden können, stellen insbesondere die Produktrückstände eines Prozesses die Verunreinigungen für die Folgechargen dar. Die Produkte und die damit verbundenen Verunreinigungen sind prozessbedingt und vorgegeben. Das Produkt und seine Inhaltsstoffe bestimmen die Reste, die an den Wänden und Oberflächen haften bleiben und durch die Reinigung zu entfernen sind. Die in der Anlage verbleibende Menge ist von der Textur des Produkts und der Konstruktion der Anlage abhängig. Das Haften der Bestandteile an den Oberflächen wird von vielen Faktoren beeinflusst, unter anderem von der Verteilung der Oberflächenladungen, den Adsorptionskräften sowie von der Rauigkeitstiefe und Rauigkeitsstruktur der Oberfläche. In diesem Zusammenhang muss auch berücksichtigt werden, dass Mikroorganismen die Eigenschaft besitzen, auf festen Oberflächen zu haften und zu wachsen. Insbesondere an Stellen, die nicht überströmt werden (Rillen, Spalte, Toträume), wird die Besiedlung mit Mikroorganismen gefördert. Vom Produkt hängt es ab, ob

- eine Besiedlung mit Mikroorganismen und deren Wachstum gefördert wird,
- die Rückstände aus einer Phase oder mehreren Phasen bestehen,
- wasserlösliche oder nicht wasserlösliche Komponenten vorliegen (z. B. Zucker und Salze),
- die Rückstände in wässrigen Lösungen quellen (z. B. Kohlenhydrate und Eiweißverbindungen),
- die Rückstände emulgierbar sind (z. B. Fette und Öle),
- Phasen im erstarrten Zustand vorliegen,
- Komponenten vorhanden sind, die nur bei hohen oder niedrigen pH-Werten in Lösung gehen und ob
- Beläge an beheizten Wänden oder Membranen sich ausbilden konnten.

Bei den Rückständen an einer Wand kann es sich um eine dünne Molekülschicht oder eine dickere Schicht mit Partikeln, die ggf. fest aneinanderhaften oder verklebt sind, handeln. Außerdem können Schmutzschichten sich mit der Zeit physikalisch oder chemisch verändern, z. B. austrocknen und altern. Diese Veränderungen sind insbesondere im Zusammenhang mit längeren Betriebsunterbrechungen und Stillstandzeiten, z. B. infolge eines saisonalen Betriebs, zu beachten. Bei einer unzureichenden Reinigung und Konservierung infolge des Nährstoffangebotes in Schmutzablagerungen können Mikroorganismen die Bildung von Säuren und Salzen hervorrufen, die dann eine sogenannte Biokorrosion verursachen können. Daher sollten Anlagen nach Betriebsende und vor längeren Stillstandzeiten gründlich gereinigt werden.

4.3.3 Konstruktive Gestaltung der Anlage und ihrer Komponenten

Durch eine hygienegerechte Konstruktion und Ausführung der Anlage kann einer Verschmutzung entgegengewirkt und das Ergebnis der Reinigungsschritte beeinflusst werden. Daher müssen bereits bei der Anlagenkonstruktion und der Auswahl von Bauelementen die Anforderungen der Reinigung berücksichtigt werden. So ist z. B. darauf zu achten, dass die gesamte Anlage und auch die Anlagenteile (z. B. Pumpen, Tanks) vollständig durch die Schwerkraft entleert werden können, um Produktrückstände und unerwünschte Vermischungen zu vermeiden. Beim Befüllen der Anlage mit einer Reinigungslösung muss gewährleistet sein, dass die Luft aus der Anlage entweichen kann und sich in den zu reinigenden Anlagenteilen keine Lufteinschlüsse bilden, da zur Reinigung und Desinfektion ein vollständiger Kontakt zwischen der zu behandelnden Anlagenoberfläche und der Lösung notwendig ist. Die Konstruktion und Ausführung der Anlage beeinflussten auch wesentlich das Ausspülen der Produkte sowie der Reinigungs- und Desinfektionslösungen. Wenn eine Produktvermischung bzw. Produktübertragung von kleinen Restmengen an das nachfolgende Produkt problematisch ist, wird eine Spülung der Anlage mit Wasser als Trennmittel notwendig. Die Effektivität der Spülung und der Spülwasserbedarf werden dabei auch wesentlich von der Anlagenkonstruktion mitbestimmt. Eine effiziente Reinigung gelingt nur dann, wenn mikro- und makroskopische Vertiefungen auf der gesamten produktberührenden Oberfläche der Anlage konstruktiv vermieden werden, da sich Verunreinigungen und insbesondere Mikroorganismen in diesen schlecht durchströmten Bereichen nur mit großem Aufwand oder überhaupt nicht herauswaschen lassen. Daher stellen Rillen, Spalte und Toträume (z. B. Blindstutzen) für jeden Reinigungsvorgang ein großes Problem dar. Bei solchen konstruktiven Ausführungen ist eine Anlage in der Regel nicht reinigbar. Zudem sollten die Verbindungen und Anschlüsse von Rohrleitungen möglichst durch ein fachgerechtes Schweißen erfolgen und die Schweißverbindungen durch Schleifen und Polieren mechanisch nachbearbeitet werden. Hingegen sollten lösbare Verbindungen wie Flansch- oder Schraubverbindungen nur in Ausnahmefällen eingesetzt werden, weil dabei meist Spalte an der innenliegenden Oberfläche entstehen. Bei notwendigen lösbaren Verbindungen sollten nur CIP-fähige Ausführungen eingesetzt werden, die sich dadurch auszeichnen, dass die Dichtungen auch im Betriebszustand bündig zur produktberührenden Oberfläche abschließen und deshalb Spalte konstruktiv ausgeschlossen werden. Um eine spaltfreie Abdichtung konstruktiv umzusetzen, muss die Dichtung an der Produktseite zur inneren Oberfläche platziert sein und eine Zentrierung der Verbindungselemente mit einer definierten Kapselung der Dichtung vorliegen. Nur, wenn diese Kriterien erfüllt werden, ist die Lage der Dichtung auch im Betriebszustand unter mechanischen und thermischen Belastungen stabil.

Die reinigungsgerechte Gestaltung verfahrenstechnischer Anlagen und die Auslegung der entsprechenden Schritte wird unter dem Begriff „Hygenic Design" zusammengefasst. Im Kap. 6 werden das hierzu entwickelte Konzept, Konstruktionsprinzipien und wesentliche Regeln näher erläutert.

4.3.4 Produktberührende Werkstoffe

Die Werkstoffe sind so zu wählen, dass das Endprodukt vom Werkstoff nicht nachteilig beeinflusst wird und jede Art von Korrosion bzw. Werkstoffveränderung vermieden wird. In der Biotechnologie, Pharmazie, Lebensmitteltechnik und Chemie werden überwiegend nichtrostende Stähle eingesetzt. Auch Kunststoffe haben sich in vielen Anwendungen im Apparate- und Maschinenbau bewährt (siehe hierzu auch Abschn. 6.2.1). Ein besonderes Augenmerk liegt auf den Dichtungsmaterialien, die chemisch und thermisch beständig sein müssen und über eine glatte und geschlossene Oberfläche verfügen müssen.

4.3.5 Güte der produktberührenden Oberflächen

Das Haftvermögen von Mikroorganismen, Produktresten und Produktbelägen hängt auch entscheidend von der Oberflächenqualität der Bauteile ab. Als Beurteilungskriterien wurden Rauigkeitskennwerte (nach DIN EN ISO 21920-2:2021-12 und DIN EN ISO 8785:1999-10) eingeführt. Der Mittenrauwert Ra ist der arithmetische Mittelwert der Abweichungen des Oberflächenprofils in µm innerhalb einer Bezugsstrecke (siehe Abb. 4.2). Werte für Ra werden in Abhängigkeit von der geforderten Produktqualität und den hygienischen Erfordernissen bei der Reinigung aufgrund von praktischen Er-

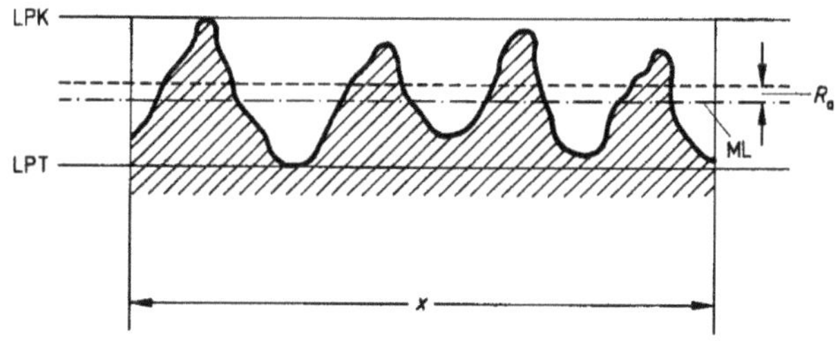

Abb. 4.2 Rauigkeit einer Oberfläche; LPK – Linie der höchsten Profil-Kuppe, LPT – Linie des tiefsten Profil-Tals, ML – Mittellinie (Summe der Quadrate der Profilabweichungen innerhalb der Bezugsstrecke x ergibt ein Minimum), Ra – arithmetischer Mittelwert der absoluten Werte der Profilabweichung

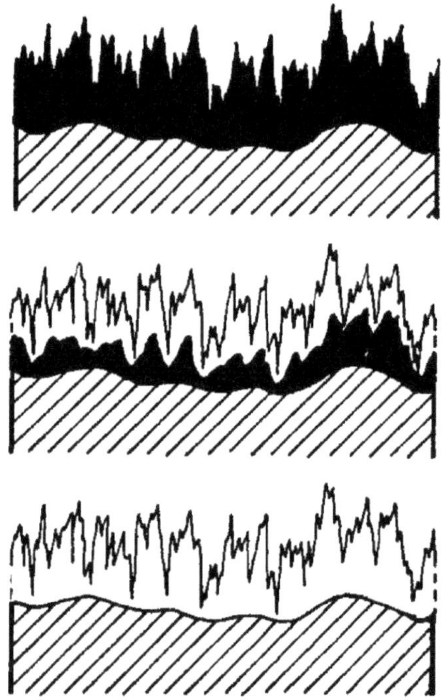

Abb. 4.3 Darstellung der fortschreitenden Glättung einer Metalloberfläche von **a**) bis **c**) durch Elektropolieren (der *schwarz* dargestellte Bereich wird abgetragen)

fahrungen festgelegt. So werden in der Nahrungsmittelindustrie Rauigkeitswerte Ra von 0,8 µm meist nicht überschritten. Bei höchsten Anforderungen werden Werte Ra < 0,1 µm eingehalten. Hoffmann und Reuter (1984) untersuchten den Einfluss der Rauigkeit auf das Ausspülen eines Belages aus Magermilchsporen bei geraden Rohrstücken. Ra-Werte und Restsporenmengen korrelierten linear und lagen im untersuchten Bereich von 0,25 < Ra < 7 µm innerhalb einer Zehnerpotenz. Die Versuche zeigen, dass auch die Reinigungskinetik wesentlich von der Oberflächenrauigkeit beeinflusst wird.

Einschlägige Normen und Empfehlungen gehen davon aus, dass für sterile oder keimarme Prozesse ein Mittenrauwert Ra < 0,8 µm ausreichend ist. In Versuchen wurde festgestellt, dass bei einer Reduzierung auf Werte Ra < 0,4 µm keine bemerkenswerte Verkürzung der Reinigungszeit erfolgt.

Untersuchungen mit Hefezellen zeigen, im Bereich von Mittenrauwerten von 0,4 bis 1,5 µm ein Minimum der Haftkräfte auftritt (Schmidt et al. 2003). Die Lage der minimalen Haftkraft ist unter anderem auch abhängig vom Material. Dabei ist zu berücksichtigen, dass die Topographie einer Oberfläche nicht alleine durch den Mittenrauwert Ra erfasst wird. Entscheidend sind auch die Abstände zwischen den „Bergen" und „Tälern" und damit die Profilform (siehe Abb. 4.3).

Heute werden glatte Oberflächen für hohe hygienische Anforderungen kostengünstig durch Elektropolieren hergestellt. Beim Elektropolieren wird Material elektrochemisch von der Oberfläche abgetragen und die Mikrorauigkeit verringert (siehe Abb. 4.3). Der

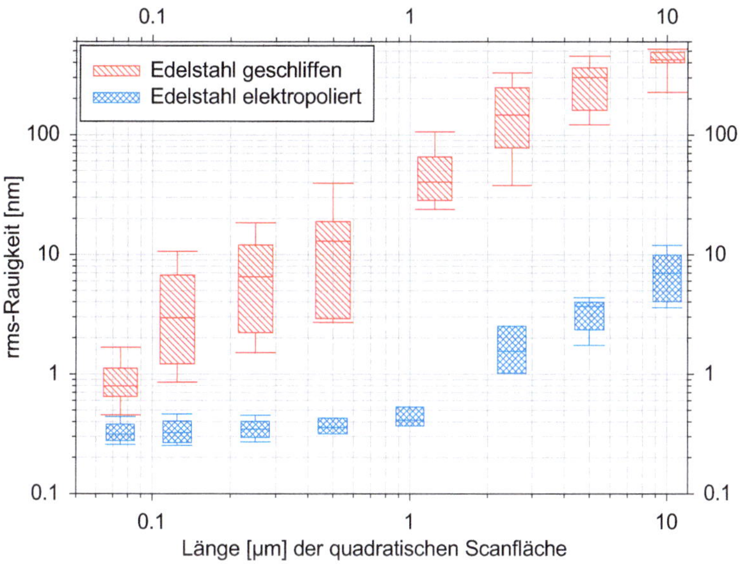

Abb. 4.4 Mit einem Atomic Force Microscope (AFM) gemessene Rauigkeitswerte (rms-Rauigkeit) von Edelstahlproben (Werkstoffnummer 1.4404)

Abtrag erfolgt in einem Elektrolyten von der anodisch geschalteten Werkstoffoberfläche unter Einwirkung von Gleichstrom. An Kanten und Ecken wird stärker Material abgetragen, wodurch sich die effektive Oberfläche verringert. Der messbare mittlere Abtrag liegt bei Edelstählen meist im Bereich von 10 bis 40 µm.

Beim Elektropolieren werden im Gegensatz zur mechanischen Bearbeitung (z. B. Schleifen oder Polieren) die Oberflächenprofile im Mikrobereich geglättet. Dies geht auch aus Abb. 4.4 hervor, wo mit einem Atomic Force Microscope (AFM) gemessene Rauigkeitswerte (rms-Rauigkeit, entspricht dem Ra-Wert) von einer geschliffenen und einer elektropolierten Edelstahlprobe aufgeführt sind. Bei einem Atomic Force Microscope wird eine sehr feine Metallspitze, die an einem beweglichen Cantilever befestigt ist, über die zu untersuchende Oberfläche bewegt. Dabei werden die Auslenkung des Cantilevers und damit die Topographie der Oberfläche erfasst (Bhushan 2004). Man erkennt, dass bei einer Mittelung der Ergebnisse über einen geringen Abstand durch Elektropolieren sehr geringe Rauigkeitswerte erzielt werden. Das zeigt, dass entsprechend der schematischen Darstellung in Abb. 4.3 die Mikrorauigkeit wesentlich reduziert wird.

Das Haften an Oberflächen wird auch wesentlich von Adhäsionskräften und sonstigen Oberflächenwechselwirkungen beeinflusst, so dass mit Rauigkeitskennwerten das Haften und die Reinigbarkeit nicht alleine erfasst werden.

Bei der Festlegung der Oberflächengüte müssen auch die Kosten der Oberflächenbearbeitung berücksichtigt werden. Die Reduzierung der Oberflächenrauigkeit durch zusätzliche Bearbeitungsverfahren (Schleifen, Polieren, Elektropolieren) kann die Herstellungskosten eines Bauteils wesentlich erhöhen. Die Frage nach dem Optimum und der „richtigen Oberflächengüte“ ist auch unter diesem Gesichtspunkt von entscheidender Bedeutung.

4.3.6 Strömungsmechanik während der Reinigung

Auch die Strömung innerhalb der Anlage ist bei der Reinigung von Bedeutung. Zum Reinigen nutzt man den mechanischen Effekt, dass die Haftung des Schmutzes an der Oberfläche durch die auf ihn wirkenden Kräfte infolge der Strömung überwunden wird. Hohe Strömungsgeschwindigkeiten und eine turbulente Strömung fördern den Abtrag von Schmutz auf Oberflächen. In der Praxis wird die Strömungsgeschwindigkeit bei der CIP-Reinigung nach „Faustregeln“ festgelegt. Danach sollen z. B. die Oberflächen mit einer Mindestgeschwindigkeit von 2 m/s überströmt werden und die Strömungsgeschwindigkeit beim Reinigen um den Faktor 1,5 bis 2 höher sein als beim normalen Betrieb. Oft wird auch die an der Oberfläche auftretende Schubspannung infolge der Strömung (Wandschubspannung), als Maß für die Krafteinwirkung auf die Wandoberfläche gewählt. Untersuchungen, bei denen Oberflächen mit Fermentationsbrühen mit bestimmten Organismen beaufschlagt und bei denen anschließend die an den Oberflächen anhaftende Keime wieder frei gespült wurden, zeigen, dass an den zu reinigenden Oberflächen Mindestwandschubspannungen eingehalten werden müssen, um eine befriedigende Reinigung zu gewährleisten. Im Fall von Edelstahl wurden Mindestwandschubspannungen im Bereich von 1 bis 12 Pa ermittelt. Im Fall von Gläsern werden Werte zwischen 1 bis 53 Pa angegeben. Die große Streuung der Mindestwandschubspannungen zeigt, dass es sich bei den Angaben nur um grobe Anhaltswerte handeln kann, da der jeweilige Kontakt und die dabei vorliegenden Bedingungen berücksichtigt werden müssen. Für Edelstahloberflächen wird von der EHEDG eine kritische Wandschubspannung von $\tau_W > 10\,\text{Pa}$ angegeben, die für eine effiziente Reinigung erreicht oder überschritten werden sollte.

Zur Herleitung und Berechnung der Wandschubspannung sind zunächst einige Grundlagen der Strömungsmechanik zu behandeln, die im Folgenden erläutert werden.

Bei der Strömung muss zwischen einem laminaren und einem turbulenten Zustand unterschieden werden. Bei einer laminaren Strömung bewegen sich benachbarte Fluidelemente auf parallelen Bahnen (Schichtenströmung). Bei der turbulenten Strömung sind dieser Hauptströmung zusätzliche Geschwindigkeitsfluktuationen in den einzelnen Geschwindigkeitskomponenten der drei Raumrichtungen aufgrund einer mikroskaligen Wirbelbildung überlagert. Der Übergang von laminarer in turbulente Strömung tritt in der Regel ein, wenn das Verhältnis von Trägheits- zu Zähigkeitskräften (Reibungskräften) eine bestimmte Größe überschreitet, bzw. wenn die dimensionslose Reynoldszahl Re einen kritischen Wert Re_{krit} erreicht. Für Rohre beträgt $Re_{\text{krit}} = 2300$, ab der keine laminare Strömung mehr vorliegt, sondern ein Übergang zur turbulenten Strömung beginnt. Die Reynoldszahl wird für den Fall der Rohrströmung mit einem kreisrunden Querschnitt mit dem Durchmesser D wie folgt gebildet:

$$Re = \frac{D \cdot \overline{w} \cdot \rho}{\eta} \tag{4.1}$$

Darin ist $\overline{w}$ die mittlere Strömungsgeschwindigkeit:

$$\overline{w} = \frac{\dot{V}}{A} \tag{4.2}$$

Eine laminare Rohrströmung kann bei kleinem Rohrdurchmesser D, kleinen Geschwindigkeiten $\overline{w}$ und/oder einer hohen Viskosität des Fluids η vorliegen.

Im Folgenden wird von einer stationären, isothermen, ausgebildeten Strömung und von einem inkompressiblen, newtonschen Fluid ausgegangen. Die Bezeichnung „ausgebildet" besagt, dass sich das Strömungsprofil nach dem Einlauf entsprechend dem jeweiligen Strömungszustand ausgebildet hat und sich nicht mehr verändert. Nach Truckenbrodt (1968) gilt für die Länge der Einlaufstrecke in einer Rohrleitung L_E:

Laminare Rohrströmung:

$$Re < 2300 \quad \frac{L_E}{D} = 0{,}06 Re \tag{4.3}$$

Teilturbulente Rohrströmung:

$$Re > 2300 \quad \frac{L_E}{D} = 0{,}6\ Re^{0{,}25} \tag{4.4}$$

Laminare Rohrströmung

Für die Reinigung ist die Wandschubspannung eine wichtige Bewertungsgröße, die im Folgenden für eine laminare Rohrströmung hergeleitet wird. Die Schichtenströmung im Fall einer laminaren Rohrströmung erlaubt es, einen zentrischen Flüssigkeitszylinder mit dem Radius r und der Länge L herauszugreifen und die an ihm angreifenden Kräfte zu betrachten (siehe graue Markierung in Abb. 4.5). Im stationären Zustand stellt sich über die Länge L ein über die Zeit konstanter Druckabfall Δp ein, so dass aufgrund der verschiedenen Drücke an den Stirnflächen eine Druckkraft $F_D = \Delta p\, r^2\, \pi$ am Flüssigkeitselement angreift, die in Strömungsrichtung wirkt. Dieser Kraft wirkt die innere Reibung in der Flüssigkeit entgegen, die an der äußeren Zylinderfläche mit der Schubspannung τ beschrieben wird, so dass man mit Bezug auf das Flüssigkeitselement für diese Reibungskraft schreiben kann: $F_R = \tau\, r\, \pi\, L$. Im stationären Strömungszustand stehen die beiden Kräfte im Gleichgewicht, so dass gilt:

$$\Delta p \cdot r^2 \cdot \pi = \tau \cdot 2 \cdot r \cdot \pi \cdot L \tag{4.5}$$

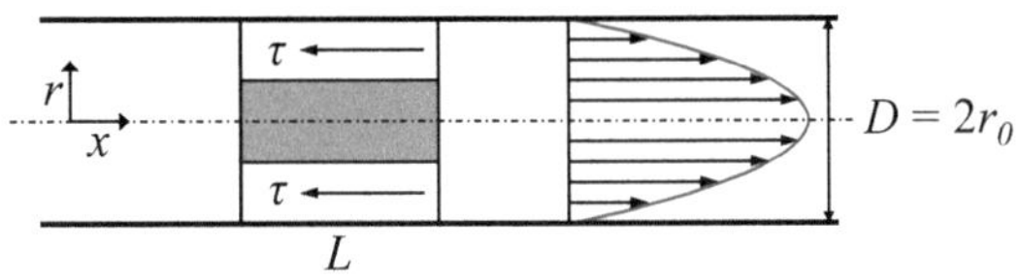

Abb. 4.5 Laminare Rohrströmung

Häufig wird die Wandschubspannung τ_W als charakteristische Größe zur Beschreibung der strömungsbedingten Reinigungseffekte benutzt. Für eine newtonsche Flüssigkeit gilt:

$$\tau = -\eta \cdot \frac{dw}{dr} = \frac{\Delta p \cdot r}{2 \cdot L} \tag{4.6}$$

Das negative Vorzeichen zeigt an, dass die Schubspannung entgegen der Strömungsrichtung wirkt. Sie steigt demnach im Medium linear mit dem Radius an und erreicht an der Rohrwand ihren höchsten Wert τ_W, die Wandschubspannung.

$$\tau_W = \frac{\Delta p \cdot r_0}{2 \cdot L} \tag{4.7}$$

Die Integration der Gl. (4.6) über den Radius liefert bei Berücksichtigung der Haftbedingung an der Wand ($w = 0$ an der Stelle $r = r_0$) das Geschwindigkeitsprofil:

$$w(r) = \frac{\Delta p}{4 \cdot L \cdot \eta}\left(r_0^2 - r^2\right) \tag{4.8}$$

Man erhält ein parabolisches Geschwindigkeitsprofil, mit der größten Geschwindigkeit in der Rohrmitte (siehe Abb. 4.5). Den Volumenstrom erhält man durch eine Integration über den Strömungsquerschnitt:

$$\dot{V} = \int_0^{r=r_0} w(r) \cdot 2 \cdot \pi \cdot r \cdot dr = \frac{1}{8} \cdot \frac{\Delta p \cdot \pi}{L \cdot \eta} \cdot {r_0}^4 = \frac{\Delta p \cdot \pi}{128 \cdot L \cdot \eta} \cdot D^4 \tag{4.9}$$

Dies ist die Gleichung von Hagen-Poiseuille. Man beachte die starke Abhängigkeit des Volumenstroms vom Rohrdurchmesser. Für die mittlere Geschwindigkeit erhält man:

$$\overline{w} = \frac{\dot{V}}{A} = \frac{\Delta p \cdot D^2}{32 \cdot L \cdot \eta} = \frac{\Delta p \cdot {r_0}^2}{8 \cdot L \cdot \eta} \tag{4.10}$$

Turbulente Rohrströmung

Bei der Rohrströmung liegt im Bereich von $2300 < Re < 4000$ ein instabiler Strömungszustand mit laminaren und turbulenten Anteilen vor. Ab $Re > 4000$ erfolgt ein Übergang zur vollturbulenten Strömung. Während bei der laminaren Strömung der Druckabfall proportional mit der Geschwindigkeit zunimmt, beobachtet man bei einer einsetzenden turbulenten Strömung eine stärkere Abhängigkeit, die bis zur quadratischen Abhängigkeit reichen kann. Aufgrund mikroskaliger, fluktuierender Wirbel in der turbulenten Strömung und der damit verbundenen Querbewegung, die der Hauptbewegung überlagert ist, vermischen sich Fluidelemente höherer und niedriger kinetischer Energie. In einer turbulenten Strömung wird dadurch ständig kinetische Energie in viskose Reibung umgewandelt. Da die kinetische Energie mit dem Quadrat der Geschwindigkeit ansteigt, kann auch erwartet werden, dass der Druckabfall mit dem Quadrat der Geschwindigkeit ansteigen kann. Es wurde daher der folgende Ansatz zur Berechnung des Druckabfalls eingeführt:

$$\Delta p = \lambda \cdot \frac{L}{D} \cdot \frac{\rho}{2} \cdot \overline{w}^2 \tag{4.11}$$

λ ist darin die dimensionslose Rohrreibungszahl, die von der Re-Zahl und der Rohrwandrauigkeit k abhängt. Das Moody-Diagramm in Abb. 4.6 zeigt diesen Zusammenhang für unterschiedliche Strömungszustände. Für die laminare Strömung ergibt sich für die Rohrreibungszahl aus Gl. (4.10) mit Gl. (4.11) eine einfache Abhängigkeit von der Re-Zahl, die auch in das Moody-Diagramm eingetragen ist:

$$\lambda = \frac{64}{Re} \tag{4.12}$$

Während im Moody-Diagramm (Abb. 4.6) im turbulenten Re-Zahl-Bereich vor der Grenzkurve die Rohrreibungszahl sowohl von der inneren Reibung (viskose Reibung, Re-Zahl) als auch der Wandreibung (Rohrwandrauigkeit k) abhängt, liegt im turbulenten Re-Zahl-Bereich nach der Grenzkurve nur noch eine Abhängigkeit von der Wandreibung vor. Die Rohrwandrauigkeit k kennzeichnet dabei Erhebungen an der Rohrwand und wird im Moody-Diagramm in dimensionsloser Form mit dem Quotienten D/k berücksichtigt. Der Einfluss von k wird dadurch bedingt, dass mit wachsender Re-Zahl die Grenzschicht dünner wird und schon kleine Oberflächenerhebungen in die turbulente Kernströmung hineinragen können, bis die Rohrreibungszahl bei sehr hohen Re-Zahlen nur noch von der Rohrwandrauigkeit k bestimmt wird. In diesem Bereich, in dem die laminare Unterschicht wesentlich kleiner ist als die Rohrwandrauigkeit k, spricht man von einer „hydraulisch rauen" Rohrwand. Bei einer hohen Re-Zahl und geringer werdender Rohrwandrauigkeit nimmt der Einfluss der inneren (viskosen) Reibung wieder zu bis der Einfluss der Wandreibung völlig vernachlässigbar ist und die Rohrwand als „hydraulisch glatt" bezeichnet werden kann. In diesem Fall, der auch bei kleinen Re-Zahlen im turbulenten Bereich auftreten kann, ist die Grenzschicht (laminare Unterschicht) größer als die Rauigkeitserhebung k, die somit nicht in die turbulente Kernströmung hineinragt.

Für ein Rohr mit einer hydraulisch glatten Wand ($k \rightarrow 0$), hat Blasius aufgrund von Messungen bis in den Bereich von Re = 100.000 die folgende Gleichung für den Rohrreibungskoeffizienten vorgeschlagen:

$$\lambda = \frac{0{,}3164}{\sqrt[4]{Re}} \tag{4.13}$$

Für den kompletten turbulenten Bereich vom Übergang ab dem „hydraulisch glatten" bis zum „hydraulisch rauen" Fall hat Haaland (1983) die folgende Gleichung für die Rohrrei-

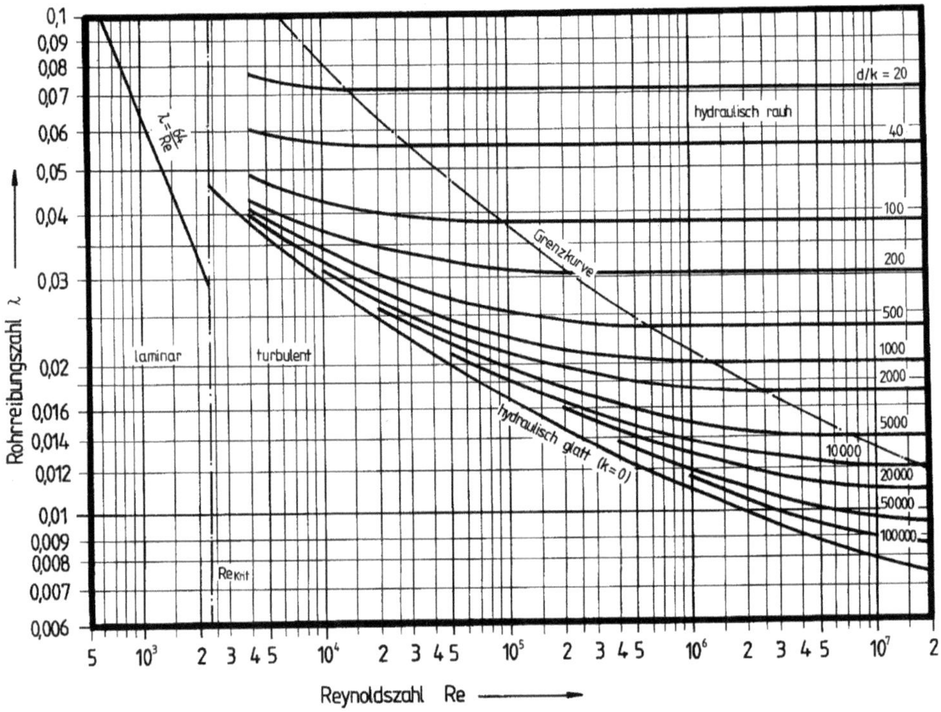

Abb. 4.6 Moody-Diagramm: Rohrreibungszahl λ in Abhängigkeit von der Reynoldszahl und der Rohrrauigkeit

bungszahl ermittelt:

$$\lambda = \frac{0{,}309}{\left[\log\left(\frac{6{,}9}{\mathrm{Re}} + \left(\frac{k}{3{,}7D}\right)^{10/9}\right)\right]^2} \tag{4.14}$$

Die Gleichung ist gültig von $4 \cdot 10^3 \leq \mathrm{Re} \leq 10^8$ und $20 \leq D/k \leq 10^6$.

Für gezogene Rohre aus Metall sowie Rohre aus Kunststoff und Glas werden Werte für die Wandrauigkeit k zwischen 1 und 1,5 µm angegeben.

Eine wichtige Bewertungsgröße für die Reinigung ist die Wandschubspannung, die durch die Strömung induziert wird. Die Wandschubspannung ist bei turbulenten Strömungen von der Rohrreibungszahl abhängig, die über das Moody-Diagramm ermittelt werden kann. Zur Herleitung der Wandschubspannung für den turbulenten Fall muss an der Wand ($r = r_0$) ebenso wie im laminaren Fall die Gl. (4.7) erfüllt sein, so dass man mit Gl. (4.11) den folgenden Zusammenhang zwischen der **Wandschubspannung** und der Rohrreibungszahl λ erhält:

$$\tau_W = \frac{\lambda}{8} \cdot \rho \cdot \overline{w}^2 \tag{4.15}$$

Im weiteren Verlauf des Abschnitts wird auch die daraus abgeleitete Schubspannungsgeschwindigkeit w_τ verwendet, die wie folgt definiert ist:

$$w_\tau = \sqrt{\frac{\tau_W}{\rho}} = \sqrt{\frac{\lambda}{8}} \cdot \overline{w} \tag{4.16}$$

Die Schwankungen quer zur Hauptströmungsrichtung bei der turbulenten Strömung haben eine „Vergleichmäßigung" des Geschwindigkeitsprofils in der Kernströmung zur Folge. Das Profil kann näherungsweise mit der folgenden Gleichung beschrieben werden:

$$\frac{w(r)}{w_{\max}} = \left(1 - \frac{r}{r_0}\right)^{1/7} \tag{4.17}$$

Das radiale Geschwindigkeitsprofil verläuft im Zentrum des Rohres damit wesentlich flacher als bei der laminaren Strömung. In weiten Bereichen des Rohrzentrums liegt bei einer turbulenten Strömung eine fast konstante Strömungsgeschwindigkeit vor, die zu den Rohrleitungswänden hin stark abfällt. Die lokalen Strömungsgeschwindigkeiten im wandnahen Bereich bilden dabei ein typisches Grenzschichtprofil aus, das in mehrere Schichten unterteilt werden kann.

An einer ideal glatten Wand ist auch bei einer voll ausgebildeten turbulenten Strömung stets eine Grenzschicht vorhanden, die in drei Teilschichten unterteilt werden kann. Dieser Bereich wird mit Gl. (4.17) nicht ausreichend genau erfasst, so dass hierfür aufgrund theoretischer und experimenteller Untersuchungen gesonderte Beziehungen entwickelt wurden. Zur Beschreibung des Abstandes von der Wand bzw. der Schichtdicke y wird eine dimensionsloser Wandabstand y^+ eingeführt, der wie folgt definiert ist:

$$y^+ = \frac{y \cdot w_\tau}{\nu} = \frac{y \cdot w_\tau \cdot \rho}{\eta} \tag{4.18}$$

Er entspricht formal einer Reynoldszahl, wobei die Geschwindigkeit durch die Schubspannungsgeschwindigkeit nach Gl. (4.16) ersetzt wurde. Für die einzelnen Bereiche des Strömungsprofils gelten folgenden Gleichungen (Bird et al. 2007):

- Laminare Unterschicht: $0 < y^+ < 5$
  In der laminaren Unterschicht liegt eine rein laminare Strömung vor, die unter der Annahme einer ideal glatten Wand wesentlich von der viskosen Reibung bestimmt wird. Für das Geschwindigkeitsprofil erhält man in diesem Bereich in dimensionsloser Schreibweise:

$$\frac{w(y^+)}{w_\tau} = y^+[1 + 0{,}25 \cdot (y^+/14{,}5)^3] \tag{4.19}$$

- Übergangsschicht: $5 < y^+ < 30$
  Die Dissipationsrate erreicht in der Übergangsschicht aufgrund der viskosen Reibung, die durch die auftretenden turbulenten Schwankungsbewegungen verstärkt ist, den Maximalwert. Für das Geschwindigkeitsprofil gilt:

$$\frac{w(y^+)}{w_\tau} = 5 \cdot \ln(y^+ + 0{,}205) - 3{,}27 \tag{4.20}$$

- Wandferne turbulente Teilschicht: $30 < y^+ < 1000$
  Die viskose Reibung spielt hier infolge des verringerten Geschwindigkeitsgradienten nur noch eine untergeordnete Rolle. Das Geschwindigkeitsprofil geht in das Profil der Kernströmung über.

$$\frac{w(y^+)}{w_\tau} = 2{,}5 \cdot \ln y^+ + 5{,}5 \tag{4.21}$$

- Kernströmung: $y^+ > 1000$
  Dieser Bereich kann auch mit der folgenden Gleichung beschrieben werden:

$$\frac{w(y^+)}{w_\tau} = 2{,}5 \cdot \ln y^+ + 1{,}75 \tag{4.22}$$

  Der Zusammenhang gilt bis zur Rohrmitte.

Strömung durch Kanäle mit nicht kreisförmigem Querschnitt

Zur Berechnung einer Strömung durch Kanäle mit nicht kreisförmigen Querschnitten wurde der gleichwertige bzw. hydraulische Durchmesser d_h eingeführt, der wie folgt bestimmt wird:

$$d_h = \frac{4\,A}{U} \tag{4.23}$$

A ist darin die durchströmte Querschnittsfläche und U der benetzte Umfang bzw. die Summe aller Linien, welche den Strömungsquerschnitt mit einer festen Wand begrenzen. Nicht zu dem benetzten Umfang gehört die freie Grenzfläche zwischen einem Gas und einer Flüssigkeit, wie sie z. B. bei offenen Gerinnen oder teilgefüllten Rohrleitungen vorkommen.

Reinigung von Oberflächen mit Spritzdüsen

Problematischer ist die Abschätzung der strömungsmechanischen Wirkung bei Behälterreinigungssystemen mit Spritzdüsen. In einem Behälter sind oft eine oder mehrere feste Düsen oder rotierende Spritzköpfe mit mehreren Düsen angeordnet (siehe Abschn. 6.2.2). Eine Rotation der Spritzköpfe kann durch den Rückstoß beim Austritt der Flüssigkeit aus den Düsen oder durch einen gesonderten Antrieb erzeugt werden. Die Rotations-Spritzköpfe werden auch vom Reinigungsmedium geschmiert, so dass keine Schmiermittel wie Öl oder Fett in den Behälter gelangt. In allen Fällen werden die Flächen kontinuierlich oder schwallweise mit einem Freistrahl beaufschlagt und gleichzeitig eine Filmströmung erzeugt. Bei einer Hochdruckreinigung trägt die kinetische Energie des Strahls und die dabei auftretende Filmströmung wesentlich zur Schmutzablösung bei.

Der Reinigungseffekt wird bei einer Reinigung mit Düsen von zahlreichen Parametern beeinflusst. Der Druck vor der Düse und die Düsengeometrie beeinflusst den Flüssigkeitsdurchsatz, die Austrittsgeschwindigkeit der Flüssigkeit, den Strahlzerfall und damit die Tropfengrößenverteilung. Die Düsenkonstruktion bestimmt auch die Form des erzeugten Strahls (z. B. kegelförmig oder fächerförmig) und die Form der Flüssigkeitsbeaufschlagung (z. B. Sprühkugel mit Rundstrahldüsen, Schlitzdüsen mit bestimmtem Sprühwinkel oder rotierende Sprühdüsen). Die Geschwindigkeit und Richtung, mit der die Flüssigkeit auf die Oberfläche auftrifft wird auch vom Düsenabstand, der Strahlaufweitung und dem Winkel der Düsenstellung beeinflusst.

E. Fuchs et al. (2017) konnten zeigen, dass in einzelnen Fällen durch die Anwendung eines gepulsten Flüssigkeitsstrahls der Verbrauch an Reinigungsflüssigkeit, bei gleichem Reinigungsergebnis, gesenkt werden kann. Loncin et al. (1975) konnten den positiven Einfluss eines gepulsten Flüssigkeitsstrahls auf das Ausspülen von Toträumen nachweisen, wobei mit steigender Pulsfrequenz sich der positive Effekt verbesserte.

Wichtig ist, dass während des Reinigungsvorgangs die gesamte zu reinigende Oberfläche über einen bestimmten Zeitraum vom Strahl beaufschlagt wird. Wichtig sind dabei auch die Anzahl und Dauer der Strahlbeaufschlagung, der Abstand zwischen den Düsen und der zu reinigenden Fläche sowie die Viskosität der Reinigungslösung, die wesentlich durch die Temperatur vorgegeben wird. Es zeigt sich, dass mit rotierenden Düsen, die mit einem hohen Vordruck betrieben werden, der Verbrauch an Reinigungslösung gegenüber z. B. statischen Kugeldüsen reduziert werden kann.

Oft werden die notwendigen Vordrücke und Reinigungsmuster in Vorversuchen ermittelt. Es gibt Behälterreinigungssysteme, bei denen im laufenden Betrieb durch Sensoren die einmal festgelegten Werte während der Reinigung online überwacht und mit den festgelegten Referenzwerten verglichen werden. Das stellt sicher, dass die Reinigung entsprechend den Festlegungen durchgeführt wird und erlaubt ein schnelles Eingreifen bei Abweichungen.

Anwendung von CFD-Berechnungen

Bei der hygienegerechten Auslegung von Anlagen und Bauteilen ist darauf zu achten, dass die zur Reinigung erforderlichen günstigen Strömungsbedingungen, die sich durch eine hohe Wandschubspannung und eine turbulente Strömung auszeichnen, in allen Bereichen vorliegen. Insbesondere bei komplexen Bauteilgeometrien innerhalb der Anlage ist diese Voraussetzung häufig schwer experimentell zu überprüfen. In diesem Zusammenhang werden zunehmend Methoden der numerischen Strömungssimulation mittels Computational Fluid Dynamics (CFD) zur Beurteilung einer hygienegerechten Gestaltung von Bauteilen angewendet. Da bei einer CIP-Reinigung eine turbulente Strömung vorausgesetzt ist, müssen dabei die verschiedenen Ansätze zur Turbulenzmodellierung berücksichtigt und zur Berechnung der Wandschubspannung die lokale Strömung in der

Nähe einer überströmten Wand vollständig aufgelöst werden. Oft sind die lokalen Strömungsbedingungen derart, dass an der Wand haftende Bakterien vollständig innerhalb der laminaren Unterschicht angeordnet sind und damit schlecht abgespült werden können.

Kipp (2011) hat Arbeiten zur Beurteilung der Hydrodynamik bei einer Reinigung mittels CFD-Methoden ausgewertet. Für seine Berechnungen zur Reinigung eine Zentrifugalpumpe wendet er das k-ω-SST-Modell an, das im wandnahen Bereich die Modellgleichung des k-ω-Modells mit der des k-ε-Modells über eine Übergangsfunktion verbindet. Der Bereich der Grenzschicht wird dabei durch eine entsprechende numerische Diskretisierung bis in den Bereich der laminaren Unterschicht immer feiner aufgelöst. Das k-ω-SST-Modell ist in der Lage, die Geschwindigkeitsverteilung mit dem Wandabstand hochaufgelöst numerisch zu berechnen. Die so berechneten Geschwindigkeitsverläufe und Wandschubspannungen innerhalb eines Bauteiles ermöglichen es, kritischen Bereiche zu erkennen. Experimentelle Ergebnisse einiger Autoren belegen, dass an einer Rohrwand haftende Bakterien in einer strömenden Reinigungslösung bei einer Wandschubspannung von ca. $10\,N/m^2$ abgelöst werden. Kipp hat mit Hilfe der Oberflächenheißfilmtechnik die Wandschubspannungen im Leitgehäuse einer Pumpe an verschiedenen Stellen gemessen und seine numerisch ermittelten Ergebnisse damit verglichen. Bei den numerisch berechneten Ergebnissen ist zu berücksichtigen, dass diese auch von der jeweils gewählten Diskretisierung und Vernetzung und den damit verbundenen numerischen Fehlern beeinflusst werden können. Dennoch bietet die CFD-Simulation einen detaillierten und zuverlässigen Einblick in die lokalen Strömungsverhältnisse auf der gesamten produktberührenden Oberfläche eines Bauteils.

4.3.7 Mechanische Reinigung

Neben der Wirkung hydromechanischer Kräfte werden auch Kräfte durch bewegte Tücher, Bürsten und Schwämmen zur Ablösung von Schmutzanhaftungen genutzt. Sie kommen meist in Kombination mit einer Reinigungslösung zur Anwendung (nasse Reinigung). Auch abrasive Partikeln und kugelförmige Schwammbällchen in einer strömenden Reinigungslösung können die Schmutzablösung unterstützen.

Molchsysteme

In besonderen Fällen kann die Reinigung von Rohrleitungen durch den Einsatz der Molchtechnik unterstützt werden. Ein Molch ist ein Reinigungskörper, der an einer oder mehreren Stellen fest an der Wand innerhalb der Rohrleitung anliegt und mit Hilfe eines Treibgases oder einer Treibflüssigkeit durch die Rohrleitung gedrückt wird. Eine ausführliche Beschreibung bekannter Molchsysteme findet man in (Hiltscher et al. 1999). Ein Molch dient zur Produkttrennung oder zur möglichst vollständigen Entleerung einer Rohrleitung. Im letzteren Fall ist das Treibmedium ein Gas, z. B. sterile Druckluft. Meist wird dadurch der Produktverlust minimiert.

Ein Molch besteht oft aus einem zylindrischen Grundkörper aus Kunststoff mit zwei Führungs- und Abstreiflippen. Diese haben Kontakt mit der Rohrleitung und unterliegen daher einem Verschleiß. Eine fluchtende und stoßfreie Rohrverlegung, geringe Toleranzen der Rohrdurchmesser, große Radien der Rohrbögen und molchbare Armaturen sind für das Molchen eine Voraussetzung. Insbesondere der Werkstoff der Führungs- und Abstreiflippen muss dem Produkt angepasst werden. Ein Molch kann in der Regel in zwei Richtungen bewegt werden. Im seinem Grundkörper befindet sich oft ein Permanentmagnet zu seiner Kennung und Meldung.

Eine Molchanlage besteht aus einer Anfangsstation (Sendestation) und einer Endstation (Empfangsstation). Im günstigen Fall ist der Molch so gestaltet, dass nach dem Passieren an der Rohrwand nur noch eine sehr dünne Produktschicht (Haftschicht) befindet. Bei zähfließenden Produkten, wie z. B. Cremes, Shampoons oder Marmeladen, wird mit der Molchtechnik der an der Rohrwand haftende wertvolle Produktanteil vor der Reinigung aus der Leitung ausgetragen und zurückgewonnen. Molchsysteme sind bei solchen Produkten inzwischen auch aus wirtschaftlichen Erwägungen unverzichtbar. Eine nahezu vollständige Entleerung einer Rohrleitung ist bereits ein erster Schritt für eine erfolgreiche Reinigung.

4.3.8 Art und Konzentration der Reinigungschemikalien

Der gewünschte Reinigungseffekt bei der CIP-Reinigung wird durch die lösenden und dispergierenden Eigenschaften der Reinigungslösung, die Einwirkung der Strömungsenergie und die Wirkung chemischer Reinigungsmittel erzielt. Diese Kombination fördert die Überwindung der Haftkräfte zwischen der Verschmutzung und der zu reinigenden Oberfläche sowie den Abtransport des Schmutzes ohne erneute Ablagerung. Zur Anlagenreinigung werden spezielle, aus verschiedenen Komponenten zusammengesetzte Reinigungsmittel angeboten. Dabei wird die Zusammensetzung auf die jeweiligen Produkte und Verschmutzungen angepasst. Bei der Auswahl der Reinigungsmittel muss auch die Chemikalienbeständigkeit der Bauteile beachtet werden (z. B. Dichtungen, Membranen). Die Bestandteile eines Reinigungsmittels können in vier Gruppen eingeteilt werden:

- Laugen oder Säuren,
- Komplexbildner,
- oberflächenaktive Stoffe (Tenside) und
- Enzyme.

Laugen
Alkalische Reinigungsmittel, z. B. Natron- oder Kalilauge, werden in Konzentrationen von 0,5 bis 5 % zur Entfernung von organischen Verschmutzungen eingesetzt. Sie wirken emulgierend und teilweise bakterizid. Proteine werden damit abgebaut und aufgelöst.

Im Wasser sind die Oberflächen von Feststoffen überwiegend negativ geladen. Bei einer gleichsinnigen Ladung werden abstoßende Kräfte wirksam, die eine bessere Abreinigung und eine Dispergierung der Schmutzpartikel bewirken. Durch Zufuhr von Hydroxidionen OH^- zum Wasser durch Alkalien oder dergleichen werden die Ladungen vergrößert und damit die abstoßenden Kräfte verstärkt, was sich günstig auf die Reinigung auswirkt.

Alkalische Reinigungsmittel können mit den Härtebildnern des Wassers schwer lösliche Niederschläge bilden. Um solche Niederschläge zu verhindern, enthalten die Reinigungsmittel Komplexbildner (auch Chelatbildner oder Sequestriermittel genannt), z. B. Polyphosphate, Polyacrylate, Gluconate. Sie bilden mit den Kalium- und Magnesiumionen des Wassers lösliche Komplexverbindungen. Außerdem wirken Komplexbildner dispergierend und emulgierend. Zur Komplexierung von Schwermetallen wird unter anderem EDTA (Ethylendiamintetraacetat) eingesetzt.

Säuren

Säuren werden in Konzentrationen von 0,5 bis 5 % zur Entfernung von anorganischen (stein- oder salzartigen) Ablagerungen verwendet. Bei Edelstahlanlagen wird vornehmlich die oxidierend wirkende Salpetersäure aber auch Phosphorsäure verwendet, um mit der Reinigung auch eine Passivierung der Edelstahloberfläche zu erzielen. Durch eine Passivierung wird die Korrosionsbeständigkeit der Stahloberfläche erhöht. Nach Nassauer und Kessler (1986) verringert sich dadurch jedoch auch die elektrostatische Abstoßung negativ geladener Partikel, wie ausgefällte Proteine oder Mikroorganismen. Schwefelsäure wird zur Reinigung bei Kunststoffanlagen verwendet. Bei Anlagen aus nichtrostenden austenitischen Chrom-Nickel-Stählen ist insbesondere in Verbindung mit Chloridionen die Gefahr der Loch- und Spaltkorrosion zu beachten. Bei einem Einsatz in Edelstahlanlagen werden daher oft Inhibitoren zugesetzt, um den Stahl vor korrosivem Angriff zu schützen. Schwefelsäure wird in Verbindung mit Chrom-Nickel-Stählen bis zu einer Konzentration von 1,5 % und in Verbindung mit Chrom-Nickel-Molybdän-Stählen bis zu 3,5 % eingesetzt. Weiterhin werden auch Glykol-, Zitronen-, Ameisensäure sowie Sulfonsäuren eingesetzt. In konfektionierten Reinigungsmitteln kommen die Säuren auch in kombinierter Form zur Anwendung.

Tenside

Tenside (Detergentien, Surfactants) haben die Fähigkeit, sich an den Grenzflächen in einer wässrigen Lösung anzureichern und die Oberflächen- bzw. Grenzflächenspannung der Lösung zu erniedrigen. Damit sich diese Fähigkeit entfalten kann, weist die molekulare Struktur einer grenzflächenaktiven Substanz eine hydrophile und eine hydrophobe Gruppe auf. Abb. 4.7 zeigt schematisch die Struktur eines Tensidmoleküls.

Gibt man ein solches Molekül in Wasser, so lagert es sich aufgrund der hydrophoben Gruppe an Grenzflächen an. Dabei kann es sich um Grenzflächen zu einer Gasphase oder um Grenzflächen anderer hydrophober Stoffe handeln (z. B. Öltropfen oder hydrophobe

Abb. 4.7 Schematische Darstellung der Struktur eines Tensidmoleküls

Partikel wie Kohle). Der hydrophile Teil ist dabei immer zum Wasser angeordnet (siehe Abb. 4.8).

Bei einer Anlagerung der Tensid-Moleküle in einer Grenzfläche gasförmig/flüssig, ragt der hydrophobe Teil des Tensids in die Gasphase hinein. Die Anlagerung in der Grenzfläche hat eine Erniedrigung der Oberflächenspannung der Lösung zur Folge (siehe Abb. 4.9). Bereits geringe auf das Lösungsvolumen bezogene Konzentrationen verursachen aufgrund der Ansammlung der Moleküle in der Grenzfläche deutliche Effekte. Infolge der Verringerung der Oberflächenspannung wird die Schaumbildung gefördert sowie die Benetzung der Feststoffoberflächen und die Schmutzablösung verbessert. Die Reinigungsmittel dringen damit besser in die Poren und Spalten der Verschmutzungen und Oberflächen ein und entfalten dort ihre Wirkung.

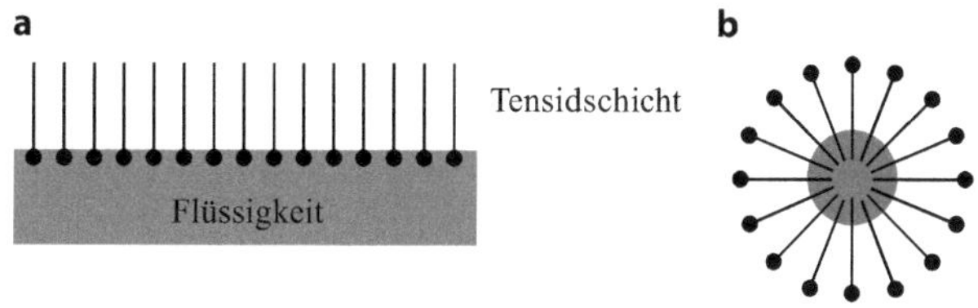

Abb. 4.8 Tensidschicht an Grenzflächen, **a**) Grenzfläche gasförmig/flüssig (hydrophile Flüssigkeit), **b**) Grenzfläche flüssig/flüssig (z. B. Öltropfen)

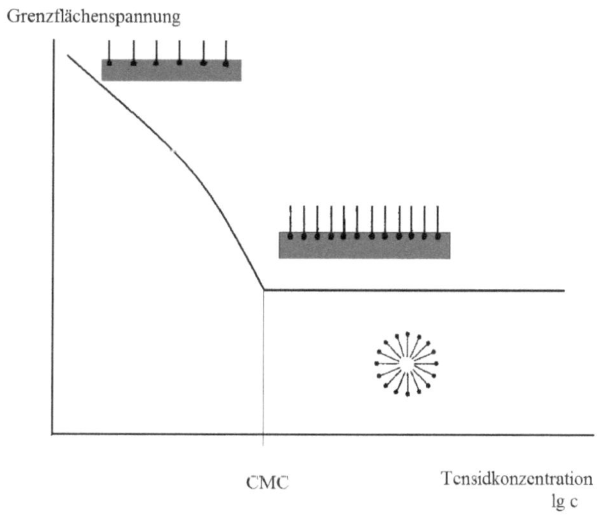

Abb. 4.9 Abhängigkeit der Grenzflächenspannung von der Tensidkonzentration, CMC = Critical Micell Concentration

Bei einer Anlagerung des hydrophoben Teils an hydrophoben Tropfen oder Partikeln weisen die hydrophilen Gruppen in das Wasser. Die hydrophobe Partikeloberfläche wird dadurch praktisch maskiert und eine Emulgierung bzw. Dispergierung von Tropfen oder Partikeln wird erreicht. Man spricht auch von einer Stabilisierung bzw. Solubilisierung, was bedeutet, dass diese disperse Verteilung über längere Zeiträume erhalten bleibt und eine Annäherung und Anlagerung der Partikel verhindert wird. Beim Waschvorgang wird dadurch Schmutz in der Lösung gehalten und mit ihr sicher abgeführt und kann dadurch nicht erneut an Oberflächen haften.

Die Anlagerung von Tensiden an hydrophoben Oberflächen bewirkt auch, dass sich der Randwinkel (Benetzungswinkel) gegenüber der wässrigen Lösung verkleinert. Dadurch fördern Tenside die Benetzung von Oberflächen und beim Reinigen die Ablösung von Schmutzpartikeln.

Sind alle Grenzflächen besetzt, so bilden Tensid-Moleküle mit sich selbst Molekülverbände, sogenannte Mizellen. Es bilden sich zunächst kugelige Aggregate aus, bei denen die hydrophoben Molekülteile nach innen zeigen und die hydrophilen Teile zum Wasser hin ausgerichtet sind (siehe Abb. 4.9). Auch diese Molekülaggregate erscheinen nach außen hydrophil. Die Konzentration, bei der in einer reinen Lösung eine Mizellbildung einsetzt, wird als kritische Mizellbildungskonzentration (CMC = Critical Micell Concentration) bezeichnet. Diese Konzentration kann durch eine Messung der Oberflächenspannung ermittelt werden. Diese sinkt mit steigender Tensidkonzentration zunächst stetig ab und bleibt ab der für jedes Tensid charakteristischen kritischen Mizellbildungskonzentration annähernd konstant. Daneben ändern sich ab dieser Konzentration auch eine Reihe anderer Daten der Lösung sprungartig (z. B. die elektrische Leitfähigkeit und der osmotische Druck).

Reinigungslösungen werden meist so eingestellt, dass zunächst die kritische Mizellbildungskonzentration überschritten wird. Die Mizellen bilden in der Lösung eine Tensid-Reserve, die sich später, in Kontakt mit den Grenzflächen des Schmutzes dort anlagern. Die Anlagerung an den hydrophoben Schmutzpartikeln stellt in der Regel einen energetisch günstigeren Zustand dar als der Mizell-Verband.

Die älteste und bekannteste Gruppe oberflächenaktiver Substanzen sind die Seifen. Bei ihnen ist die hydrophobe Gruppe ein längerer (aliphatischer) Kohlenwasserstoff-Rest, die hydrophile Gruppe ist die Carboxyl-Gruppe. Zur Verbesserung bzw. Modifikation der anwendungstechnischen Eigenschaften werden verschieden modifizierte Tensidmoleküle entwickelt und angeboten. Die folgenden Möglichkeiten werden dabei genutzt:

- Änderung der hydrophilen Gruppe,
- Änderung der hydrophoben Gruppe,
- Änderung der Stellung der hydrophilen Gruppe innerhalb des hydrophoben Molekülteils.

Tab. 4.1 Eigenschaften und Anwendungsgebiete von nicht-ionischen Substanzen mit bestimmten HLB-Werten

Anwendung	Bereich des HLB-Wertes
Antischaummittel	1,5–3,0
Emulgator für Öl/Wasser-Emulsionen	3,0–8,0
Emulgator für Wasser/Öl-Emulsionen	8,0–18,0
Benetzungsmittel (Netzmittel)	7,0–9,0
Gleiche Löslichkeit in Öl und Wasser	10,0
Waschmittel	13,0–15,0
Lösungsvermittler für wässrige Stoffsysteme	14,0–18,0

Neben der in Abb. 4.7 dargestellten Grundform, können Tenside auch wie folgt aufgebaut sein:

- die hydrophobe Kette ist in der Mitte des Moleküls zwischen zwei hydrophilen Gruppen angeordnet, oder
- je eine hydrophobe Kette ist zu beiden Seiten einer hydrophilen Gruppe angeordnet, oder
- hydrophile und hydrophobe Gruppen sind über das gesamte Molekül in regelmäßigen Abständen verteilt, oder
- die hydrophoben Ketten können verzweigt oder unverzweigt sein, wie auch die hydrophilen Gruppen verzweigt sein können.

Zur Kennzeichnung der Wasser- bzw. Öllöslichkeit von Tensiden wurde der HLB-Wert eingeführt (HLB = hydrophilic-lipophilic-ballance). Er nimmt Werte zwischen 0 und 20 ein. Ein Wert von 0 kennzeichnet eine vollkommen lipophile und damit auch vollkommen hydrophobe Substanz, während ein Wert von 20 eine vollständig hydrophile Substanz charakterisiert. Der Wert selbst steht für den Anteil der hydrophilen Gruppe an der Gesamtmolmasse des Moleküls. Er ist als Richtgröße aufzufassen, der eine grundsätzliche Eigenschaft eines Tensids beschreibt. In Tab. 4.1 sind typische Anwendungsgebiete von oberflächenaktiven Substanzen mit bestimmten HLB-Werten aufgeführt.

Nach ihrem chemischen Aufbau lassen sich Tensidarten in vier Gruppen unterteilen, die in der Abb. 4.10 schematisch dargestellt sind:

1. Anionische Tenside, in denen ein hydrophober Kohlenwasserstoff-Rest mit einer hydrophilen, negativ geladenen Gruppe verbunden ist
2. Kationische Tenside, in denen ein hydrophober Kohlenwasserstoff-Rest mit einer hydrophilen, positiv geladenen Gruppe verbunden ist
3. Amphotere Tenside, in denen ein hydrophober Kohlenwasserstoff-Rest mit einer sowohl negativ als auch positiv geladenen Gruppe verbunden ist
4. Nicht-ionogene Tenside, die keine dissoziierbaren funktionellen Gruppen enthalten und daher keine Ionen bilden. Der hydrophile Molekülteil kann z. B. durch eine An-

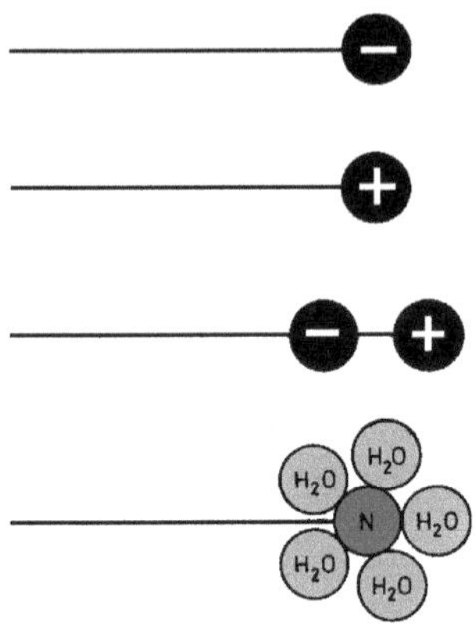

Abb. 4.10 Darstellung der einzelnen Tensidarten

häufung zur Hydratisierung befähigter, ungeladener Polyglykolether-Gruppen gebildet werden.

Die Art und Struktur der hydrophilen Gruppe, die Kettenlängen der einzelnen Gruppen, die Verknüpfung der hydrophilen Gruppe(n) an dem hydrophoben Rest und die Art der Verzweigung haben großen Einfluss auf die Wirkung der Tenside. Ihre anwendungstechnischen, toxikologischen und ökologischen Eigenschaften sowie ihre Verfügbarkeit und ihr Preis sind entscheidend bei der Auswahl.

Enzyme

Enzyme sind Biokatalysatoren und beschleunigen damit biochemische Reaktionen ohne, dass sie verbraucht werden. Die Beschleunigung beruht auf der Herabsetzung der Aktivierungsenergie, die überwunden werden muss, damit es zu einer Stoffumsetzung kommt. Die Ausgangsstoffe (Edukte) einer Enzymreaktion, werden kurzzeitig im sogenannten aktiven Zentrum des Enzyms gebunden. Es bildet sich ein Enzym-Substrat-Komplex, der die Reaktion ermöglicht. Die Reaktionsprodukte werden nach der Reaktion wieder aus dem Komplex freigesetzt. Enzyme zeichnen sich dadurch aus, dass sie unter zahlreichen Stoffen nur die zu ihnen passenden Substanzen auswählen und nur eine von vielen denkbaren Reaktionen katalysieren.

In Wasch- und Reinigungsmittel kommen hauptsächlich Proteasen, Amylasen, Cellulasen und Lipasen zur Anwendung, welche den Abbau von Proteinen, Stärken, Cellulose und Fette beschleunigen und in bestimmten Fällen auch erst ermöglichen. Proteasen gewährleisten z. B. bei Materialien mit einer beschränkten Beständigkeit gegenüber Laugen bzw. Säuren, dass Proteine auch in der Umgebung des Neutralpunktes abgebaut werden. Enzyme werden entsprechend den Anwendungsbereichen den Reinigungsmitteln zugesetzt. Insbesondere bei der Reinigung von Membranen, wenn aufgrund deren Beständigkeit das Spektrum der chemischen Reinigungsmittel sowie die Konzentrations- und Temperaturbereiche eingeschränkt sind, können Enzyme das Reinigungsergebnis wesentlich verbessern. Beim Einsatz von Enzymen ist auch die Temperaturabhängigkeit ihrer

Aktivität zu berücksichtigen. Proteasen entfalten z. B. im Temperaturbereich von 50 bis 60 °C ihre maximale Aktivität. Nach der Reinigung ist auf eine Inaktivierung der in der Anlage verbliebenen Enzymreste zu achten. In der Regel wird z. B. durch einen nachfolgenden sauren Reinigungsschritt die Aktivität der in der Anlage verbliebenen Enzyme auf tolerable Werte abgebaut. Enzymhaltige Reinigungsmittel sollen bei Temperaturen unter 25 °C gelagert werden. Außerdem sollten sehr lange Lagerzeiten (> 6 bis 12 Monate) vermieden werden.

Oxidationsmittel
Oxidationsmittel wie Chlor und Wasserstoffperoxid greifen Kunststoffe an und dürfen, je nach Anlagenausführung, nicht oder nur kurzzeitig und in geringer Konzentration verwendet werden.

Der Einsatz von Chemikalien unterliegt innerhalb und außerhalb der EU der Gesetzgebung. Daher sind Reinigungsmittelhersteller gezwungen, ihre Rezepturen entsprechend den jeweiligen Regelungen anzupassen.

4.3.9 Temperatur bei der Reinigung

Bei der Wahl der Reinigungstemperatur müssen die zulässigen Grenzen der Bauteile, unter Beachtung der chemischen und mechanischen Beanspruchungen bei der Reinigung, berücksichtigt werden. Eine Temperaturerhöhung verbessert im Allgemeinen die zeitliche Abnahme des Schmutzbelags. Bei der Festlegung der Temperatur sind auch die Schmelztemperaturen eventuell stockender Substanzen, z. B. Fette, zu beachten. Nach Möglichkeit sollte die Schmelztemperatur deutlich überschritten werden (mindestens um 10 bis 20 °C). Die Temperaturbegrenzung nach oben wird von den eingesetzten Materialien und/oder der Wirtschaftlichkeit durch zusätzlich erforderliche Investitions- und Energiekosten bestimmt. Reinigungstemperaturen mit Lösungen bis 90 °C sind üblich. Oft ist eine Temperatur im Bereich von 60 bis 70 °C ausreichend.

4.3.10 Reinigungszeit

Der Reinigungsfortschritt ist natürlich auch von der Zeit abhängig. Das Auflösen, Umwandeln, Quellen und Dispergieren von Schmutz unterliegt Zeitgesetzen, die von der Temperatur und Konzentration der wirkenden Reinigungsmittel beeinflusst werden. Daneben spielt die Art der Verschmutzung und die Strömungsmechanik eine entscheidende Rolle. Die wählbaren Einflussgrößen kompensieren sich nur innerhalb von bestimmten Grenzen und sind daher nur bedingt gegeneinander austauschbar. Bei großen Produktionsanlagen muss auch berücksichtigt werden, dass die Reinigungslösung die vorangegangene Flüssigkeit verdrängt und die kalten Oberflächen aufwärmen muss, so dass es Minuten dauern kann, bis die vorgesehenen Bedingungen vollständig erfüllt sind. Eine Reinigungszeit von 15 min sollte nicht unterschritten werden.

4.3.11 Kombination einzelner Reinigungsschritte

Wie in Abb. 4.1 gezeigt wird, kann die Reinigung einer technischen Anlage in einzelne Schritte unterteilt werden. Die Verschiedenartigkeit der Verschmutzungen bedingt unterschiedliche Kombinationen von Reinigungsschritten. Es gibt daher kein allgemeingültiges Reinigungsprogramm.

Vor dem Reinigen wird das Produkt möglichst vollständig aus der Anlage entfernt. Dies geschieht meist durch ein Verdrängen mit Wasser oder einem Gas, z. B. Luft, N_2 oder CO_2. Danach wird die Anlage häufig mit Wasser kurz vorgespült. Im Anschluss daran folgen Reinigungsschritte mit einer Lauge und/oder einer Säure. Dabei werden die zu reinigenden Anlagenbereiche möglichst turbulent durchströmt. Oft wird zwischen den Reinigungsschritten ein Zwischenspülen mit Wasser eingeplant. Beim Verdrängen der einzelnen Medien werden die Umschaltvorgänge meist durch Leitfähigkeitsmessungen ausgelöst.

Der Reinigungszyklus wird durch ein Nachspülen mit Wasser abgeschlossen. Hierbei müssen Reinigungsmittel möglichst vollständig aus der Anlage entfernt werden. Der Reinigung ist oft noch eine Desinfektion bzw. Sterilisation, z. B. mit Dampf, nachgeschaltet (siehe Kap. 5).

4.4 Aufbau und Regelung einer CIP-Reinigung

Die CIP-Reinigung einer verfahrenstechnischen Anlage erfordert eine Reihe zusätzlicher Anlagenkomponenten. Hierzu gehören unter anderem ein Lösungs-Ansatzbehälter für die Reinigungslösung, ggf. mit Heizung und Rührer, Dosiereinrichtungen für flüssige und/ oder pulverförmige Reinigungschemikalien sowie die notwendigen Pumpen, Ventile und Mess-, Steuer- und Regeleinrichtungen. Nachspülwasser und Lösungen werden bei großen Anlagen oft gestapelt, so dass dafür die notwendigen Stapeltanks vorgesehen werden müssen (siehe auch Abb. 4.1). Bei „verlorenen Reinigungslösungen" sind Behälter und Dosiereinrichtungen zur Neutralisation der Lösungen vor einer Ableitung in eine Abwasserbehandlungsanlage vorzusehen.

Die Steuer- bzw. Regeleinrichtungen der CIP-Reinigung sind Teil der Anlagensteuerung bzw. -regelung. Mit Sensoren zur Messung von Drücken, Temperaturen und der Leitfähigkeit sowie mit einer Zeiterfassung wird der Reinigungsvorgang überwacht und gesteuert. Auf teure Durchflussmesser kann verzichtet werden, wenn anhand von Kennlinien die zugehörigen Drückabfälle bekannt sind und die zugehörigen Drücke gemessen werden. Meist wird auch der pH-Wert und in speziellen Fällen auch die Trübung der Lösung in der Anlage gemessen.

Die einzelnen Schritte der Reinigung werden oft zeitabhängig gesteuert. Die Trennung der Lösungen von der Spülflüssigkeit (Wasser) erfolgt über die Leitfähigkeit und/oder über die Trübung. Diese werden im Rücklauf überwacht. Bei Erreichung bestimmter Grenzwerte werden im Rahmen des Reinigungsprogramms entsprechende Ventile geschaltet. Die Trennung von Lauge bzw. Säure und Wasser ist sehr gut durch eine Erfassung der Leitfähigkeit möglich. Sie erlaubt oft auch die Kontrolle relevanter Konzentrationen von Reinigungskomponenten in den Lösungen. Konzentrationen von „gestapelten" Reinigungslösungen werden auf diese Weise oft überwacht und ggf. nachgeregelt. Das Nachschärfen beinhaltet ein Dosieren von Reinigungsmittel, um Reaktions-, Verdünnungs- und Verschleppungsverluste auszugleichen. Bei der Leitfähigkeitsmessung ist der Temperatureinfluss und eine mögliche Belagsbildung auf den Elektroden zu beachten sowie für eine ausreichende Vermischung der Komponenten zu sorgen. Flüssige Chemikalien werden meist automatisch dosiert. Von pulverförmigen Reinigungschemikalien werden entsprechend ihrer Löslichkeit zunächst flüssige Vorkonzentrate hergestellt.

Eine automatische Steuerung und Überwachung der CIP-Reinigung gewährleistet ein Höchstmaß an Sicherheit und einen optimierten Chemikalien- und Wassereinsatz. Eine Dokumentation des Reinigungsverlaufs wird insbesondere im Pharmabereich gefordert und kann bei einer automatischen Anlagensteuerung durch eine Speicherung maßgeblicher Werte erreicht werden.

4.5 Ansätze zur Beschreibung des Reinigungsvorgangs

4.5.1 Zeitlicher Reinigungsverlauf

Es sind verschiedene theoretische Ansätze vorgeschlagen worden, um den Reinigungsvorgang einer Anlage zu beschreiben. Eine exakte mathematisch-physikalische Beschreibung wird durch die große Zahl der Einflussgrößen erschwert (siehe Abschn. 4.3). Von Interesse ist insbesondere die Beschreibung der Reinigungskinetik um die Reinigungszeit bis zum Erreichen eines bestimmten Reinigungsergebnisses abzuschätzen.

Nach der Beaufschlagung einer verschmutzten Anlage mit der Reinigungslösung kann der zeitliche Verlauf einer chemisch-mechanischen Reinigung nach Reuter (1983) in drei Phasen unterteilt werden.

Die Phase I der Reinigung beinhaltet das Eindringen des Reinigungsmittels in den Schmutzbelag und die damit verbundenen physikalisch-chemische Vorgänge (z. B. Benetzen, Diffundieren, Quellen, Lösen, Zersetzen). In dieser Phase kann der Schmutzabtrag minimal sein.

Die Phase II der Reinigung beinhaltet den eigentlichen Schmutzabtrag von der überströmten Oberfläche in die Reinigungslösung durch die kombinierte Wirkung mechanischer, chemischer und diffusiver Vorgänge. Gleichzeitig erfolgt eine Stabilisierung des Schmutzes in der Reinigungslösung (z. B. Dispergieren, Emulgieren, Komplexieren).

Die Phase III der Reinigung beinhaltet den Schmutzaustrag aus nicht oder weniger gut überströmt Toträumen und Zwickel. Der zeitliche Schmutzabtrag ist dabei vergleichsweise gering.

Graßhoff (1988) konnte die experimentell ermittelten zeitlichen Verläufe der Belagsablösung mit unterschiedlichen Reinigungsmitteln in die entsprechenden Phasen einteilen.

4.5.2 Reaktionskinetischer Ansatz

Nach Thor und Loncin (1978) sowie Reuter (1983) kann der zeitliche Verlauf des Schmutzabtrags in Phase II der Reinigung näherungsweise mit dem Gesetz der Reaktionskinetik entsprechend einer Reaktionsgleichung 1. Ordnung, beschrieben werden. Demnach gilt:

$$-\frac{dc_W}{dt} = k\ c_W \tag{4.24}$$

c_W ist die auf die Fläche bezogene Konzentration einer Verschmutzung. k ist eine Konstante, welche von der großen Zahl der in Abschn. 4.3 genannten Einflussgrößen abhängt und für eine praktische Reinigung nur auf Grund von Experimenten bestimmt werden kann. Mit einer Schmutz-Anfangskonzentration c_{W0} ergibt sich an der Wand der folgende Konzentrationsverlauf:

$$\ln \frac{c_W}{c_{W0}} = -k\ t \tag{4.25}$$

bzw.

$$c_W(t) = c_{W0} \cdot e^{-k \cdot t} \tag{4.26}$$

Der zeitliche absolute Abtrag der Verschmutzung an der Wand ist damit abhängig von der vorhandenen Schmutzmenge. Er ist zu Beginn des Reinigungsvorgangs groß und zum Ende hin sehr klein. Theoretisch benötigt man eine unendlich lange Zeit, um den Schmutz vollkommen zu entfernen. Bezeichnet man mit $r(t)$ den Restschmutzanteil, der nach einer bestimmten Reinigungszeit t noch an der Oberfläche haftet, so kann man schreiben:

$$r(t) = \frac{c_W(t)}{c_{W0}} = e^{-k \cdot t} \tag{4.27}$$

Der Kehrwert der Konstanten k ($T = 1/k$) kann als eine Zeitkonstante T interpretiert werden. Es ist die Zeit, in der die Restschmutzanteil auf einen Wert von $1/\mathrm{e} = 0{,}37$ bzw. auf 37 % der Anfangsverschmutzung reduziert wird.

In Abb. 4.11 ist der zeitliche Verlauf für eine Zeitkonstante $\mathrm{T} = 10\,\mathrm{min}$ bzw. $\mathrm{k} = 0{,}1\,\mathrm{min}^{-1}$ dargestellt.

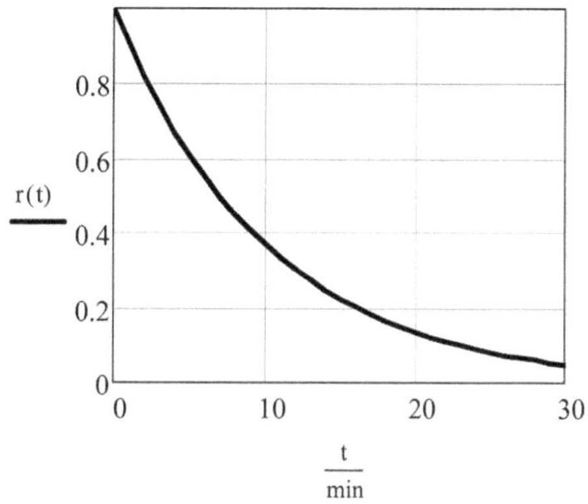

Abb. 4.11 Veränderung des flächenbezogenen Restschmutz-Anteils *r*(*t*) nach Gl. (4.27) mit k = 0,1 min^{-1} bzw. T = 10 min

4.5.3 Ansatz auf Basis der Weibull-Verteilung

Nach Dürr und Wildbrett (2000) kann der zeitliche Verlauf einer Reinigung oft mit der Weibull-Verteilung beschrieben werden. Es handelt sich dabei um eine 2-parametrige stetige Wahrscheinlichkeitsverteilung, die unter anderem zur Beschreibung der Lebensdauer technischer Systeme bei einer bestimmten Beanspruchung und zur Beschreibung der Haftkraftverteilungen von Partikeln auf Oberflächen verwendet wird. Anders als der in Abschn. 4.5.2 beschriebene reaktionskinetische Ansatz können mit ihr auch die in Abschn. 4.5.1 beschriebenen Phasen I und III der Reinigung berücksichtigt werden. Das beinhaltet unter anderem die Einwirkzeit des Reinigungsmittels oder die Einweichzeit in einer Flüssigkeit sowie das langsame Auflösen und Ausspülen von Schmutz aus nicht leicht zugänglichen Stellen der Anlage. Der zeitliche Verlauf der Reinigung schreitet entsprechend der Verteilung der Haftkräfte und der Wirksamkeit des Reinigungsmittels fort. Diejenigen Schmutzpartikeln, die zum augenblicklichen Zeitpunkt den geringsten Widerstand gegen die Ablösung bieten, werden abgelöst. In Analogie zur Lebensdauer-Verteilung technischer Systeme kann demnach für den Reinigungsprozesse eine Haftdauer-Verteilung des Schmutzes unter der Einwirkung eines bestimmten Reinigungsvorgangs beschrieben werden (Dürr und Graßhoff 2001; Dürr und Wildbrett 2006). Benannt ist die Verteilung nach dem schwedischen Ingenieur und Mathematiker Waloddi Weibull.

Mit der 2-parametrigen Form der Weibull-Verteilung ergibt sich der Restschmutzanteil *r*(*t*) nach einer bestimmten Reinigungszeit *t* zu:

$$r(t) = \frac{c_W(t)}{c_{W0}} = e^{-\left[\frac{t}{T}\right]^R} \tag{4.28}$$

Darin ist *T* eine Zeitkonstante und *R* charakterisiert die Steilheit des Abfalls des Schmutzabtrags. Die Abb. 4.12 zeigt vier Verläufe des Schmutzabtrags, um die Auswirkung der Zeitkonstanten *T* und der Steilheit *R* zu veranschaulichen. Drei Kurvenverläufe wurden mit einer Zeitkonstanten $T = 10$ min und den Parametern $R = 0{,}5$, $R = 1{,}0$ sowie $R = 3{,}0$ berechnet. Diese Kurven schneiden sich bei einer Reinigungszeit $t = T = 10$ min bei einem

Abb. 4.12 Veränderung des flächenbezogenen Restschmutz-Anteils r nach Gl. (4.28): $r_1(t)$ mit $R = 1{,}0$ und $T = 10\,\text{min}$; $r_2(t)$ mit $R = 0{,}5$ und $T = 10\,\text{min}$; $r_3(t)$ mit $R = 3{,}0$ und $T = 10\,\text{min}$; $r_4(t)$ mit $R = 3{,}0$ und $T = 20\,\text{min}$

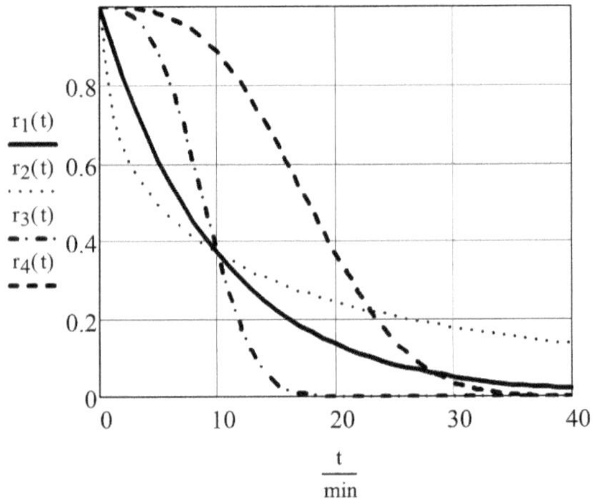

Restschmutzanteil $r(t) = 1/e = 0{,}37$. Der Kurvenverlauf mit $R = 1$ entspricht dem Reinigungsverlauf des reaktionskinetischen Ansatzes (Abschn. 4.5.2). Entsprechend diesem Ansatz (Gl. (4.24)) ist der Schmutzabtrag pro Zeitintervall proportional der Restverschmutzung auf der Oberfläche. Bei den Kurvenverlauf mit $R < 1$ wird mit steigender Reinigungszeit t der pro Zeitintervall abgetragene Schmutz immer geringer. Damit kann berücksichtigt werden, dass der Schmutz mit länger werdender Reinigungszeit immer schwieriger zu entfernen ist. Mit $R > 1$ kann berücksichtigt werden, dass mit länger werdender Reinigungszeit der Schmutz immer besser zu entfernen ist. Dies stimmt aufgrund des „Einweicheffektes" und der zeitlichen Wirkung von Reinigungsmitteln oft mit dem Verlauf bei nassen Reinigungsverfahren überein. Der Verlauf der Kurve mit $R = 3{,}0$ und $T = 20\,\text{min}$ verdeutlicht den Einfluss der Zeitkonstanten T.

Wenn Versuchsergebnisse zeigen, dass ein Reinigungsvorgang mit Gl. (4.28) erfasst werden kann und die relevanten Parameter R und T ermittelt wurden, so kann die notwendige Reinigungszeit, bis ein bestimmter noch tolerierter Restschmutzanteil (z. B. $r(t) = 0{,}01$) erreicht ist, ermittelt werden: Für die dazu notwendige Reinigungszeit gilt:

$$t = -T \cdot \sqrt[R]{\ln r} = -T \cdot \sqrt[R]{\ln \frac{c_W}{c_{W0}}} \tag{4.29}$$

t ist dabei diejenige Zeit, die zur Erreichung des vorgegebenen Restschmutzanteils r benötigt wird.

Nach Dürr und Wildbrett (2006) hat sich die Weibull-Verteilung zur Beschreibung der Reinigungskinetik in vielen Fällen bewährt. So konnten damit die Reinigung und der Einfluss der Spültemperatur beim Geschirrspülen erfasst werden (Dürr und Wildbrett 2000). Auch die CIP-Reinigung von Wärmeübertragerflächen von Milcherhitzern konnte mit dem Ansatz beschrieben werden (Dürr 2002). Unterschiedliche Reinigungsparameter wirken sich insbesondere auf die Zeitkonstante aus. Nach van Boekel (2002) kann die

Weibull-Verteilung auch zur Beschreibung der Inaktivierungskinetik von Mikroorganismen benutzt werden, die in Abschn. 5.4 näher behandelt wird.

4.5.4 Ansatz auf Basis des Stofftransportes

Zur Beschreibung des Stoffübergangs eines Stoffes von der Wand in die Reinigungslösung können die Fick'schen Diffusionsgesetze angewendet werden. Voraussetzung dabei ist, dass der übergehende Stoff in der Reinigungslösung löslich ist. Das erste Fick'sche Gesetz lautet bei einer eindimensionalen Betrachtung:

$$\dot{m} = -A \cdot D_i \frac{dc_i}{dy} \tag{4.30}$$

Es beschreibt den Diffusionsstrom der Komponenten i, der sich entgegen dem Konzentrationsgefälle in y-Richtung durch die Senkrecht dazu aufgespannte Fläche A bewegt. Die Ursache für diesen Stofftransport ist das der Natur innenwohnende Prinzip, dass Konzentrationsunterschiede bestrebt sind, sich auszugleichen. Dabei spielt im Fall der Diffusion die Brown'sche-Bewegung eine entscheidende Rolle. In Gl. (4.30) wird die Beziehung für den Massenstrom dargestellt. Entsprechend muss das Konzentrationsgefälle mit der Massenkonzentration beschrieben werden. Bei der Anwendung der Gleichung bei einem Reinigungsvorgang geht man meist davon aus, dass an der Schmutzoberfläche sich das Lösungsgleichgewicht für die jeweils vorhandene lösliche Komponente i einstellt. Der Wert des Diffusionskoeffizienten D_i liegt für niedermolekulare Stoffe wie Salze oder Zucker in der Größenordnung von $D_i \approx 10^{-9}$ m^2/s und makromolekulare Stoffe wie Polysaccharide und Proteine je nach relativer Molmasse im Bereich zwischen $D_i \approx 5 \cdot 10^{-11}$ (Serumproteine) und $D_i \approx 5 \cdot 10^{-12}$ m^2/s (Kasein).

Das zweite Fick'sche Gesetz der eindimensionalen Diffusion beschreibt den instationären (zeitabhängigen) Ausgleichsprozess in einem ruhenden Medium, bei dem ein zeitabhängiger Diffusionsstrom sowie zeit- und ortsabhängige Konzentrationsprofile auftreten. Es lautet:

$$\frac{dc}{dt} = D_i \frac{d^2 c_i}{dy^2} \tag{4.31}$$

Wird z. B. der Film einer Zuckerlösung an einer Wand mit ruhendem Wasser in Kontakt gebracht, so wird sich der Zucker mit der Zeit im Wasser lösen. Am Beginn des Vorgangs wird sich am Film die Gleichgewichtskonzentration einstellen und in unmittelbarer Nähe des Films die Zuckerkonzentration noch sehr gering sein, d. h. die Konzentration fällt unmittelbar am Film steil ab. Mit der Zeit wird die Zuckerkonzentration in der Lösung an allen Stellen ansteigen, so dass auch der Konzentrationsgradient abnimmt. Es existieren Lösungen dieser partiellen Differentialgleichung (4.31), welche die Stoffausbreitung in dem ruhenden Medium beschreiben und die sehr stark von den Anfangs- und Randbedingungen abhängen. Eine analoge Gleichung erhält man für die instationäre Wärmeleitung, so dass auch deren Lösungen auf diesen Fall übertragen werden können (Baehr und Stephan 2006).

Interessanter ist die Betrachtung des Stoffabtrags von der Wand in ein strömendes Medium (konvektiver Stoffübergang). Die Flüssigkeit haftet an der Wand bzw. der Schmutzschicht, so dass die Geschwindigkeit an dieser Stelle (Abstand $y \rightarrow 0$) gleich null ist. Man geht davon aus, dass der Stofftransport in einem dünnen Flüssigkeitsfilm mit der Dicke δ stattfindet (Filmtheorie). Zur Beschreibung des Stofftransports von der Wand bzw. der ruhenden Schicht an der Wand in die bewegte Flüssigkeit verwendet man den folgenden Ansatz:

$$\dot{m} = \beta \cdot A \cdot (c_W - c_K) = \frac{D_i}{\delta} \cdot A \cdot (c_W - c_K) \tag{4.32}$$

β ist darin der mittlere Stofftransportkoeffizient. c_W die Konzentration an der Wand ($y = 0$) und c_K die Konzentration des betrachteten Stoffes in der Kernströmung. Die Stoffstromdichte wird wesentlich vom Konzentrationsgradienten an der Wand und damit von der Strömung beeinflusst. Unterschiedliche geometrische Gegebenheiten und Strömungen wurden experimentell untersucht. Die Größe der Grenzschichtdicke δ und damit auch des Stofftransportkoeffizienten β ist von den Strömungsbedingungen und den Stoffwerten abhängig.

Für technisch interessante Fälle wurden die Zusammenhänge in dimensionsloser Form, meist aufgrund experimenteller Untersuchungen, dargestellt. Die Zusammenhänge werden für bestimmte Gültigkeitsbereiche mit Potenzprodukten der relevanten dimensionslosen Kennzahlen in der folgenden Form beschrieben:

$$Sh_i = C \cdot Re^m \cdot Sc_i{}^n \tag{4.33}$$

Im Folgenden soll der Fall der Rohrströmung näher betrachtet werden. Für diesen Fall ergeben sich die dimensionslosen Kennzahlen zu:

$$Sh_i = \frac{\beta_i}{d_h \cdot D_i} \quad \text{(Sherwood-Zahl)} \tag{4.34}$$

$$Re = \frac{d_h \cdot \overline{w} \cdot \rho}{\eta} \quad \text{(Reynolds-Zahl)} \tag{4.35}$$

$$Sc_i = \frac{\eta}{\rho \cdot D_i} \quad \text{(Schmidt-Zahl)} \tag{4.36}$$

Hierbei ist C ein konstanter Faktor, d_h der hydraulische Durchmesser des Strömungskanals, $\overline{w}$ die mittlere Strömungsgeschwindigkeit im Strömungskanal, ρ die Dichte der Flüssigkeit und η die dynamische Viskosität der Flüssigkeit.

Für eine laminare Rohrströmung (Reynolds-Zahl $Re < 2300$) wurde für den mittleren Stofftransportkoeffizienten in einem Strömungskanal der Länge L folgender Zusammenhang ermittelt:

$$Sh = 1{,}86 \cdot Re^{\frac{1}{3}} \cdot Sc^{\frac{1}{3}} \cdot \left(\frac{d_h}{L}\right)^{\frac{1}{3}} \tag{4.37}$$

Gültigkeitsbereich: $(Re \cdot Sc \cdot d_h \,/\, L) > 100$

Für eine turbulente Rohrströmung bestimmte man:

$$Sh = 0{,}04 \cdot Re^{\frac{3}{4}} \cdot Sc^{\frac{1}{3}} \tag{4.38}$$

Hofmann (2007) hat den beschriebenen Ansatz angewendet, um die Abreinigung einer standardisierten Verschmutzung in einem Rohr zu beschreiben. Er zeigte, dass die Gesetzmäßigkeiten bei einer einfachen Geometrie angewendet werden können. Werden die ablaufenden Vorgänge zusätzlich noch durch chemisch aktive Reinigungsmittel unterstützt, so müssten die zugehörigen chemische Reaktionen und die ablaufende Reaktionskinetik zusätzlich noch berücksichtigt werden.

4.5.5 Ansatz auf Basis hydrodynamischer Kräfte

Im Zusammenhang mit dem Schmutzabtrag von Oberflächen wurden auch Ansätze betrachtet, die ein Wegspülen von Partikeln oder Mikroorganismen an einer Oberfläche beschreiben. Dabei werden Mikroorganismen wie Partikeln mit einer entsprechenden Größe behandelt. Zum Abtrag der Partikeln müssen die angreifenden Strömungskräfte die wirkenden Haftkräfte überwinden. Diese können meist nur überschlägig theoretisch ermittelt werden. In einer Flüssigkeit ist als Haftkraft die Van-der-Waals-Kraft wirksam. Oft müssen auch elektrostatische Wechselwirkungen berücksichtigt werden.

Von großem Einfluss sind die Art der Haftpartner sowie die Oberflächenrauigkeit, die Zahl der Kontaktpunkte zwischen den Haftpartnern, die Größe der Kontaktfläche bei verformbaren Partikeln und Substraten. Weigl (2004) hat im Zusammenhang mit der Reinigung von Oberflächen Trennkraftuntersuchungen mit einem Atomic Force Microscope (AFM), mit einer Ultrazentrifuge und mit einem Strömungskanal durchgeführt. Es wurden Versuche mit Hefen und Glaspartikeln, die auf kaltgewalztem Edelstahl, Email und PTFE angeordnet waren, in Luft und in Wasser durchgeführt. Die experimentellen Ergebnisse wurden mit theoretischen Berechnungen verglichen. Die Größenordnung der gemessenen Haftkräfte konnte mit den Modellen abgeschätzt werden, jedoch wurden bei gleichen Haftpartnern große Unterschiede zwischen einzelnen Messwerten ermittelt. Wie zu erwarten war, wurden bei einer tangential zur Oberfläche wirkenden Beanspruchung wesentlich geringere Haftkräfte bestimmt als bei einer normal zur Oberfläche wirkenden Beanspruchung, da teilweise bereits ein Wegrollen als Ablösung bewertet wurde.

Theoretische und experimentelle Untersuchungen von Partikelhaftkräften an Oberflächen wurden auch von Bobe (2008) und Hartmüller (2016) durchgeführt. Beide haben für bestimmte Haftpartnern Haftkraftverteilungen ermittelt. Hartmüller hat die Ablösung von Partikeln im Zusammenhang mit einer Vibrationsmethode untersucht. Alle Ergebnisse bestätigen den Einfluss der oben aufgeführten Parameter.

Bei einer Reinigung in einem strömenden Medium können die an Partikeln wirkenden Haftkräfte durch die Strömungskräfte überwunden werden. Diese haben Altmann und Ripperger (1997) im Zusammenhang mit der Querstromfiltration untersucht. Zu den Strömungskräften zählen die Widerstandskraft (Schleppkraft) in Richtung der Strömung F_{W} sowie der hydrodynamische Auftrieb (Liftkraft) F_{L} infolge des asymmetrischen Geschwindigkeitsprofils in unmittelbarer Nähe der Oberfläche bzw. der Schmutzschicht. Entscheidend für die Größe des hydrodynamischen Auftriebes ist der Geschwindigkeitsgradient und damit auch die Strömungsform und das Strömungsprofil. Kleine Partikeln sind meist in der laminaren Unterschicht angeordnet und werden dort schleichend umströmt. Das asymmetrische Geschwindigkeitsprofil an der Oberfläche bewirkt eine Liftkraft F_{L} des Partikels senkrecht zur Überströmung. Nach den experimentellen Ergebnissen von Rubin (1977) gilt mit der Wandschubspannung τ_W für die Partikelgröße d_p:

$$F_{\mathrm{L}} = 0{,}76 \cdot \frac{{\tau_W}^{1,5} \cdot {d_p}^3 \cdot \rho^{0,5}}{\eta} \tag{4.39}$$

Aufgrund theoretischer Betrachtungen gibt Saffman (1965; 1968) für den Vorfaktor der Gl. (4.39) den Wert 0,808 an.

Rubin ermittelte, dass die Widerstandskraft F_{W} in Richtung der Strömung bei feinen Partikeln an der Wand bis um den Faktor 1,9 bis 2,4 erhöht gegenüber der Widerstandkraft einer laminaren Kugelumströmung ohne Wandeinfluss gemäß Stokes vorliegen kann. Maßgebend dabei ist die Geschwindigkeit, die an der Mitte einer Partikel angreift. Mit einem entsprechenden Erhöhungsfaktor von 2,1 erhält man für die Widerstandskraft F_{W}:

$$F_W = 0{,}63 \cdot \pi \cdot d_P \cdot \eta \cdot \overline{w}\left(\frac{d_P}{2}\right) \tag{4.40}$$

Die aufgeführten Kräfte verhindern, dass sich feinste Partikeln in einer strömenden Flüssigkeit an der Wand ablagern. Die Liftkraft in der Nähe der Wand kann das um den statischen Auftrieb verminderte Gewicht einer Partikel überschreiten, so dass eine Ablagerung bzw. eine Sedimentbildung verhindert wird. Es ist daher sinnvoll, Flüssigkeiten in Ringleitungen ständig zu bewegen. Dadurch kann auch das Anhaften von Mikroorganismen und ihre Vermehrung an der Wand verhindert werden. Adhäsionskräfte wie z. B. die van-der-Waals-Kraft werden erst bei einem sehr geringen Wandabstand wirksam. Feinste Partikeln mit einer Größe unter 1 µm können aufgrund der Brown'schen Molekularbewegung auch in einem strömenden Medium die Wand erreichen und anhaften. Abschätzungen der Kräfteverhältnisse haftender Partikeln zeigen, dass insbesondere im submikronen Bereich die Adhäsionskräfte dominieren und eine Ablösung einer Partikel bei den in Rohrleitungen üblichen Strömungsgeschwindigkeit schwer möglich ist. Daher können oft ohne die zusätzliche Wirkung von reinigungsaktiven Stoffen feinste Partikeln von einer Wand nicht abgetragen werden. Es ist daher meist notwendig, chemische Reinigungen mit einzuplanen. Chemische Reinigungsmittel können sich an den Oberflächen anlagern und dadurch die elektrostatisch wirkenden Oberflächenladungen verändern und die Löslichkeit von anhaftendem Schmutz fördern. Nach einer Ablösung von Teilchen fördern sie die Dispergierung und verhindern dadurch eine Wiederanlagerung von Schmutz an die Oberfläche.

4.6 Kontrolle des Reinigungserfolgs

Zur Kontrolle des Reinigungserfolgs können Proben nach einer Reinigung in der Anlage entnommen und auf Restverschmutzungen hin analysiert werden. Im Fall einer mikrobiologischen Kontamination können hierzu Kontaktverfahren (Abdruck- oder Abstrichverfahren) angewendet werden. Hierbei werden zugängliche kritische Stellen direkt mit dem Nährboden oder indirekt mittels eines sterilen Tupfers (z. B. einem Wattestäbchen) mit dem Nährboden in einer Petrischale in Kontakt gebracht. Man erhält dadurch nach dem Bebrüten ein Abbild der Keimbelastung der geprüften Stellen bzw. Flächen. Da die Keimübertragung von der Oberfläche zum Nährboden nicht vollständig ist, sind quantitative Aussagen nur begrenzt möglich.

Auch das Spülwasser kann in- oder online auf unerwünschte Substanzen untersucht werden. Beispiele hierfür sind eine TOC-Bestimmung für die organische Belastung sowie die Leitfähigkeitsmessung und/oder pH-Wert-Messung für ionische Rückstände. In einzelnen Fällen ist auch nach einer CIP-Reinigung eine Sichtprüfung wünschenswert. So z. B. bei Zentrifugen und Mischer mit einem aufklappbaren Gehäuse. Nach der Reinigung muss eine Anlage visuell sauber (engl. visually clean) sein. Dieses Kriterium wird durch chemisch-analytische Sauberkeitskriterien ergänzt. Die dazu notwendigen Werte der relevanten Parameter, wie z. B. Reinigungsmittelrückstände oder Verschleppungen unerwünschter Substanzen, werden mit geeigneten analytischen Nachweisverfahren (z. B. Flüssigkeits- oder Gaschromatographie) ermittelt.

Für die praktische Kontrolle einer durchgeführten Reinigung entwickelte die European Hygienic Engineering Design Group (EHEDG) die ATP-Methode. Die Methode hat sich insbesondere in der Lebensmittelindustrie bewährt. Die Grundlage der Methode ist die Biolumineszenz, eine Naturerscheinung, bei der infolge einer biochemischen Reaktion und der dadurch freiwerdenden Energie von Molekülen Photonen abgestrahlt werden. Die dadurch entstehende Lichtintensität kann gemessen werden. Bei der ATP-Methode entsteht Licht aufgrund einer Reaktion von ATP (Adenosin-5′-Triphosphat), Leuchtkäfer-Luziferin und dem Enzym Leuchtkäfer-Luziferase. Weiterhin sind Magnesium und Sauerstoff an der Reaktion beteiligt. ATP ist ein Stoff, der in allen lebenden Zellen vorkommt. Trifft ATP auf Luziferin-Luziferase-Reagenzien entsteht Licht, welches in empfindlichen Luminometern gemessen wird. Als Maßeinheit wurde eine „relative Lichteinheit", abgekürzt RLU (Relative Light Units) eingeführt. Je nach Methode und Material werden an gut gereinigten Oberflächen „Hintergrundwerte" von 10 bis 200 RLU gemessen. Oft gelten

Werte nach einer Reinigung < 1000 RLU noch als akzeptabel. Freies ATP ist in Flüssigkeiten, Lebensmitteln und auf Oberflächen, somatisches ATP in tierischen und pflanzlichen Zellen und mikrobielles ATP in lebenden Zellen von Mikroorganismen vorhanden. Bei der Testmethode wird ein Gesamt-ATP gemessen und liefert sofort ein Ergebnis, bei dem auch Verschmutzungen erfasst werden, die mit klassischen mikrobiologischen Techniken nicht nachweisbar sind. Zur Überprüfung der Reinigbarkeit eines Bauteils wird die Testeinheit mittels einer Hefe-Suspension kontaminiert und anschließend entsprechend der festgelegten Prozedur gereinigt. Die Bestimmung des Restschmutzes erfolgt z. B. durch einen Wisch- bzw. Abstrichtest (Swab-Test) mit geeigneten Tupfern und anschließender Messung der RLUs. Zur Durchführung des Tests wurden spezielle Reagenzien und Testgeräte entwickelt. In den Geräten werden z. B. die Wattestäbchen mit der Reaktionslösung beaufschlagt und die dadurch auftretende Lichtleistung gemessen. Es können damit ATP-Gehalte auf Oberflächen und in Flüssigkeiten bestimmt werden.

4.7 Planung und Validierung einer CIP-Reinigung

Bei Anlagen zur Herstellung pharmazeutischer Produkte besteht aufgrund gesetzlicher Regelung, die Notwendigkeit den Prozessschritt der Reinigung zu validieren, während in vielen anderen Bereichen eine Validierung oft „nur" empfohlen wird. Die Validierung eines Prozessschrittes beinhaltet das Erbringen und Dokumentieren des Nachweises, dass der Prozess innerhalb festgelegter Grenzen zuverlässig zum erwarteten Ergebnis führt. Im Fall einer Reinigungsvalidierung wird nachgewiesen und dokumentiert, dass der Reinigungsprozess bei den gegebenen Betriebsbedingungen den vorgegebenen bzw. festgelegten Anforderungen genügt.

Zur Validierung sind Kenntnisse über das Produkt, die angewendeten Reinigungsmittel und -verfahren, das Anlagendesign sowie über die analytischen Nachweisverfahren erforderlich. Sie beginnt in der Entwicklungsphase eines Produktes und der zugehörigen Prozesse zu seiner Herstellung. Ein wesentlicher Unterschied zur konventionellen Entwicklung besteht in dem dokumentierten Nachweis der Eignung des Prozesses, vor der eigentlichen Inbetriebnahme. Ein Bestandteil der Validierung ist auch die Dokumentation der verwendeten Werkstoffe (belegt durch Material- und Werkszeugnisse).

Zunächst müssen die Anforderungen an den Prozessschritt festgelegt werden. In diesem Zusammenhang ist es wichtig, dass die produktseitigen Bedingungen und die Anforderungen vom Produktions- bzw. Produktverantwortlichen bestätigt werden. Gekoppelt mit der Prozessentwicklung kann dann eine Risikoanalyse und eine Risikobewertung durchgeführt werden. Dabei werden kritische Parameter der Produkte (z. B. biologische aktive Substanzen, Löslichkeit und adhäsive Eigenschaften von Inhaltsstoffen), mögliche Produktwechsel, kritische Stellen der Anlage und Anlagenkomponenten sowie mögliche zeitliche Abläufe betrachtet. Die Risikobewertung berücksichtigt den Einfluss der produkt-, anlagen- und prozessbezogenen Parameter auf das Reinigungsziel. Es müssen Grenzwerte für Produktrückstände, für tolerierbare mikrobiologische Kontaminationen und Reinigungsmittelrückstände vom Betreiber festgelegt und begründet werden. Auf Basis dieser Analyse kann dann ein Reinigungsprozess ausgearbeitet und in einer Reinigungsanweisung beschrieben werden.

Die Validierung beinhaltet Reinigungsversuche und Probenahmen im Vorfeld der regulären Produktion. Die Reinigungslösungen werden in der Praxis oft aus Laugen oder Säuren mit definierten Konzentrationen und ggf. konfektionierten Zusätzen angesetzt. Bei den Reinigungsversuchen muss der Lösungsansatz dem in der Praxis entsprechen. Bei der Probenahme kann zwischen einer direkten Untersuchung der Oberfläche (Wischtest bzw. Swab-Test) und der indirekten Probenahme (Spültest bzw. Rinse-Test) unterschieden werden (siehe Abschn. 4.6). Die Proben können auf kohlenstoff- oder stickstoffhaltige Rückstände und/oder mikrobiologische Verunreinigungen untersucht werden. Es kann auf diese Weise festgestellt werden, dass der Reinigungsprozess den Anforderungen genügt. Es ist wichtig, dass die Reinigungsparameter überwacht und dokumentiert werden. Dazu gehören unter anderem die Reinigungstemperatur, die Reinigungszeit, die Reinigungsmittel und ihre Konzentration, Volumenströme, Laufzeit von Pumpen und Ventilstellungen. Auf der Basis der Ergebnisse wird eine Standard-Reinigungsanweisung (SOP = Standard Operation Procedure) ausgearbeitet und festgelegt. Die Reinigungs-SOP beinhaltet den Reinigungsplan, den Reinigungsablauf und die zugehörigen Reinigungsparameter und die Reinigungsmittel. Auch die Überprüfung der Reinigung, z. B. durch Probenahme und Analyse, können in einer SOP geregelt sein.

Um den Aufwand in Grenzen zu halten, können Anlagenteile, z. B. Behälter und Verrohrungen gleicher Bauweise, zu Baugruppen zusammengefasst werden und mit festgelegen und bereits validierten Reinigungsverfahren gereinigt werden. Voraussetzung dabei ist, dass die Verschmutzungen vergleichbare chemisch-physikalische Eigenschaften aufweisen.

Bei der Planung einer Anlagenreinigung sind neben den Reinigungsparametern weitere Kriterien zu beachten. Hierzu gehören:

- der Wasser- und Chemikalienverbrauch,
- die Entsorgung der anfallenden Reinigungslösungen und
- die Investitions- und Betriebskosten für die Reinigungseinrichtungen.

In diesem Zusammenhang ist die mehrfache Nutzung von Wasser (Retourwasser) sowie die Stapelung und Aufarbeitung von Reinigungslösungen zu prüfen. Bei den heute installierten CIP-Reinigungsanlagen wird meist eine Kombination von „Gestapelter“ Reinigungslösung und „Verlorener“ Reinigungslösung (Neuansatz-Reinigung) angewendet. Bei einer „Gestapelten“ Reinigungslösung, d. h. einer mehrmaligen Verwendung der Reinigungslösung, ist darauf zu achten, dass die Konzentration und Wirkung der reinigungsaktiven Komponenten in der Lösung sich mit der Zeit nicht zu stark erniedrigt. Außerdem ist ein Aufbereitungsschritt zur Abtrennung von abgetrenntem Schmutz aus der Lösung für die nachfolgende Reinigung von Vorteil. Hierzu können z. B. aufschwimmende Öle und Fette mit einem Skimmer und dispers verteilte feinste Schmutzbestandteile durch eine Filtration entfernt werden. Bei einer Mikrofiltration mit Membranen ist darauf zu achten, dass reinigungsaktive Substanzen (z. B. Tenside) in ausreichender Konzentration in das Filtrat übergehen. Oft werden nach der Aufarbeitung Reinigungsmittel nachdosiert (Nachschärfen der Lösung). Zur Überwachung der Reinigungslösung werden im Betrieb oft die Leitfähigkeit und Trübung der Lösung sowie ihr pH-Wert messtechnisch erfasst.

Wässrige Konzentrate von Reinigungsmitteln sind im allgemeinen Gefahrstoffe (z. B. ätzend, mindergiftig) und schwach wassergefährdende Stoffe und müssen entsprechend gehandhabt werden.

Automatisch ablaufende Reinigungsprogramme ermöglichen, dass eine Anlage entsprechend ihrer Verschmutzung mit einer Stapeltank-Reinigung oder mit einem Neuansatz gereinigt werden. Außerdem können durch Nachdosieren von Reinigungsmitteln und ggf. einer Nacherwärmung die Reinigungsparameter an die Verschmutzung angepasst werden. Es ist heute Stand der Technik, dass programmierbare Steuerungen einen vollautomatischen Ablauf der Reinigungsschritte gewährleisten. Die Visualisierung der Prozessschritte und ihre grafische Darstellung des Betriebszustandes der Anlage auf einem Bildschirm ist üblich. Meist wird die Reinigung mittels Sensoren überwacht, so dass bei einer Abweichung von den festgelegten Sollwerten eine rechtzeitige Einflussnahme auf die Prozessführung möglich ist. Die ermittelten Daten werden zur späteren Kontrollmöglichkeit meist elektronisch archiviert. Die Überwachung des Reinigungsablaufs und die Prozessdatenerfassung sind wichtige Instrumente zur Qualitätssicherung und Prozessoptimierung.

Die Dokumentation zu einer Anlage enthält unter anderem Datenblätter von Anlagenkomponenten, Werkstoffzeugnisse, technische Daten und Ergebnisse von Reinigungsversuchen bzw. den Validierungsbericht zur Reinigung.

Literatur

Altmann J, Ripperger S (1997) Particle deposition and layer formation at the crossflow microfiltration. J Memb Sci 124:119–128. https://doi.org/10.1016/S0376-7388(96)00235-9

Baehr HD, Stephan K (2006) Wärme- und Stoffübertragung. Springer, Berlin, Heidelberg

Bénézech T, Lelièvre C, Membré JM, Viet A-F, Faille C (2002) A new test method for in-place cleanability of food processing equipment. J Food Eng 54:7–15. https://doi.org/10.1016/S0260-8774(01)00171-6

Bhushan B (Hrsg) (2004) Springer handbook of nanotechnology. Springer, Berlin, Heidelberg, New York, Hong Kong, London, Milan, Paris, Tokyo (With 71 tables; [CD-ROM])

Bird RB, Stewart WE, Lightfoot EN (2007) Transport phenomena. John Wiley & Sons, New York, Chichester, Weinheim, Brisbane, Singapore, Toronto

Bobe U (2008) Die Reinigbarkeit technischer Oberflächen im immergierten System. Techn. Univ, München (Diss)

Boulangé-Petermann L (1996) Processes of bioadhesion on stainless steel surfaces and cleanability: a review with special reference to the food industry. Biofouling 10:275–300. https://doi.org/10.1080/08927019609386287

Dürr H (2002) Milk heat exchanger cleaning. Food Bioprod Process 80:253–259. https://doi.org/10.1205/096030802321154745

Dürr H, Graßhoff A (2001) A mathematical model of cleaning processes. Tenside Surfactants Deterg 38:148–157

Dürr H, Wildbrett G (2000) Commercial dishwashing -model of cleaning processes. SOFW-Journal 126:54–57

Dürr H, Wildbrett G (2006) Grundvorgänge bei der Verschmutzung und Reinigung. In: Wildbrett G (Hrsg) Reinigung und Desinfektion in der Lebensmittelindustrie. Behr's Verlag, Hamburg

Fuchs E, Helbig M, Pfister M, Majschak J-P (2017) Erhöhung der Reinigungseffizienz bei der Cleaning-in-Place-Reinigung durch diskontinuierliche Flüssigkeitsstrahlen. Chem-Ing-Tech 89:1072–1082. https://doi.org/10.1002/cite.201600105

Graßhoff A (1983) Toträume in CIP-gereinigten Rohrleitungssystemen. Dtsch Milchwirtsch 13:407–414

Graßhoff A (1988) Studien über die Belagbildung auf Wärmeaustauschflächen beim Erhitzen von Milch mit einer Labor-Wärmeaustauscher-Apparatur. Milchwissenschaft 43:780–783

Graßhoff A, Reuter H (1983) Untersuchungen zum Reinigungsverhalten zylindrischer Toträume. Chem-Ing-Tech 55:406–407. https://doi.org/10.1002/cite.330550527

Haaland SE (1983) Simple and explicit formulas for the friction factor in turbulent pipe flow. J Fluids Eng 105:89–90. https://doi.org/10.1115/1.3240948

Hartmüller J (2016) Theoretische und experimentelle Untersuchung von Partikelhaftkräften an Oberflächen. Dissertation, Techn. Univ. Kaiserslautern, Kaiserslautern

Hiltscher G, Mühlthaler W, Smits J (1999) Molchtechnik; Grundlagen, Komponenten, Anwendungstechnik. Wiley-VCH, Weinheim

Hoffmann W, Reuter H (1984) Zirkulationsreinigen (CIP) von geraden Rohren in Abhängigkeit von der Oberflächenrauheit und anderen Einflußfaktoren. Chem-Ing-Tech 56:328–329. https://doi.org/10.1002/cite.330560419

Hofmann J (2007) Stoffübergang bei der Reinigung als Qualifizierungsmethode der Reinigbarkeit. Techn. Univ, München (Diss)

Kipp H (2011) Beitrag zur virtuellen Abreinigungsbeurteilung hygienegerechter, mehrstufiger Kreiselpumpen mittels der RANS-Turbulenzmethode. Shaker, Aachen

Lelieveld H (1994) HACCP and hygienic design. Food Control 5:140–144. https://doi.org/10.1016/0956-7135(94)90073-6

Loncin M, Hahn G, Schornick G (1975) Probleme der Reinigung lebensmittelverarbeitender Anlagen. Lebensmitteltechnik 22:180–192

Nassauer J (1984) Adsorption durch Oberflächenladung; Ein Problem der Lebensmittelverfahrenstechnik. Habilitation, Techn. Univ., München

Nassauer J, Kessler H (1986) The effect of electrostatic phenomena on the cleaning of surfaces. Chem Eng Process Process Intensif 20:43–52. https://doi.org/10.1016/0255-2701(86)85005-X

Reuter H (1983) Reinigen und Desinfizieren im Molkereibetrieb. Stand des Wissens und der Technik. Chem-Ing-Tech 55:293–301. https://doi.org/10.1002/cite.330550409

Ripperger S (2004) Die Reinigung von Membrananlagen. Filtrieren und Separieren 18:162–166

Rubin G (1977) Widerstands- und Auftriebsbeiwerte von ruhenden, kugelförmigen Partikeln in stationären, wandnahen laminaren Grenzschichten. Dissertation. Universität Karlsruhe, Karlsruhe

Saffman PG (1965) The lift on a small sphere in a slow shear flow. J Fluid Mech 22:385–400. https://doi.org/10.1017/S0022112065000824

Saffman PG (1968) The lift on a small sphere in a slow shear flow - Corrigendum. J Fluid Mech 31:624. https://doi.org/10.1017/S0022112068999990

Schmidt R, Beck U, Weigl B, Gamer N, Reiners G, Sommer K (2003) Topographische Charakterisierung von Oberflächen im steriltechnischen Anlagenbau. Chem-Ing-Tech 75:428–431. https://doi.org/10.1002/cite.200390085

Thor W, Loncin M (1978) Reinigen, Desinfizieren und Nachspülen in der Lebensmittel-Industrie. Chem-Ing-Tech 50:188–193. https://doi.org/10.1002/cite.330500306

Truckenbrodt E (1968) Strömungsmechanik; Grundlagen und technische Anwendungen. Springer, Berlin, Heidelberg

van Boekel MAJS (2002) On the use of the Weibull model to describe thermal inactivation of microbial vegetative cells. Int J Food Microbiol 74:139–159. https://doi.org/10.1016/s0168-1605(01)00742-5

Weigl B (2004) Trennkräfte zwischen Mikroorganismen, Partikeln und Oberflächen. Techn. Univ, München (Diss)

Desinfektion und Sterilisation von Anlagen 5

5.1 Ziele der Anlagendesinfektion und -sterilisation

Nach einer Reinigung sind die inneren Oberflächen einer verfahrenstechnischen Anlage nicht frei von Keimen. Um in den Bereichen der Pharmazie, Lebensmittelverarbeitung und Biotechnologie eine Kontamination der Produkte zu vermeiden sind daher weitere Maßnahmen notwendig, um die Zahl der Keime zu vermindern. Dies erreicht man mit einer der Reinigung nachgeschalteten Desinfektion oder Sterilisation. Wichtig ist, dass jeder Desinfektion bzw. Sterilisation eine Reinigung vorgeschaltet ist. Die Reinigung darf nicht mit Blick auf eine nachfolgende Desinfektion vernachlässigt werden.

Mit einer Desinfektion erreicht man eine momentane, partielle Eliminierung oder Abtötung (Inaktivierung) unerwünschter Mikroorganismen. Man geht dabei davon aus, dass die Zahl der Keime so weit reduziert wird, dass von ihnen keine Gefahr mehr ausgeht. Es sollte mindestens eine Keimreduktion um den Faktor 10^5 erzielt werden. Die Oberflächen bzw. die produktberührenden Gegenstände werden dadurch in einen Zustand versetzt, dass sie das zu behandelnde Produkt mikrobiologisch nicht mehr schädigen können. Bei Lebensmitteln wird dadurch eine längere Haltbarkeit erreicht und der Mensch vor pathogenen Keimen geschützt. In der Biotechnologie soll die Vermehrung von Fremdkeimen, d. h. von Keimen, die nicht den Produktionskeimen entsprechen, verhindert werden. Im Einzelfall muss geprüft werden, welche schädlichen Keime unter allen Umständen bekämpft werden müssen. Aus der Resistenz der zu verhindernden Keimarten lässt sich das Anforderungsprofil für eine Desinfektion ableiten.

Bei einer Keimreduktion mit dem Ziel, „einen Gegenstand unschädlich für die menschliche Gesundheit und für das Wohlbefinden" zu machen (Wildbrett 2006), spricht man im angloamerikanischen Sprachraum auch von „Sanitization". Die Definition zeigt, dass oft nicht alle Keime abgetötet werden müssen, sondern dass bestimmte Anforderungen erfüllt werden sollen. Neben dem Abtöten bestimmter Keime, z. B. pathogener Keime, wird meist eine Verminderung der Keimzahl um mehrere Größenordnungen gefordert.

S. Ripperger, K. Nikolaus, *Anlagentechnik für sterile und ultrareine Prozesse*,
https://doi.org/10.1007/978-3-662-69217-2_5

Ziele einer Sterilisation sind das Abtöten oder Abtrennen möglichst aller Mikroorganismen und deren Sporen sowie das Zerstören von Viren und Prionen (infektiöse Proteine), die sich in einem Produkt oder auf einem Gegenstand befinden. Produkte und Gegenstände werden dabei in einen Zustand versetzt, dass sie nicht mehr infizieren können. Dazu ist in der Regel eine Reduktion der Anzahl an vermehrungsfähigen Organismen um den Faktor 10^6 bis 10^7 notwendig. Oft wird eine bestimmte Wahrscheinlichkeit ihrer vollständigen Zerstörung bzw. Abtrennung gefordert. Vegetative Zellen sind relativ leicht abzutöten. Dagegen sind resistente Sporen der Mikroorganismen oder infektiöser Proteine nur durch die Einwirkung extremer Bedingungen, wie z. B. eines Zellgiftes oder einer extremen Hitze, zu inaktivieren.

Auf Oberflächen in Anlagen können vermehrungsfähige Mikroorganismen durch feuchte Hitze (gesättigte Wasserdampfatmosphäre, siehe Abschn. 5.3.2), trockene Hitze (siehe Abschn. 5.3.3) oder durch die Einwirkung von Chemikalien (siehe Abschn. 5.2) inaktiviert werden. Zur Abtötung müssen die letale Temperatur bzw. die letale Dosis des angewendeten Sterilisationsmittels überschritten werden. Wallhäußer (Kramer 2008) hat hierzu umfangreiche Angaben zusammengestellt und die charakteristischen Parameter zur Berechnung der Effektivität der Methoden beschrieben. Bei einer Sterilisation müssen auch Sporen abgetötet werden, während bei einer Desinfektion die Abtötung vegetativer Keime im Fokus steht. Beim Einsatz keimabtötender chemischer Mittel im lebensmitteltechnischen und medizinischen Bereich muss auch die Rückstandsproblematik beachtet werden. Das Ausspülverhalten der Mittel ist sowohl vom Wirkstoff als auch von den Oberflächen, mit denen sie in Kontakt treten, abhängig. Um diese Problematik zu umgehen, werden eine thermische Desinfektion bzw. Sterilisation bevorzugt angewendet.

Darüber hinaus kann eine Sterilisation mit keimtötenden Gasen (z. B. mit Ethylenoxid oder Formaldehyd) und mit ionisierenden Strahlungen (z. B. Röntgen- und Gammastrahlen) erreicht werden. Aus Flüssigkeiten und Gasen können Keime auch mittels Mikro- oder Ultrafiltration abgetrennt werden. Man spricht dann von einer Entkeimungs- oder Sterilfiltration, die in Kap. 7 ausführlich beschrieben wird.

5.2 Chemische Desinfektion und Desinfektionsmittel

Zur Desinfektion von Anlagen werden Desinfektionsmittel in Form von wässrigen Lösungen eingesetzt. Dabei handelt es sich um bakerizid, viruzid, sporizid und fungizid (allgemein: mikrobizid) wirkende Stoffe bzw. Stoffgemische, die beim Kontakt mit den Mikroorganismen ihre Wirkung entfalten. Unter Berücksichtigung der vielfältigen Forderungen, die bei der Anlagenreinigung an ein Desinfektionsmittel gestellt werden, wie

- eine sichere Abtötung pathogener und toxigener Keime,
- eine Wirkung in angemessener Kontaktzeit bei einer möglichst geringen Anwendungskonzentration,
- eine gute Benetzungswirkung auf den zu behandelnden Flächen,

- eine gute Materialverträglichkeit,
- eine gute Ab- bzw. Ausspülung und
- handhabbare Toxizität,

kommen aus der Vielzahl der zur Verfügung stehenden Mittel (Kramer 2008) bei der Anlagenreinigung nur einige Wirkstoffgruppen in Betracht, die im Folgenden aufgeführt werden.

5.2.1 Halogene

Zur Anlagendesinfektion werden oft Halogene entsprechend den Möglichkeiten eingesetzt. Sie besitzen ein breites Wirkungsspektrum, sind sporizid und in kurzen Zeiten wirksam. Entsprechende Produkte werden kostengünstig angeboten. Nachteilig sind die zersetzende und korrodierende Wirkung gegenüber verschiedenen Materialien.

Eingesetzt wird häufig Natriumhypochlorit (NaOCl). Im Wasser hydrolysiert dieser Stoffe unter Freisetzung von hypochloriger Säure (HOCl) nach der folgenden Reaktionsgleichung:

$$\mathrm{NaOCl + H_2O \rightleftharpoons HOCl + NaOH}$$

Die hypochlorige Säure stellt das eigentliche Desinfektionsmittel im Wasser dar. Ihr Anteil in der Lösung wird im Allgemeinen als freies Chlor bezeichnet. Bereits geringe Mengen (<5 mg/l) an freiem Chlor wirken keimabtötend. Wegen der Chlorzehrung organischer Stoffe, die Chlor zum Teil reaktiv oder adsorptiv binden, werden bei der Reinigung technischer Anlagen weitaus höhere Konzentrationen eingesetzt (<300 mg/l). Die Keimabtötung beruht auf der Durchdringung und Degenerierung der Zellmembran und der Unterbrechung des Stoffwechsels. Dabei ist auch die Einwirkzeit entscheidend. Sie ist von der Temperatur abhängig und sollte bei 60 °C mindestens 30 min betragen.

Zur Desinfektion von Wasser und den zugehörigen Rohrleitungen kann auch Chlorgas (Cl_2) eingesetzt werden:

$$\mathrm{Cl_2 + H_2O \rightleftharpoons HOCl + HCl}$$

Die dabei entstehende Salzsäure wird meist durch Wasserinhaltsstoffe wie Carbonate und Hydrogencarbonate neutralisiert. Die hypochlorige Säure dissoziiert je nach pH-Wert zu Protonen und Hypochlorit:

$$\mathrm{HOCl \rightleftharpoons H^+ + ClO^-}$$

Der Grad der Dissoziation wird vom pH-Wert bestimmt. HOCl ist wirksamer als ClO^-. Entsprechend hängt die Effektivität der Abtötung des frei verfügbaren Chlors auch vom pH-Wert ab.

Als flüssiges aktivchlorhaltiges Desinfektionsmittel wird anstatt Natriumhypochlorit (NaOCl, Eau de Labarraque) auch Kaliumhypochlorit (KOCl, Eau de Javel) angewendet.

Trotz ihrer guten Wirkung gegen Bakterien, Pilze, Sporen und Viren wird in vielen Betrieben auf den Einsatz von Chlorverbindungen zur Anlagendesinfektion verzichtet. Gründe dafür liegen in dem unangenehmen Geruch, der korrosiven Wirkung und der Gefahr der Bildung von schädlichen Chlorkohlenwasserstoffen, die in der Umwelt nicht natürlich abgebaut werden und sich bei der chemischen Analyse von Abwasser in erhöhten AOX-Werten (AOX = an Aktivkohle adsorbierbare organische Halogenverbindungen) wiederfinden. Beim Umgang mit Natriumhypochlorit und Chlorgas ist zudem aufgrund der Toxizität und der Explosions- oder Brandgefahr höchste Vorsicht geboten. Beim Herausspülen der genannten Mitteln aus der Anlage muss auch eine Depotwirkung, d. h. eine Abgabe des Mittels über einen längeren Zeitraum von den desinfizierten Anlagenteilen, beachtet werden.

5.2.2 Desinfektionsmittel auf Basis von aktivem Sauerstoff

Auch Sauerstoff-abspaltende Stoffe (Per-Verbindungen), wie z. B. Wasserstoffperoxid (H_2O_2), Peressigsäure (CH_3-CO-OOH) und Ozon (O_3) sind als Desinfektionsmittel äußerst wirksam.

Wasserstoffperoxid ist in konzentrierter Form (z. B. 30 % H_2O_2 bezogen auf die Masse) verfügbar und wird unter anderem zur Desinfektion von Verpackungsmaterialien und Anlagen in flüssigem oder gasförmigem Zustand eingesetzt. Bei der Desinfektion von Verpackungsmaterialien wirkt Wasserstoffperoxid als 15%ige Lösung mit einem Zusatz eines Tensids als Netzmittel in wenigen Sekunden. Es kann anschießend bei einer hohen Oberflächentemperatur (> 105 °C) abgedampft werden. Zur Anlagendesinfektion kommt es in wesentlich niedrigeren Konzentrationen zum Einsatz. Angaben zur mikrobiziden und viroziden Wirkung sind in Wallhäußers Buch (Kramer 2008) enthalten. Neben dem in der Anlagentechnik üblichen Spülverfahren, wird die Lösung bei Packstoffen auch in Form von Sprüh- und Tauchverfahren angewendet. Wasserstoffperoxid kann zudem dampf- oder gasförmig eingesetzt werden. Bei einer dampfförmigen Anwendung kondensiert die H_2O_2 enthaltende Lösung an den zu sterilisierenden Oberflächen, die danach bei einer hohen Temperatur getrocknet werden, wobei bei der Erwärmung die desinfizierende Wirkung noch verstärkt wird. Wasserstoffperoxid zerfällt in Wasser und den keimabtötenden Sauerstoff. Es ist daher bezüglich der Rückstände unbedenklich.

Desinfektionsmittel mit Peressigsäure (PES) werden oft in Form einer Mischung aus Peressigsäure, Essigsäure und Wasserstoffperoxid angeboten. Stabile Lösungen enthalten bis zu 15 % PES. Die Lagerstabilität konfektionierter Desinfektionsmittel wird durch weitere Zusätze erhöht. PES ist sehr reaktionsfähig und oxidiert anorganische und organische Substanzen. Die Lösungen besitzen ein breites Wirkungsspektrum gegen Bakterien und deren Sporen sowie Viren. Beim Einsatz muss auf die Verträglichkeit, der mit der Lösung in Kontakt kommenden Materialien, geachtet werden. Für Geräte, Instrumente und Anlagen werden Lösungen mit einer Konzentration bis zu 0,2 Vol.-% eingesetzt. Bei langen Kontaktzeiten, z. B. bis zu 2 h und Temperaturen bis zu 80 °C kommt PES auch in niedrigeren Konzentrationen zur Anwendung. Bei der Wahl der Konzentration ist der Gehalt an Schmutz und anderer oxidierbarer Stoffe zu berücksichtigen.

Ozon ist als dreiatomige Modifikation des Sauerstoffs ein starkes Oxidations- und Desinfektionsmittel. Das Gas besitzt ein Oxidationspotenzial, das bis zu 20-mal wirksamer ist als Chlor. Ozon ist ein umweltfreundliches Medium, das am Ort des Verbrauchs in den benötigten Mengen produziert werden kann. Zur Ozonerzeugung in Wasser werden entsprechende Geräte angeboten. Im Vergleich zu anderen Oxidations- und Desinfektionsmitteln bilden sich durch den Einsatz von Ozon keine unerwünschten und toxischen Nebenprodukte. Es zersetzt sich in Wasser und reagiert mit vielen organischen und anorganischen Verbindungen. Es ist daher in Anlagen wesentlich instabiler als die zuvor genannten Mittel. Die Wirkung von Ozon beruht auf dem starken Oxidationsvermögen gegenüber chemischen Wasserinhaltsstoffen und Mikroorganismen. Die notwendige Einwirkungszeit zur Eliminierung von Mikroorganismen ist abhängig von der Art der Keime und der Ozonkonzentration. Ozon greift direkt die Oberfläche der Mikroorganismen an und zerstört die Zellmembran. Die Zellen platzen unter Einfluss der Ozonbehandlung und verlieren ihr Cytoplasma. So können sich diese Zellen nicht reaktivieren. Zur Sterilisation von Oberflächen kann Ozon steril filtriertem Wasser zugegeben werden (siehe Kap. 7). Mit der so erzeugten Desinfektionslösung werden die zu desinfizierenden Oberflächen beaufschlagt. Die Einsatzkonzentration liegt in der Regel im Bereich von 0,4 bis 8 mg Ozon/l Wasser. Zur Entkeimung von entsalztem Reinstwasser wird erfahrungsgemäß eine geringe Ozonkonzentration von unter 0,1 mg/l benötigt. Ozon ist metastabil und besitzt unter Reinstwasserverhältnissen eine Halbwertszeit von circa 20 min. Über Mess- und Regeleinrichtungen können Soll- und Ist-Konzentrationen abgeglichen und eingeregelt werden.

Wasserstoffperoxid, Peressigsäure und Ozon können Membranen zur Stofftrennung passieren, so dass sie bei einer Beaufschlagung der Konzentratseite der Membran auch den Bereich auf der Permeatseite desinfizieren.

Bei den stark oxidierend wirkenden Mitteln muss besonders auf die Beständigkeit von Bauteilen aus Kunststoffen (z. B. Dichtungen, Gummischläuche, Membranen) geachtet werden. Beständig ist PTFE, so dass entsprechend umhüllte Dichtringe oder Membranen in Membranpumpen zum Einsatz kommen.

5.2.3 Oberflächenaktive Desinfektionsmittel (Tenside)

Von den Desinfektionsmitteln auf Basis von Tensiden sind die quartären Ammoniumverbindungen (QAV) am bekanntesten. Es handelt sich dabei um kationenaktive Tenside (siehe Abschn. 4.3.8). Vorteilhaft sind die Oberflächenaktivität, die eine gute Benetzung garantiert, die korrosionschemische Unbedenklichkeit und die Geruchsneutralität. Sie sind in einem weiten pH-Wert-Bereich gut gegen Bakterien und Pilze wirksam. Es können lange Einwirkzeiten ohne schädigende Wirkung auf die Materialien realisiert werden.

Nachteilig sind ihre starke Adsorption an Oberflächen, die fehlende sporizide Wirkung und die Neigung zum Schäumen. Das Wirkungsspektrum ist begrenzt (auch in Bezug auf Viren) und muss bei der Auswahl in Verbindung mit den sicher abzutötenden Keimen beachtet werden. Wegen des starken Haftvermögens ist insbesondere bei Membrananlagen Vorsicht geboten, da sie aufgrund der starken Adsorption meist deutlich die Permeabilität der Membran verändern. Sie lassen sich auch schlecht ausspülen. Da bereits eine geringe Konzentration wirksam ist, können die in der Anlage verbliebenen Restmengen nachfolgende gewünschte biologische Reaktionen stören. Eine Einsatzkonzentration im Bereich von 100 bis 1000 mg/l bei einer Temperatur um 40 °C ist üblich. In Gegenwart von Proteinen wird die bakterizide Wirkung reduziert, da diese Stoffe einen Teil der kationenaktiven Tenside adsorbieren.

Tenside sind in den meisten konfektionierten Reinigungsmitteln enthalten, da sie die Benetzung der Oberflächen fördern und dafür sorgen, dass der mikrobizide Wirkstoff besser in Spalte und Rillen eindringt und an die Mikroben herangeführt wird.

5.2.4 Schwefeldioxid-abspaltende Mittel

Zur Konservierung von stillstehenden Anlagen werden SO_2-abspaltende Mittel, z. B. auf Basis von Metabisulfit, empfohlen. Bisulfite stehen als Lösung mit charakteristischem SO_2-Geruch zur Verfügung. Sie sind optimal bei einem pH-Wert von 3,5 und einer erhöhten Temperatur (z. B. 50 °C) wirksam, entfalten jedoch auch im neutralen Bereich und bei niedrigen Temperaturen über längere Zeiträume (einige Stunden) ihre Wirkung.

5.2.5 Säuren und Laugen

Auch bei extremen pH-Werten werden viele Keime abgetötet. Daher werden viele sporenbildende Bakterien beim üblichen Einsatz von der zur Reinigung meist verwendete Natronlauge (Konzentration ca. 2 % und einer Temperatur > 45 °C) sicher inaktiviert. Es sind jedoch auch Spezies bekannt, die bei einem pH-Wert > 8,5 noch wachsen. Bei einem pH-Wert < 3 werden zahlreiche Viren inaktiviert und die meisten Bakterien am Wachstum gehindert.

5.2.6 Weitere Desinfektionsmittel und Resistenzgefahr

Neben den genannten Desinfektionsmitteln sind noch eine Reihe anderer mikrobizid wirkender Mittel auf dem Markt, die jedoch zur Desinfektion von Anlagen weniger von Bedeutung sind. Dazu gehören unter anderem Phenol-Derivate, Alkohole und Aldehyde. Viele Mittel können auch in kombinierter Form angewendet werden.

Die kurze Beschreibung der für die Anlagendesinfektion wichtigsten chemisch wirkenden Desinfektionsmittel zeigt, dass es kein universell einsetzbares Mittel gibt. Die Wirkungsmechanismen der Mittel auf die Mikroorganismen können sehr verschieden sein. Desinfektions- und Konservierungsmittel und ihre Wirkungsspektren sind ausführlich in dem Standardwerk von Wallhäußer (Kramer 2008) beschrieben. Einige Mittel zerstören die Cytoplasmamembran der Bakterien und andere denaturieren Proteine und/oder stören massiv den Stoffwechsel.

Es sei an dieser Stelle auf die Gefahr hingewiesen, dass bei einer zu geringen Konzentration eines angewandten Desinfektionsmittels und/oder einer zu geringen Einwirkzeit aus Keimpopulationen mit einer reversiblen Schädigung mit der Zeit Mikroorganismen selektiert werden, die gegen die betreffenden Desinfektionswirkstoffe resistent sind. Daher sind die Parameter

- Konzentration des Desinfektionsmittels,
- Einwirkzeit der Wirkstoffe und
- Temperatur

mit großer Sorgfalt festzulegen. Die Effizienz einer Desinfektion sollte im Betrieb durch Kontrolluntersuchungen an der Anlage überprüft werden. Hierzu kommen z. B. Abklatsch- und Tupfertestverfahren zur Anwendung, die in Abschn. 5.5 vorgestellt werden.

5.2.7 Auswahl eines Desinfektionsmittels

Bei der Auswahl eines Desinfektionsmittels sind

- der Wirkstoff und sein Wirkungsspektrum,
- die Wirkstoffkonzentration,
- evtl. vorhandene inaktivierende Stoffe in den Anlagen,
- die vorhandene Mikroorganismenflora (Keimarten und Keimzahlen),
- die vorgesehene Temperatur,
- der pH-Wert,
- die Chemikalienverträglichkeit und Beständigkeit der verwendeten Materialien und
- die zuverlässige und sichere Anwendung

zu beachten. Im Zusammenhang mit der sicheren Anwendung müssen auch Kriterien zur Toxizität, Arbeitshygiene, Ökotoxizität und Umweltverträglichkeit berücksichtigt werden. Im industriellen Maßstab ist aus wirtschaftlichen Gründen auch der mehrmalige Einsatz und die Stapelbarkeit der Lösung von Interesse. Im Zusammenhang mit der Toxizität und Ökotoxizität sind zudem die Vorschriften über den Transport mit Chemikalien und zum Gewässerschutz bzw. zur Ableitung in das Kanalsystem zu beachten. Die chemische Desinfektion erfordert einen Wirkstoffüberschuss. Beim Abfließen der Lösung und beim

Nachspülen gelangen keimtötende Substanzen in die Kanalisation und reagieren dort in vielfältiger Weise, wobei sie meist auch inaktiviert werden. Kritisch ist eine stoßweise Einleitung in eine biologische Kläranlage. Dort können Desinfektionsmittel den biologischen Schadstoffabbau beeinträchtigen.

Von verschiedenen Herstellern werden konfektionierte Desinfektionsmittel angeboten, die auf bestimmte Betriebsverhältnisse hin optimiert wurden. Bei Verwendung dieser Mittel und der Beachtung der von den Herstellern entwickelten Anwendungshinweise werden Schäden weitgehend ausgeschlossen.

Da eine organische Verschmutzung mehr oder weniger jede chemische Desinfektion bzw. Sterilisation in ihrer Wirkung schwächt, sollte der chemischen Desinfektion immer eine Reinigung vorgeschaltet werden.

5.2.8 Ausspülen von Desinfektionsmitteln

Eine chemische Desinfektion bzw. Sterilisation wird durch das Nachspülen mit bakteriologisch einwandfreiem Wasser (mindestens Trinkwasser) abgeschlossen. Um die Keimfreiheit des Nachspülwassers zu gewährleisten, kann auch hier der Zusatz eines Mittels mit bakterizider Wirkung notwendig sein.

Zur Kinetik des Ausspülens von Desinfektionsmitteln aus Anlagen liegen meist nur praktische Erfahrungen vor, die nicht verallgemeinert werden können. Sie wird sowohl von der Anlagenkonstruktion und den Spülbedingungen als auch von dem Mittel selbst und den Wechselwirkungen mit den Oberflächen beeinflusst. Plett und Loncin (1984) haben das Ausspülen von Reinigungsmitteln aus Rohren und Plattenwärmeaustauschern aus nichtrostendem Stahl für verschiedene Reinigungs- und Desinfektionsmittel untersucht. Außerdem wurden aufgrund von Adsorptionsisothermen spezifische Restmengen an den Wänden für Tenside bestimmt. Nach Schlüßler (1980) muss mit einer Haftflüssigkeitsmenge an den Wänden zwischen 10 bis $40\,\mathrm{ml/m^2}$, je nach Rauigkeit, Temperatur und Ablaufzeit, gerechnet werden. Mit den Konzentrationswerten des Nachspülwassers und der inneren Oberfläche einer Anlage kann die Rückstandsmenge für ein Mittel abgeschätzt werden, die an das zu behandelnde Produkt übergehen kann.

Die Dauer der Spülung bzw. die Spülwassermenge soll so bemessen sein, dass nach deren Abschluss mit üblichen Analysenverfahren keine kennzeichnenden Eigenschaften der Mittel (z. B. Alkalität, Acidität, Aktivsauerstoff, aktives Chlor) mehr nachweisbar sind. Im Buch von Wildbrett (2006) wird die Ausspül- und die Rückstandproblematik von Reinigungs- und Desinfektionsmitteln näher behandelt.

5.3 Desinfektion und Sterilisation durch Hitze

Bei modernen Produktionsverfahren ist man bestrebt, auf Zusatzstoffe so weit wie möglich zu verzichten. Es ist daher häufig vorteilhaft, eine Desinfektion bzw. Sterilisation durch die Einwirkung von Hitze vorzusehen, anstatt Desinfektionsmittel einzusetzen. Man vermeidet dadurch auch die Rückstandsproblematik und den Aufwand eines kontrollierten Ausspülens der eingesetzten Desinfektionsmittel aus der Anlage.

5.3.1 Heißwasser

Durch Beaufschlagen einer Anlage mit Heißwasser von mindestens 80 °C über wenigstens 30 min werden die meisten vegetativen Bakterien, Hefen und Schimmelpilze abgetötet. Eine sichere Sterilisation wird jedoch nicht gewährleistet. Dagegen kann mit Wasser bei einer Temperatur im Bereich von 120 bis 145 °C über 20 bis 30 min eine Sterilisation erreicht werden. Hierzu muss die Heißwasserbehandlung unter Druck erfolgen (siehe Tab. 5.1). Meist wird bei diesen Bedingungen eine Sterilisation mit Dampf durchgeführt.

Eine Desinfektion mit Heißwasser bei einer Temperatur bis 85 °C wird z. B. bei Rohrleitungssystemen und Lagerbehältern sowie bei Membran- und Entionisierungsanlagen, oft in festgelegten Zeitabständen, durchgeführt. Die Beaufschlagung mit Heißwasser kann zwischen 0,5 und 2 h andauern. Dabei ist es sinnvoll, die Temperatur an verschiedenen Stellen online zu überwachen. Eine Desinfektion mit Heißwasser kann einfach automatisiert werden. Zudem fällt kein kontaminiertes Abwasser an, das behandelt werden muss.

5.3.2 Wasserdampf (feuchte Hitze)

Mit Wasserdampf („feuchter Hitze“) bei einer Temperatur im Bereich von 120 bis 145 °C über 20 bis 30 min kann eine sichere Sterilisation gewährleistet werden. Hierzu muss der Dampf unter Druck in die Anlage eingebracht werden (siehe Tab. 5.1). In vielen Pharmakopöen wird die Dampfsterilisation mit gesättigtem Wasserdampf bei 121 °C über 20 min als „Standardverfahren“ vorgeschrieben.

Bei den angegebenen Zeitspannen müssen zusätzlich noch die Aufheizbedingungen und die mögliche schnelle Wärmeabfuhr an Bauteilen mit einer großen äußeren spe-

Tab. 5.1 Temperatur und Druck von gesättigtem Wasserdampf

Temperatur in °C	Absolutdruck in bar
100,00	1,013
111,37	1,500
120,23	2,000
133,54	3,000
143,63	4,000

zifischen Oberfläche berücksichtigt werden (z. B. Flansche und Ventile). In diesem Zusammenhang bietet Heißdampf gegenüber Wasser den Vorteil, dass der Dampf an kalten Stellen bevorzugt kondensiert und dort die Kondensationswärme frei wird und für eine schnelle Aufheizung sorgt. Außerdem werden mit dem Dampf auch so genannte Totzonen erreicht, die vom Wasser wenig oder nicht durchströmt werden. Da die Sterilisationsbedingungen in allen Anlagenteilen sicher erreicht werden müssen, ist für eine gute Dampfverteilung und Strömungsführung zu sorgen. Temperaturen sollen am Ende der Dampfstrecke bzw. an Stellen der Anlage, an denen die niedrigsten Temperaturen zu erwarten sind, gemessen werden. Je nach Anlagenkonstruktion und Umgebungsbedingungen ist mit langen Aufheizzeiten zu rechnen. Es ist darauf zu achten, dass alle produktberührenden Flächen mit Dampf beaufschlagt werden. Daher sind auch bewegliche Bauteile in ihrer Stellung möglichst zu verändern.

Es ist zudem zu berücksichtigen, dass die Sterilisation durch den Luftgehalt des Dampfes beeinflusst wird. In einem Dampf-Luftgemisch ist der Partialdruck des Dampfes geringer als der Gesamtdruck, so dass auch die Dampftemperatur nicht der Sättigungstemperatur entspricht, sondern niedriger ist. Bei einer Sterilisation mit strömendem Dampf wird die in der Anlage vorhandene Luft durch Sattdampf verdrängt. Bei der Anordnung des Ablassventils sollte beachtet werden, dass die spezifisch schwerere Luft durch den Dampf nach unten verdrängt werden kann.

Wichtig ist auch, dass das anfallende Kondensat während der Sterilisation frei abfließen kann. Hierfür sind bereits beim Entwurf der Anlage die Voraussetzungen zu schaffen (siehe Abschn. 6.2).

5.3.3 Heißluft (trockene Hitze)

Die Wirksamkeit von Heißluft („trockene Hitze") ist durch die lange Aufheizphase wesentlich geringer als von Wasserdampf, so dass längere Behandlungszeiten (bis zu mehreren Stunden) und/oder höhere Temperaturen angewendet werden müssen. In Richtlinien zur Heißluftsterilisation nach der DIN EN ISO 20857:2013-08 und dem Bundesgesundheitsblatt 55 (2012) wird eine Mindestlufttemperatur von 180 °C festgelegt. In der pharmazeutischen Technik werden hierzu Temperaturen bis 350 °C angewandt. Zur Apparatedesinfektion bzw. -sterilisation ist die „trockene Hitze" nur begrenzt einsetzbar. Angewendet wird die Heißluftsterilisation in Sterilisationskammern zur Sterilisation und Depyrogenisierung von Glas- und Metallwaren, wie z. B. Ampullen, Injektions- und Infusionsflaschen, sowie von Granulaten und Pulvern. Die Luft wird davor mittels HEPA-Filter derart filtriert, dass das Niveau einer bestimmten Reinraumklasse eingehalten wird (siehe Kap. 9). In den Sterilisationskammern wird meist ein Umluftbetrieb realisiert.

Nach einer Desinfektion bzw. Sterilisation durch Einwirken von Hitze muss darauf geachtet werden, dass keine kontaminierte Luft in der Abkühlphase in die Anlage eingesaugt wird. Die Mikrofiltration mit Membranen zur Entkeimung der angesaugten Luft bietet sich hierbei als eine sichere Problemlösung an. Es werden hierzu hydrophobe Membranen,

z. B. PTFE, mit einer nominalen Porengröße von 0,4 oder 0,2 µm eingesetzt (Ripperger 2023). Auch diese werden vor dem Einsatz sterilisiert.

Bei der Sterilisation von flüssigen Produkten und Nährlösungen durch eine Hitzeeinwirkung kommt es oft zu unerwünschten chemischen Reaktionen, wie z. B.

- dem Karamellisieren von Zucker,
- einer Reaktion von Zuckern mit Aminosäuren zu Melanoidinen („Maillard-Reaktion"),
- Zersetzung von Vitaminen,
- Polymerisierung von ungesättigten Inhaltsstoffen,
- Hydrolyse von Polymeren.

Es können Produktbestandteile so stark verändert werden, dass eine Anwendung einer Sterilisation durch Hitze nicht möglich ist. Für solche Fälle wurde die oft als „Kaltsterilisation" bezeichnete Sterilfiltration mit Membranen entwickelt (siehe Kap. 7).

5.4 Abschätzung notwendiger Sterilisationsbedingungen

Das thermische oder chemische Abtöten von Mikroorganismen erfolgt in der Regel über einen zeitlich exponentiellen Abfall der lebenden Mikroorganismenpopulation. Die Sterilisationskinetik wird oft mit einem logarithmischen Zeitgesetz beschrieben, das formal dem Modell zur Reaktionskinetik einer Reaktion 1. Ordnung entspricht (Reuter 1986). Ist N die Anzahl der Mikroorganismen pro Oberflächeneinheit oder bei einem Produkt pro Volumeneinheit, so gilt demnach bei bestimmten Bedingungen (Temperatur, Chemikalienkonzentration):

$$-\frac{dN}{dt} = k\ N \tag{5.1}$$

und nach der Integration über ein endliches Zeitintervall $t = 0$ bis t

$$N = N_0\ e^{-kt} \tag{5.2}$$

Dabei ist N die Anzahl der Keime pro Flächen- bzw. Volumeneinheit, N_0 die Anfangskeimzahl pro Flächen- bzw. Volumeneinheit (bei $t = 0$) und k der Abtötungskoeffizient (spezifischer Inaktivierungskoeffizient). Diese Gesetzmäßigkeit der Abtötung von Mikroorganismen wurde auch bei der Einwirkung chemischer Mittel mit einer toxischen Wirkung, so genannte Noxen, beobachtet, wobei zudem eine starke Abhängigkeit von der Temperatur vorliegt. Der Ansatz gilt in vielen Fällen auch bei der Strahleneinwirkung, wenn als Variable anstatt der Zeit die Dosis aufgetragen wird.

Der Abtötungskoeffizient k ist vom Temperaturniveau, der Energiedichte, der Art der Keime und den jeweiligen Milieubedingungen (Konzentration, pH-Wert, Oberflächenbeschaffenheit usw.) abhängig. Er wird für bestimmte Bedingungen experimentell bestimmt.

Die Temperaturabhängigkeit der Abtötungskonstante kann in einem bestimmten Temperaturbereich oft analog zur empirisch ermittelten Arrhenius-Gleichung beschrieben werden:

$$k = A \cdot e^{-\frac{E_S}{R \cdot T}} \tag{5.3}$$

Dabei ist A eine Konstante, E_S die Inaktivierungsenergie bestimmter Mikroorganismen, R die allgemeine Gaskonstante und T die Temperatur in Kelvin. Wird der Logarithmus k gegen $1/T$ aufgetragen erhält man eine Gerade, bei der die Inaktivierungsenergie im Steigungsparameter enthalten ist:

$$\ln k = \ln A - \frac{E_S}{R \cdot T} \tag{5.4}$$

Mit den Gln. (5.3) bzw. (5.4) können die Konstante A und die Inaktivierungsenergie E_S für bestimmte abzutötende Mikroorganismen ermittelt werden, wenn aus Messungen Wertepaare für den Abtötungskoeffizienten k bei unterschiedlichen Temperaturen T bekannt sind.

Nach der in Gl. (5.2) aufgeführten Sterilisationskinetik wird der Wert für die Keimanzahl $N = 0$ beliebig angenähert, jedoch nicht erreicht. Diese Einschränkung wird insbesondere durch die idealisierte mathematische Beschreibung der Keimreduktion mit Hilfe des logarithmischen Ansatzes hervorgerufen, weil ln0 nicht existiert. In der Praxis, z. B. bei einer Dampfsterilisation, besteht Einigkeit darüber, dass von einer Million Keime einer überleben darf (der Bezug auf einen Keim ergibt sich aus dem Zusammenhang $\log 1 = \ln 1 = 0$).

Bei der Sterilisation ist eine Reduktion der Keimanzahl über mehrere Dezimalen entscheidend. Daher wird die Anzahl der reduzierten Dezimalen gegenüber einer Anfangskeimzahl zur Bewertung der Sterilisationseffizienz herangezogen. Zwei Werte wurden in diesem Zusammenhang eingeführt: Der D-Wert und der F-Wert.

Der D-Wert (dezimale Reduktionszeit bzw. decimal reduction time) gibt die Zeitspanne in Minuten an, in der die Zahl der Keime bei bestimmten Bedingungen (z. B. Temperatur) um eine Dezimale vermindert wird. Das entspricht einer Abtötungsquote von 90 %. Mit Gl. (5.2) erhält man für diesen Fall:

$$\ln \frac{N}{N_0} = \frac{1}{\log e} \cdot \log \frac{N}{N_0} = 2{,}3026 \cdot \log \frac{1}{10} = -2{,}3026 = -k \cdot t \tag{5.5}$$

Daraus ergibt sich für die Zeitspanne t zur Reduzierung der Keimanzahl um eine Dezimale bei der Temperatur ϑ in °C:

$$D = \frac{2{,}3026}{k} \tag{5.6}$$

Bei bekanntem k-Wert, kann mit Gl. (5.6) die notwendige Zeitspanne zur Reduktion der Keimanzahl um eine Dezimale abgeschätzt werden. Bei einer logarithmischen Auftragung erhält man für die Abtötungskurve bei einer bestimmten Temperatur:

$$\log \frac{N_0}{N} = \frac{k}{2{,}3026} \cdot t = \frac{t}{D} \tag{5.7}$$

bzw. als Geradengleichung:

$$\log N = \log N_0 - \frac{k}{2{,}3026} \cdot t = \log N_0 - \frac{t}{D} \tag{5.8}$$

Der D-Wert, der meist in Minuten angegeben wird, macht wie der Abtötungskoeffizient k eine Aussage über die Widerstandsfähigkeit eines Keims bei einer bestimmten Temperatur ϑ und Milieubedingungen. Entsprechend der Gl. (5.6) hat eine Erhöhung der Temperatur eine Erniedrigung des D-Wertes zur Folge. Das Gleiche gilt in der Regel auch für die Erhöhung der Konzentration eines Desinfektionsmittels. D-Werte werden mit Sterilisationsversuchen ermittelt.

Für den Prozess ist der F-Wert (Gesamtletalität) entscheidend. Er gibt an, in welcher Zeitspanne die Ausgangskeimzahl N_0 auf die notwendige Endkeimzahl N reduziert wird. Bei der kinetischen Betrachtung für eine Sterilisation wird wieder aus mathematischen Gründen die Endkeimzahl $N = 1$, also ein Keim am Ende der Sterilisation, als ausreichend steril definiert und als geringstmögliche Keimzahl festgelegt. Der F-Wert, der meist in Minuten angegeben wird, soll in diesem Fall praktisch sicherstellen, dass alle Keime bis auf theoretisch einen abgetötet werden und die Dauer der betrachteten Sterilisationsmaßnahme aufzeigen. Geht man von der Anfangskeimzahl $N_0 = 10^n$ aus, so ergibt sich der F-Wert zu:

$$F = n \cdot D \tag{5.9}$$

Die Gl. (5.9) zeigt die große Bedeutung des D-Wertes, der für den betrachteten Fall experimentell bestimmt wird, und aus dem sich die Dauer des gesamten Sterilisationsvorgangs abschätzen lässt. Eine Prüfung auf Sterilität kann immer nur das Nichtvorhandensein von Keimen unter Prüfbedingungen nachweisen und ist stichprobenbedingt eine reine Wahrscheinlichkeitsaussage. Daher ist es praktisch nicht möglich eine ausreichende Sterilisation statistisch nachzuweisen. Bei optimalen Sterilisationsbedingungen ist auch die Gefahr einer Probenkontamination während der Prüfung größer als die Wahrscheinlichkeit des Vorhandenseins eines Keims im Produkt. Umso entscheidender ist die zuverlässige Bestimmung des D-Wertes zur Keimreduktion vorhandener Mikroorganismen unter den betrachteten Sterilisationsbedingungen.

Jedoch lassen sich nicht alle experimentell ermittelten Daten zur Sterilisations- bzw. Desinfektionskinetik auf Basis einer Gesetzmäßigkeit 1. Ordnung gemäß der Gl. (5.2) beschreiben und interpretieren. Oft wird dabei vernachlässigt, dass auch die Vorgeschichte einer Mikroorganismenpopulation, wie z. B. die Wachstumsbedingungen und Zwischenbehandlungen, ihre thermische und chemische Resistenz beeinflussen können. Kopf et al.

(2004) zeigten anhand von Versuchen mit vegetativen Mikroorganismen und Sporen die Auswirkung dieser Einflussfaktoren auf die Sterilisation auf. Die Ergebnisse zeigen, dass die Vorgeschichte für die Beschreibung der Sterilisationskinetik relevant ist. Daneben spielen auch die jeweiligen Milieubedingungen, d. h. die Zusammensetzung der jeweiligen Flüssigkeit eine Rolle. Außerdem wurde nachgewiesen, dass ein Hitzeschock und ein Säureschock eine nachfolgende thermische Inaktivierung erschweren können. Von Mattick et al. (2001) werden Modellansätze zur Berechnung der Inaktivierungskinetik bei einer Abweichung vom Gesetz 1. Ordnung beschrieben.

Zur Beschreibung von thermischen Sterilisationsvorgängen muss ein weiterer Einflussparameter berücksichtigt werden. Üblicherweise werden die Daten zur thermischen Inaktivierung unter isothermen Bedingungen ermittelt. Reale Prozesse weisen dagegen Aufheiz- und Abkühlzeiten auf. Die Beiträge zur Inaktivierung innerhalb dieser Phasen kann mit dem Arrhenius-Ansatz zur Ermittlung der Geschwindigkeitskonstante abgeschätzt werden, wenn eine entsprechende Kinetik 1. Ordnung nachgewiesen wurde. Eine Sterilisation erfolgt auch in der Aufheiz- und Abkühlphase, wobei diese bei einem Temperaturbereich von unter 100 °C aufgrund der sehr kleinen k-Werte bzw. großen D-Werte meist vernachlässigbar sind. Anstelle des D-Wertes, der für eine Sterilisation bei einer konstanten Temperatur gilt, kann man für die Phase mit einer bestimmten zeitlichen Temperaturänderung $T(t)$ nach Deindoerfer und Humphrey (1959) einen S-Wert ermitteln, welcher den Sterilisationseffekt in dieser Phase beschreibt. Es gilt:

$$S = \ln \frac{N_0}{N} = \int_0^t k(t) \cdot dt = A \cdot \int_0^t e^{-\frac{E}{R \cdot T(t)}} dt \qquad (5.10)$$

Den Sterilisationseffekt für einen gesamten Sterilisationsablauf nach der Zeit t_{ges} ergibt sich dann zu:

$$S_{\text{ges}} = \ln \frac{N_0}{N(t_{\text{ges}})} = S_{\text{Aufheizen}} + S_{\text{Haltezeit}} + S_{\text{Abkühlung}} \qquad (5.11)$$

wobei in der Aufheizphase die Temperatur stetig ansteigt, in der Haltezeit über eine bestimmte Zeit konstant bleibt und in der Abkühlungsphase stetig absinkt. Wenn die genauen zeitlichen Temperaturverläufe in der Aufheiz- und Abkühlphase nicht bekannt sind, kann man einen stufenförmigen Temperaturverlauf annehmen und den Sterilisationseffekt mit den zugehörigen D-Werten abschätzen.

Zusammenfassend zeigen die erläuterten Zusammenhänge zur Inaktivierung von Mikroorganismen, dass der Erfolg einer Desinfektion bzw. Sterilisation von folgenden Faktoren abhängig ist:

- Art und Ausgangszahl der zu inaktivierenden Organismen,
- Höhe der Temperatur bzw. Art und Konzentration des Wirkstoffes,
- Milieubedingungen und
- angesetzte Zeitdauer der Einwirkung der Temperatur bzw. des Wirkstoffes.

Entsprechend den obigen Ausführungen muss bei der Festlegung der Sterilisationsparameter von den Resistenzdaten derjenigen Mikroorganismen ausgegangen werden, welche gegenüber dem Sterilisationsverfahren die ungünstigsten Resistenzdaten aufweisen. Bei einer Sterilisation durch Hitze weisen die für die menschliche Gesundheit relevanten mesophilen Mikroorganismen bei 121 °C höchstens D-Werte von 1,5 min auf. Demnach können Parameter als ausreichend betrachtet werden, wenn sie gegenüber einer höher resistenten thermophilen Population die notwendige Reduktion der Sporenzahl gewährleisten. Für den mesophilen Fäulnisverursacher *Clostridium sporogens* wird ein $D_{121\,^\circ\mathrm{C}}$-Wert im Bereich von 1 bis 1,5 min angegeben (https://www.florin.de). Das Bakterium wird nach der European Pharmacopoeia daher als Bioindikator bzw. Kontrollstamm für Sterilitätstests vorgeschlagen.

Mit dem Verzicht durch die Sterilisation die Bedingung „Null Keime“ zu erreichen, wurde die logarithmische Abhängigkeit der Zahl vermehrungsfähiger Keime von der Einwirkungszeit berücksichtigt. In der Europäischen Pharmakopöe (Ph. Eur. 6.0) wird ein Gegenstand als steril betrachtet, wenn der theoretische Wert von einem lebenden Keim in 10^6 sterilisierten Einheiten auftreten kann. Auch in der DIN EN 556 „Sterilisation von Medizinprodukten“ wird darauf Bezug genommen. Damit ist die Sterilität erst dann erreicht, wenn die Wahrscheinlichkeit für das Auftreten eines vermehrungsfähigen Mikroorganismus an einem Sterilisiergut kleiner oder höchstens 10^{-6} ist. Bei einer Ausgangskeimzahl von 10^6 Keimen pro Einheit bedeutet dies eine theoretische Reduktion um 12 Zehnerpotenzen. Dieses Vorgehen wird $12 \cdot D_\upsilon$-Konzept genannt und beispielsweise bei der Haltbarmachung von Konserven angewendet.

Am Beispiel des Bakteriums *Geobacillus stearothermophilus* (früher *Bacillus stearothermophilus*) und Messdaten zu dessen Sterilisationskinetik soll die Vorgehensweise zur Abschätzung der notwendigen Sterilisationsbedingungen näher erläutert werden. Mit dem Bakterium wird oft der Erfolg von Sterilisationsprozessen mit Dampf überprüft. Es ist ein sporenbildendes stäbchenförmiges Bakterium mit einem Durchmesser von 0,6 bis 1 µm und einer Länge zwischen 2 und 3,5 µm. Die optimale Wachstumstemperatur liegt zwischen 50 und 65 °C, so dass es zu den thermophilen Organismen zählt. Die widerstandsfähigen Sporen werden an vielen Stellen in der Umwelt gefunden. Das Bakterium ist für Menschen und Tiere nicht krankheitserregend.

Deindoerfer (1957) nennt für Sporen des *Geobacillus stearothermophilus* folgenden Werte für die Abtötungskonstante k:

bei einer Temperatur von 104 °C: $k = 0{,}0342\,\mathrm{min}^{-1}$
bei einer Temperatur von 131 °C: $k = 15\,\mathrm{min}^{-1}$.

Mit diesen beiden Werten kann man mit Gl. (5.4) die Abtötungskonstante k bei 121 °C und den zugehörigen D-Wert wie folgt ermitteln:

$$\ln k_1 - \ln k_2 = \ln \frac{k_1}{k_2} = -\frac{E_S}{R} \cdot \frac{1}{T_1} - \left(-\frac{E_S}{R} \cdot \frac{1}{T_2}\right) = \frac{E_S}{R} \cdot \left(\frac{1}{T_2} - \frac{1}{T_1}\right) \tag{5.12}$$

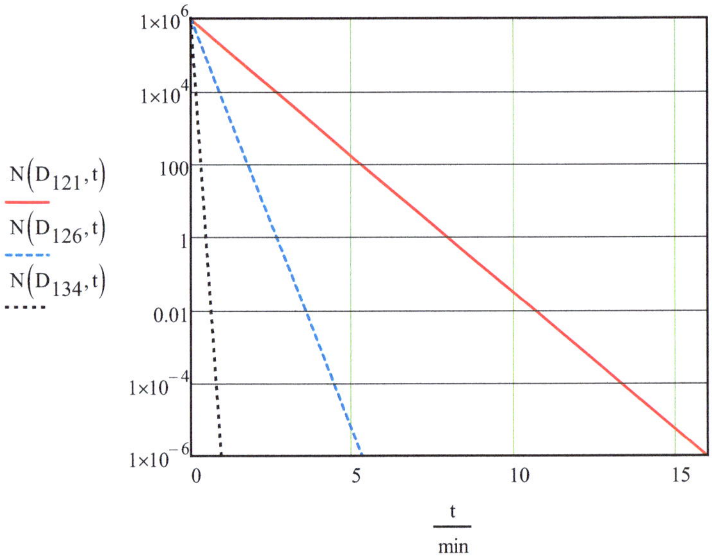

Abb. 5.1 Mit den Messdaten von Deindoerfer (1957) berechnete Abtötungskurven für *Geobacillus stearothermophilus* bei 121, 126 und 134 °C

Damit erhält man für die Inaktivierungsenergie des Bakteriums:

$$E_S = \frac{R \cdot \ln \frac{k_1}{k_2}}{\left(\frac{1}{T_2} - \frac{1}{T_1}\right)} = 2{,}853 \cdot 10^5 \ \frac{\text{J}}{\text{mol}} = 285{,}3 \frac{\text{kJ}}{\text{mol}} \tag{5.13}$$

Geht man von dem Wert bei 104 °C aus, so ergibt sich aus Gl. (5.3) für die Konstante A der Arrhenius-Gleichung:

$$A = \frac{k}{e^{-\frac{E_S}{R \cdot T}}} = 1{,}945 \cdot 10^{36} \ \text{s}^{-1} \tag{5.14}$$

Mit der Konstante A und Inaktivierungsenergie E_S des Bakteriums kann man nun für 121 °C aus der Gl. (5.3) den k-Wert berechnen. Man erhält: $k_{121} = 1{,}737 \ \text{min}^{-1}$.

Der $D_{121\,°\text{C}}$-Wert ergibt sich mit Gl. (5.6) zu: $D_{121\,°\text{C}} = 1{,}326$ min. Um eine Keimreduktion um den Faktor 10^6 zu erreichen, ergibt sich die notwendige Mindesthaltezeit bei der Temperatur 121 °C zu: $t = D_{121\,°\text{C}} \cdot 6 = 7{,}95$ min.

Legt man die Definition der Sterilität der Europäischen Pharmakopöe (Ph. Eur. 6.0) zugrunde, nach der eine Sterilität erst dann erreicht ist, wenn die Wahrscheinlichkeit für das Auftreten eines vermehrungsfähigen Mikroorganismus an einem Sterilisiergut kleiner oder höchstens 10^{-6} ist, so wird eine theoretische Reduktion um 12 Zehnerpotenzen gefordert. Entsprechend erhält man für eine Temperatur von 121 °C für die Mindesthaltezeit: $t = D_{121\,°\text{C}} \cdot 12 = 15{,}9$ min. Nach DIN EN 285: 2021-12 sind bei Anwendung feuchter Hitze folgende Mindesteinwirkungszeiten einzuhalten: bei 121 °C: 15 min, bei 126 °C: 10 min, bei 134 °C: 3 min. Die zugehörigen Verläufe der zeitlichen Keimreduktion bzw. der Reduktion der Wahrscheinlichkeit für das Auftreten eines vermehrungsfähigen Bakteriums *Geobacillus stearothermophilus* bei diesen Temperaturen ist in Abb. 5.1 dargestellt.

5.5 Validierung des Desinfektions- oder Sterilisationserfolgs

Für den Betreiber einer verfahrenstechnischen Anlage ist der kontrollierbare Erfolg der Desinfektions- und Sterilisationsmaßnahmen von Interesse. Eine Erfolgskontrolle kann prinzipiell über die Qualitätskontrolle des behandelten Produktes erfolgen. Oft wird darüber hinaus nach Kontrollmöglichkeiten vor der Produktbeaufschlagung gesucht. Hierzu kann z. B. eine mikrobiologische Kontrolle des letzten steril der Anlage zugeführten Spülwassers erfolgen. Die Resultate mikrobiologischer Untersuchungen liegen jedoch erst nach mehreren Stunden oder Tagen vor. Besser ist es daher, vor der regulären Einführung des Desinfektions- bzw. des Sterilisationsverfahrens den Nachweis zu führen, dass mit dem Verfahren das gewünschte Ergebnis sicher erreicht wird. Dies ist eine typische Validierungsaufgabe. Eine Validierung beinhaltet die systematische Überprüfung von Prozessschritten und der dazugehörigen Einrichtungen mit dem Ziel sicherzustellen, dass Produkte zuverlässig und sicher mit der gewünschten Qualität hergestellt werden.

Zum Nachweis, dass eine sichere Sterilisation mit Dampf erzielt wird, können zwei Methoden angewendet werden:

a) der Nachweis, dass die sterilisationsrelevanten Parameter Temperatur, Druck und Zeit an allen Stellen der Anlage bei jedem Sterilisationszyklus sicher erreicht und über den notwendigen Zeitraum gehalten werden. Der Nachweis kann mit registrierten Messwerten, die an kritischen Stellen einer Anlage ermittelt wurden, geführt werden. Auch der Einsatz von Thermoindikatoren ist möglich. Bei ihnen wird die Einhaltung von sicheren Sterilisationsbedingungen aufgrund eines Farbumschlags auf chemischer Basis angezeigt.
b) der Nachweis der Wirksamkeit anhand von Bioindikatoren. Dabei handelt es sich meist um Sporen von Mikroorganismen, die bei einer zu geringen Temperatur und/oder Einwirkzeit überleben würden. Diese werden entweder auf Trägermaterialien in die Anlage eingebracht oder bestimmte Oberflächen der Anlage werden punktuell oder flächig mittels Sprühverfahren beimpft.

Beide Methoden sind in Arzneibüchern und Normen (Normenreihe DIN 58950:2022-6) enthalten und müssen je nach Land z. B. zur Validierung von Dampfsterilisatoren angewendet werden. Bioindikatoren sind z. B. Gegenstand von DIN EN ISO 11138-5:2017-07. Ausführungen zu ihrem Einsatz zur Kontrolle von Sterilisationsprozessen sind in DIN EN ISO 11138-7:2019-11 enthalten. Bioindikatoren werden auch beim Einsatz von chemischen Desinfektionsmitteln und einer UV- und Gamma-Bestrahlung angewandt.

Ein Desinfektions- und Sterilisationsprozess muss wiederholbar die gewünschten Ergebnisse liefern. Daher sind im Zusammenhang mit der Validierung mögliche variable Prozessbedingungen zu erfassen und die Validierung für den „ungünstigsten Fall" durchzuführen. Variable Parameter sind z. B. die Art der Keime und die Ausgangskeimzahl, die minimale Ausgangstemperatur der Anlage und die Art der Entlüftung der Anlage. In (Muranyi et al. 2006) wurde festgestellt, dass auch die Anzuchtbedingungen die Resistenz eines Testkeimes erheblich beeinflussen kann.

Zur Festlegung dieser Größen, die wesentlich eine Desinfektion bzw. Sterilisation beeinflussen, sind oft gesonderte Untersuchungen notwendig. Die Ergebnisse aller Untersuchungen und die daraus abgeleiteten Bedingungen zur sicheren Prozessführung werden in einem Bericht (Validation Guide) dokumentiert und sind die Grundlage zur Festlegung der Prozessparameter. Zur Kontrolle einer ordnungsgemäßen Dampfsterilisation werden zweckmäßigerweise im Betriebsablauf an kritischen Stellen Druck- und Temperaturverläufe registriert.

5.6 Auswahl zwischen chemischen und thermischen Verfahren

Bei der Auswahl des jeweiligen Desinfektions- oder Sterilisationsverfahrens müssen folgende Punkte beachtet werden:

- die Anforderungen hinsichtlich des zu erzielenden Desinfektions- bzw. Sterilisationseffektes,
- die Verträglichkeit der eingesetzten Mittel mit den verwendeten Werkstoffen und dem zu verarbeitenden Produkt (siehe hierzu auch Abschn. 6.2.1),
- die Wirtschaftlichkeit des Verfahrens, die wesentlich vom Stoff- bzw. Energiebedarf und der Zeitspanne zum Desinfizieren bzw. Sterilisieren bestimmt wird.

Bei wiederkehrenden Sterilisationen, wie sie in der Lebensmitteltechnik und Biotechnologie notwendig und üblich sind, sollte die Sterilisation mit Dampf bevorzugt werden. Sie ist bei geeigneter konstruktiver Anlagenausführung zuverlässig und kann aufgrund einer Temperaturmessung kontrolliert und validiert werden. Außerdem wird auf Zusatzstoffe verzichtet und damit tritt auch die Rückstandsproblematik nicht auf. Als Nachteil können die etwas höheren Apparate- und Energiekosten angesehen werden. Bei der Auswahl eines chemischen Desinfektionsverfahrens muss eine sorgfältige Abwägung der möglichen Gefährdungen und Schäden durch Keime und Chemikalien erfolgen. In allen Fällen müssen die gesundheitlichen und wirtschaftlichen Risiken bedacht werden.

Literatur

Bundesgesundheitsblatt 55 (2012) Anforderungen an die Hygiene bei der Aufbereitung von Medizinprodukten. Empfehlung der Kommission für Krankenhaushygiene und Infektionsprävention (KRINKO) beim Robert Koch-Institut (RKI) und des Bundesinstitutes für Arzneimittel und Medizinprodukte (BfArM). Bundesgesundheitsblatt – Gesundheitsforschung – Gesundheitsschutz 55:1244–1310. https://doi.org/10.1007/s00103-012-1548-6

Deindoerfer FH (1957) Microbiological process discussion; calculation of heat sterilization times for fermentation media. Appl Microbiol 5:221–228. https://doi.org/10.1128/am.5.4.221-228.1957

Deindoerfer FH, Humphrey AE (1959) Principles in the design of continuous sterilizers. Appl Microbiol 7:264–270. https://doi.org/10.1128/am.7.4.264-270.1959

Kopf N, Pardey KK, Schuchmann HP (2004) Einflussfaktoren auf die Effektivität von Pasteurisations- und Sterilisationsverfahren. Chem-Ing-Tech 76:470–475. https://doi.org/10.1002/cite.200403379

Kramer A (Hrsg) (2008) Wallhäußers Praxis der Sterilisation, Desinfektion, Antiseptik und Konservierung; Qualitätssicherung der Hygiene in Industrie, Pharmazie und Medizin. Thieme, Stuttgart

Mattick KL, Legan JD, Humphrey TJ, Peleg M (2001) Calculating Salmonella inactivation in nonisothermal heat treatments from isothermal nonlinear survival curves. J Food Prot 64:606–613. https://doi.org/10.4315/0362-028X-64.5.606

Muranyi P, Wunderlich J, Dobosz M (2006) Sterilisation von Abfüllmaschinen: Standardisierung von Bioindikatoren, Untersuchungsmethoden und Validierungsverfahren. Chem-Ing-Tech 78:1667–1673. https://doi.org/10.1002/cite.200600087

Plett EA, Loncin M (1984) Removal of Cleaning Agents and Disinfectants from Tubular and Plate Heat Exchangers. Chem-Ing-Tech 56:306–308

Reuter H (1986) Aseptisches Verpacken von Lebensmitteln – Grundlagen und Stand der Technik. Chem-Ing-Tech 58:785–793. https://doi.org/10.1002/cite.330581004

Ripperger S (2023) Mikro- und Ultrafiltration mit Membranen. John Wiley, Newark

Schlüßler H-J (1980) Rückstände von Reinigungs- und Desinfektionsmitteln auf festen Oberflächen. Chem-Ing-Tech 52:246–247. https://doi.org/10.1002/cite.330520309

Wildbrett G (Hrsg) (2006) Reinigung und Desinfektion in der Lebensmittelindustrie. Behr's Verlag, Hamburg

Hygienic Design

6

6.1 Einführung

Eine Anlage für eine hygienische Produktion soll so gestaltet werden, dass eine sichere Herstellung der gewünschten Produkte gewährleistet wird. Dabei ist die gute Reinigbarkeit der Anlagen eine wichtige Forderung, unabhängig von dem eingesetzten Reinigungsverfahren. Im industriellen Maßstab werden Anlagen oft einer automatisch ablaufenden CIP-Reinigung (CIP = Cleaning in Place) und einer nachfolgenden Desinfektion bzw. Sterilisation unterzogen. Dabei werden die inneren Oberflächen der Anlage über einen Spülkreislauf gereinigt, ohne die Anlage zu demontieren. Damit die hohen Forderungen zur Hygiene erreicht werden, müssen die Belange der Reinigung bereits bei der Anlagenplanung, der Anlagenkonstruktion sowie bei der Auswahl der Werkstoffe und Armaturen berücksichtigt werden. Als Hilfe bei der konstruktiven Ausführung der Anlagen und ihrer Komponenten wurden Gestaltungsgrundsätze erarbeitet, die unter dem Begriff „Hygienic Design" zusammengefasst werden. Die Berücksichtigung der Grundsätze gewährleistet, dass eine hygienische Produktion in den Anlagen sichergestellt wird. Gleichzeitig werden dadurch Zeit und Kosten bei der Reinigung und ggf. bei einem Produktwechsel gespart. Die Anlagen müssen neben einer wirtschaftlichen und betriebssicheren Produktion insbesondere auch folgenden Anforderungen genügen:

- Vermeidung einer Verkeimung und Kontamination der Produkte durch Fremdstoffe,
- Vermeidung einer Kreuzkontamination bei Mehrproduktanlagen,
- Abdichtung und Schutz gegenüber Luftsauerstoff (Vermeidung von Oxidationen),
- totraumarme Gestaltung,
- gut reinigbare und/oder sterilisierbare Anlagenausführung,
- weitgehend automatischer Betrieb mit der Möglichkeit einer Validierung von Prozessschritten,
- sichere Temperaturführung,

S. Ripperger, K. Nikolaus, *Anlagentechnik für sterile und ultrareine Prozesse*,
https://doi.org/10.1007/978-3-662-69217-2_6

- nutzerfreundlicher Aufbau (minimaler Aufwand für Vorbereitung, Reinigung und Instandhaltung),
- flexible Prozessführung (insbesondere bei Mehrproduktanlagen),
- optimale Energieausnutzung,
- umweltfreundlicher Betrieb (z. B. minimaler Anfall an Abwasser und Abfall, geringe Lärmbelastung).

6.2 Gestaltungsregeln des Hygienic Designs

Die Reinigbarkeit der Anlage ist das zentrale Ziel des Hygienic Designs. Zur Realisierung einer sicheren Reinigbarkeit hat die EHEDG (siehe Abschn. 3.2) Gestaltungsgrundsätze als Guideline Nr. 8 veröffentlicht. Abgeleitet von den EHEDG Gestaltungsgrundsätzen sind im Wesentlichen vier Gestaltungsregeln zu beachten und einzuhalten, deren Bedeutung für die Reinigbarkeit in Abb. 6.1 skizziert ist:

I. Vermeidung von mikro- und makroskopischen Vertiefungen:
   Eine wesentliche Anforderung beim Hygienic Design ist die Vermeidung sämtlicher mikro- und makroskopischer Vertiefungen (Poren, Risse, Spalte) auf der gesamten produktberührenden Oberfläche der Anlage, weil sich in diesen Vertiefungen Mikroorganismen sammeln können, die durch Reinigungsschritte nur sehr aufwändig oder gar nicht beseitigt werden können. Zur Reinigbarkeit einer Bauteiloberfläche muss diese einen Mittenrauwert $Ra < 0{,}8\,\mu m$ aufweisen.
II. Vermeidung von Tot- oder Schattenzonen:
   Ungünstige Strömungsbereiche wie Tot- oder Schattenzonen sind innerhalb der Anlage konstruktiv zu vermeiden, da diese Bereiche für eine Spülung bei der Reinigung unzugänglich sind und mögliche Kontaminationen nicht herausgespült werden können.
III. Vermeidung von Kontaminationen durch ungeeignete Werkstoffe:
   Die Verwendung eines geeigneten Werkstoffs stellt sicher, dass eine nachteilige Veränderung des Produktes durch beispielsweise einen korrosiven Abtrag oder sonstige Einträge von Fremdstoffen infolge chemischer oder physikalischer Wechselwirkungen ausgeschlossen werden.
IV. Sicherstellen von Selfdraining beim Entleeren:
   Die Anlage ist so zu konzipieren, dass Flüssigkeiten von alleine, d. h. durch die Schwerkraft, aus der Anlage ablaufen können, um kontaminierte Rückstände von Reinigungslösungen sicher abführen zu können. Das Selfdraining kann durch eine abfallende Neigung aller produktberührenden Oberflächen mit einem Mindestwinkel von 3° bis zum Ablaufstutzen realisiert werden.

In den folgenden Abschn. 6.2.1 und 6.2.2 wird auf Grundlage der vier Gestaltungsregeln erläutert, wie die Konstruktionen von unterschiedlichen Anlagenelementen hygienegerecht auszuführen sind und welche Werkstoffe sich für ein Hygienic Design eignen.

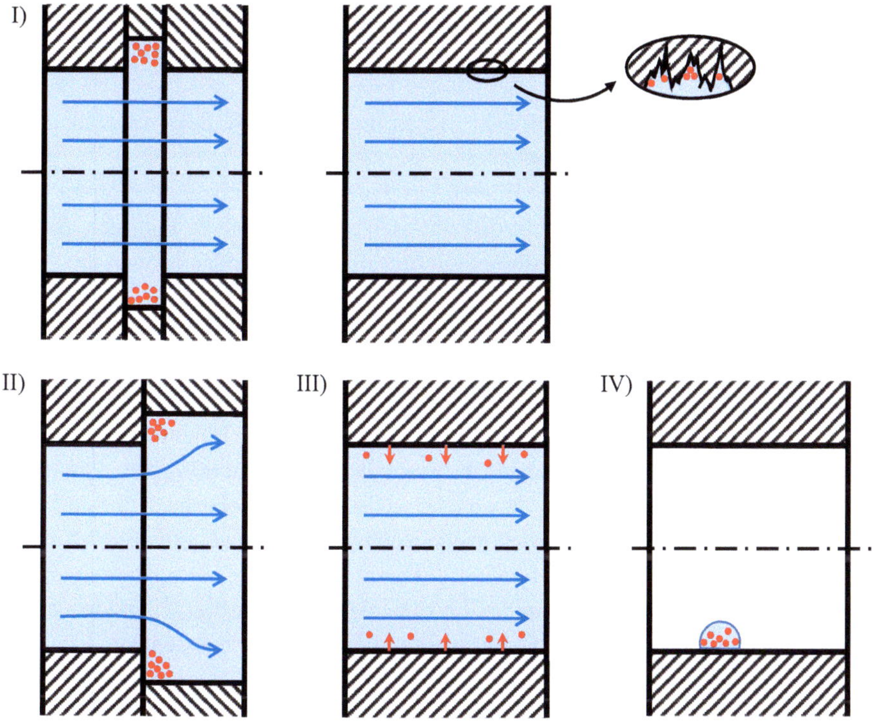

Abb. 6.1 Mögliche Kontaminationen (in *rot*) bei Missachtung der Gestaltungsregeln des Hygienic Designs: **I)** Vermeidung von mikro- und makroskopischen Vertiefungen, **II)** Vermeidung von Tot- und Schattenzonen, **III)** Vermeidung von Kontaminationen durch ungeeignete Werkstoffe, **IV)** Sicherstellen von Selfdraining beim Entleeren

6.2.1 Werkstoffauswahl

Der Werkstoff von hygienegerechten Bauteilen muss gemäß der Gestaltungsregel III insbesondere eine Kontamination des Produktes mit Fremdstoffen ausschließen. Dazu muss der Werkstoff inerte Eigenschaften gegenüber dem Produkt sowie gegenüber Reinigungs- und Desinfektionsmitteln aufweisen und je nach Anwendungsfall thermisch beständig sein. Hierbei ist insbesondere ist die Korrosionsbeständigkeit des Bauteilwerkstoffs eine entscheidende Voraussetzung sowie eine Oberflächenbeschaffenheit mit einer hohen Güte, die durch den Reinigungs- und Produktionsbetrieb nicht beeinträchtigt werden darf. Ebenso wichtig ist aber auch die chemische und thermische Beständigkeit der eingesetzten Dichtungsmaterialien. Neben der generell notwendigen mechanischen Stabilität des Bauteilwerkstoffs, sind auch nicht-haftende Oberflächeneigenschaften erforderlich. Die Oberfläche des Werkstoffs muss derart beschaffen sein bzw. bearbeitet werden können, dass die Gestaltungsregel I erfüllbar ist und mikroskopische Vertiefungen durch unzulässig hohe Rauigkeitskennwerte vermieden werden. In vergleichbarem

Zusammenhang sind auch poröse Materialien zum Hygienic Design ungeeignet, da Mikroorganismen oder andere Verunreinigungen in die Poren penetrieren und sich vermehren können.

Generell ist bei der Werkstoffauswahl zu beachten, dass sich diese wesentlich in den Kosten niederschlägt. Dabei sind neben dem Werkstoffpreis auch die Möglichkeiten und Arten der Verarbeitung zu berücksichtigen. Für den Bau der Anlagen werden in der sterilen Prozesstechnik bevorzugt nichtrostende Stähle verwendet. Es kommen aber auch Aluminium und zunehmend Kunststoffe zum Einsatz. Im Folgenden werden die gängigsten Werkstoffe des Hygienic Designs vorgestellt.

Nichtrostende Stähle

Die Korrosionsbeständigkeit nichtrostender Stähle wird durch Chromgehalte $\geq 12\,\%$ erreicht. Durch den Zusatz von Nickel ($\geq 7\,\%$) wandelt sich der Hauptgefüge-Bestandteil Ferrit in Austenit. Aufgrund des hohen Chromanteils wird eine schützende, dünne, dichte und fest haftende Passivschicht aus Chromoxid an der Werkstoffoberfläche gebildet. Diese kratz- und abriebfeste Oberfläche nichtrostender Stähle ist gegenüber den zur Reinigung verwendeten Säuren und Laugen beständig. Durch weitere Legierungsbestandteile wie Nickel, Molybdän, Mangan, Titan und Niob kann die Korrosionsbeständigkeit beeinflusst werden. Außerdem werden damit die Verarbeitungseigenschaften angepasst.

Häufig kommen die nichtrostenden Stähle mit der Werkstoffnummer 1.4301 (Kurzbezeichnung: X5CrNi18-10, nach AISI 304) und 1.4306 (Kurzbezeichnung: X5CrNi19-11) zur Anwendung. Beide Stähle sind aufgrund ihres niedrigen Kohlenstoffgehaltes gut schweißbar und werden häufig in der Nahrungs- und Getränkeindustrie sowie in der Pharma- und Kosmetikindustrie eingesetzt. Weit verbreitet sind auch die nichtrostenden Stähle mit den Werkstoffnummern 1.4571 und 1.4435. Diese Stähle entsprechen etwa den amerikanischen Stählen AISI 316Ti und 316L.

Der Stahl mit der Werkstoffnummer 1.4301 ist molybdänfrei und daher weniger gegen Lochfraßkorrosion beständig als molybdänhaltige Stähle (z. B. 1.4401, 1.4404, 1.4435 und 1.4571). Lochfraß entsteht durch eine Beschädigung der Passivschicht durch Kratzer, Fehlstellen oder Einschlüsse. Auch Risse und Spalte als Folge einer mechanischen Beanspruchung, können die Ausbildung einer zusammenhängenden Passivschicht und den Korrosionsschutz beeinträchtigen. Daher ist auch eine hohe Oberflächengüte für den Korrosionsschutz von Vorteil. Bei einer Beschädigung der Oberfläche, muss eine Passivschicht schnell neu gebildet werden. Dies kann durch eine Passivierung erfolgen, welche z. B. eine Spülung mit oxidierenden Lösungen (z. B. Salpeter- oder Phosphorsäure) ermöglicht.

Zum Abschätzen der Korrosionsbeständigkeit eines rostfreien Stahls gegenüber Lochfraß und Spaltkorrosion dient die Wirksumme (auch PREN-Wert; Pitting Resistance Equivalent Number). Sie ergibt sich aus der Addition des Chromgehalts, des 3,3-fachen Molybdängehalts und des 16-fachen Stickstoffgehaltes (Gehaltsangabe jeweils in Prozent). Je höher dieser Wert ist, desto beständiger ist die Legierung gegen Lochfraß und Spaltkorrosion. Legierungen mit einer Wirksumme über 33 gelten als seewasserbeständig. Der nichtrostende Stahl mit der Werkstoffnummer 1.4571 weist einen PREN-Wert im Bereich von 23 bis 27 und der Stahl mit der Werkstoffnummer 1.4435 einen PREN-Wert zwischen 25 und 30 auf.

Im Praxiseinsatz kann die Schutz- oder Passivschicht an Chrom im Einsatz mit heißem Reinwasser bei Temperaturen >50 bis 60 °C oder Reindampf nach einer Betriebszeit von mehreren Monaten oder Jahren verarmen. Die zurückbleibende eisenoxidreiche Oberfläche färbt sich dann langsam rostrot („rouge"). Man bezeichnet diesen Vorgang als „Rouging". Der Belag kann Partikel freisetzen, die das Produkt kontaminieren, und ist daher unerwünscht. Diese Eisenoxidbeläge können mit konzentrierten Säuren (z. B. 30 %iger Phosphorsäure oder Zitronensäure) entfernt werden. Nach der Repassivierung der Oberfläche ist der Werkstoff wieder für mehrere Monate oder Jahre kontaminationsfrei einsetzbar. Elektrochemisch polierte Edelstahloberflächen (siehe Abschn. 4.3.5) sind gegen Rougingbildung wesentlich widerstandsfähiger sind als mechanisch geschliffene Oberflächen.

Aluminium

In einigen Fällen wird auch auf Aluminium zurückgegriffen. Gegenüber den Stählen weist Aluminium eine geringere Dichte und eine hohe elektrische und thermische Leitfähigkeit auf. An der Oberfläche bildet Aluminium eine sehr dünne (ca. 10 bis 100 nm) fest haftende Oxidschicht (Al_2O_3), die gegenüber verdünnten organischen Säuren, wie sie z. B. in einigen Lebensmitteln vorkommen, beständig ist. Sie ist jedoch gegenüber starken Säuren und Basen wenig beständig. Auch die schlechtere Schweißbarkeit stehen einer breiten Anwendung von Aluminium im Apparatebau entgegen.

Kunststoffe

Oft werden in der sterilen Prozesstechnik Thermoplaste wie Polyvinylchlorid (PVC), Polyethylen (PE), Polypropylen (PP), Polyethersulfon (PES) verwendet. Zur Bereitung und zum Transport von Reinstwasser kommen hauptsächlich vollständig oder teilfluorierte Polymere wie z. B. Polytetrafluorethylen (PTFE), Polyvinylidinfluorid (PVDF) und Ethylenchlortrifluorethylen (ECTFE) zur Anwendung. Kunststoff- und Verbundwerkstoffe werden oft für Tanks, Schläuche, Formstücke, Transportsysteme u. ä. eingesetzt. Elastomere werden in großem Umfang als Dichtungswerkstoffe verwendet, die als Verschleißteile einer regelmäßigen Wartung unterliegen müssen, um die Voraussetzungen für den hygienegerechten Betrieb einer Anlage zu erfüllen. Gängige Dichtungswerkstoffe im Lebensmittelbereich sind Ethylen-Propylen-Dien-Kautschuk (EPDM) und Nitril-Butadien-Kautschuk (NBR).

Im Vergleich zu den physikalischen und chemischen Eigenschaften von Metallen zeigen Kunststoffe große Unterschiede. Diese liegen vor allem in einer geringeren Festigkeit, einem schlechteren Benetzungsverhalten gegenüber Wasser und wässrigen Lösungen sowie einer geringeren Temperatur- und Alterungsbeständigkeit. Dagegen kann die Beständigkeit gegenüber Reinigungsmitteln und Chemikalien in bestimmten Bereichen im Vergleich zu Metallen sogar besser sein. Bei der Werkstoffauswahl müssen die höchsten und tiefsten auftretenden Temperaturen beachtet werden, da diese maßgeblich die Festigkeitseigenschaften der Kunststoffe beeinflussen können. Bereits ab einer Betriebstemperatur von 20 °C unterliegen viele Kunststoffe einem Zeitstandverhalten, das in der Auslegung der Bauteile berücksichtigt werden muss. Allerdings können Kunststoffe bei ungünstigen Betriebsbelastungen im Laufe der Zeit auch porös und brüchig werden. Gerade dieses ausgeprägte Alterungsverhalten muss bei der Verwendung von Kunststoffen im Mittelpunkt stehen und durch regelmäßige Wartungsarbeiten überprüft werden, um die Gestaltungsregeln I und III des Hygienic Designs für die gesamte Lebensdauer der Anlage einzuhalten. In diesem Zusammenhang sind insbesondere die chemischen oder physikalischen Wechselwirkungen der verwendeten Kunststoffe mit dem Produkt sowie gegenüber Reinigungs- und Desinfektionsmitteln zu berücksichtigen. Im folgenden Abschnitt wird darauf näher eingegangen und die rechtlichen Vorgaben erläutert.

Kunststoffe in Kontakt mit Lebensmitteln oder pharmazeutischen Produkten

Im Bereich der sterilen Prozesstechnik müssen die spezifischen Anforderungen in den rechtlichen Regelungen berücksichtigt werden (siehe Abschn. 2.2.2). Bei der Anwendung von Kunststoffen sind insbesondere die EU-Verordnung 10/2011 über Materialien und Gegenstände aus Kunststoff mit ihren laufenden Ergänzungen zu beachten.

Viele Kunststoffe sind gegenüber Lebensmitteln beständig, sie können jedoch beim Kontakt mit Lebensmitteln und anderen Medien geringe Anteile von Monomeren, Härtern und Stabilisatoren abgegeben und somit die Gestaltungsregel III des Hygienic Designs verletzen. In der oben aufgeführten Verordnung werden Grenzwerte für die Gesamtmigration von Stoffen und für die Migration spezifischer Stoffe angegeben. Auch Stoffe, die beim Verarbeitungsprozess der Kunststoffe aufgenommen werden können, die sogenannten NIAS (non-intentionally added substances), sind in den Konformitätserklärungen aufzuführen. Hierunter fallen z. B. Reste von Reinigungs- und Desinfektionsmitteln, die in einer Anlage nach einer Spülung verbleiben können. Gegenstände und Bauteile aus Kunststoff, welche die EU-Verordnungen erfüllen, dürfen das Glas-Gabel-Symbol tragen (siehe Abb. 2.1). Es wird z. B. im Zusammenhang mit Geschirr, Behältern und Rohrleitungen verwendet. Die Kunststoffrichtlinie enthält eine Positivliste für Monomere, Additive und sonstige Ausgangsstoffe für Lebensmittelbedarfsgegenstände aus Kunststoff.

Das Lebensmittel- und Futtermittelgesetz (LFGB) untersagt in Deutschland, Bedarfsgegenstände zu verwenden, die fremde Stoffe an das Lebensmittel abgeben. Der Gesetzgeber sieht Positivlisten vor, die Kunststoffe und Beimischungen enthalten, die als physiologisch unbedenklich angesehen werden. Außerdem werden Grenzwerte für Anteile an zulässigen Fremdstoffen und für extrahierbare Stoffe angegeben. Die Positivlisten erscheinen als „Empfehlungen zur gesundheitlichen Beurteilung von Kunststoffen und anderen Hochpolymeren" und werden laufend durch neue Erkenntnisse ergänzt. Seit 2002 ist das Bundesinstitut für Risikobewertung (BfR) damit betraut. Es lässt sich dabei von einer Kunststoffkommission beraten. Unter dem Titel „Kunststoffe im Lebensmittelverkehr" sind die Empfehlungen bisher erschienen (Franck 1981). Die „Kunststoff-Empfehlungen" werden auch vom BfR im Internet zur Verfügung gestellt (https://www.bfr.bund.

de). Sie sind keine Rechtsnormen, stellen jedoch den derzeitigen Stand von Wissenschaft und Technik für Bedingungen dar, unter denen ein Bedarfsgegenstand aus hochpolymeren Stoffen den Anforderungen des § 31, Abs. 1, des LFGB entspricht. Werden Bedarfsgegenstände abweichend von den Vorschriften dieser Empfehlungen hergestellt, liegt die Verantwortung bei etwaigen Beanstandungen auf Grund lebensmittelrechtlicher Vorschriften alleine beim Hersteller, Verkäufer und Anwender.

Auch die deutsche Trinkwasserverordnung (TrinkwV) bestimmt, dass „Werkstoffe und Materialien, die für die Neuerrichtung oder Instandhaltung von Anlagen für die Gewinnung, Aufbereitung oder Verteilung von Trinkwasser verwendet werden und Kontakt mit Trinkwasser haben", eine Reihe von Kriterien erfüllen müssen. Die Grenzwerte der Trinkwasserverordnung müssen dabei eingehalten werden. Die Bewertungsgrundlagen zur Konkretisierung dieser Anforderungen werden vom Umweltbundesamt (UBA) festgelegt. Für Trinkwasserinstallationen dürfen nur solche Materialien verwendet werden, die in den Positivlisten des UBA als geeignet eingestuft sind (siehe hierzu Abschn. 8.2).

In den USA müssen die Materialien dem Code of Federal Regulations der U.S. Food and Drug Administration (FDA), Titel 21, CFR-Part 170-199 entsprechen. Es müssen summarische Gehalte an extrahierbare Substanzen in wässrigen, sauren, alkoholischen und öligen Modelllösungen eingehalten werden. Bei einem Einsatz im Pharmabereich sind zur Beurteilung der Extrahierbarkeit von Substanzen aus Kunststoffen Tests nach USP-NF (z. B. USP-NF 2023, Issue 2) vorgeschrieben. Das USP-NF vereint in einem Band zwei amtliche Kompendien, das Arzneimittelbuch United States Pharmacopeia (USP) und das Formelregister National Formulary (NF). Bei den Tests werden z. B. Kunststoffproben 24 h in destilliertem Wasser mit einer Temperatur von 70 °C extrahiert. Im Extrakt können unter anderem folgende Parameter bestimmt werden:

- pH-Wert-Verschiebung durch Angabe des Verbrauchs einer Pufferlösung,
- Schwermetallgehalt,
- nichtflüchtiger Rückstand durch Eindampfen einer Probe der Extraktionslösung,
- Glührückstand durch Veraschung des zuvor bestimmten nichtflüchtigen Rückstandes.

Umfangreichere Untersuchungen schließen auch spektroskopische bzw. chromatographische Analysen des Extraktes oder des Rückstandes mit ein. Oft werden die zu untersuchenden Bauteile entsprechend der praktischen Anwendung vorbehandelt, z. B. mit Dampf sterilisiert. Polyurethane mit aromatischen Isocyanatgruppen, die oft als Vergussmaterialien in Filtern eingesetzt werden, können z. B. beim Sterilisieren mit Dampf bedenkliche aromatische Amine als Abbauprodukte bilden, die dann im Extrakt nachweisbar sind.

Materialien, die für einen Kontakt mit Lebensmitteln geeignet sind, sind in den USA in einer sogenannten „white list" der Food and Drug Administration (FDA) aufgeführt. Sie wurden nach amerikanischem Recht entsprechend getestet und sind für den Kontakt mit Lebensmitteln „genehmigt". Es muss jedoch darauf hingewiesen werden, dass diese Übereinstimmung mit dem amerikanischen Recht nicht automatisch auch eine Konformität mit dem EU-Recht beinhaltet (siehe Abschn. 2.2).

Ähnliche Forderungen an Kunststoffe wie im Lebensmittelbereich gelten auch in anderen Bereichen. So z. B. bei der Herstellung pharmazeutischer Produkte oder bei der Reinstwasserbereitung. Die Anforderungen werden durch Vorgaben oder Normen definiert.

6.2.2 Hygienegerechte Konstruktion

Anlagen zur sterilen Prozesstechnik sind überwiegend geschlossen und mit geeigneten Vorrichtungen zum Befüllen, Entleeren sowie Entlüften versehen. Bereits bei der Konstruktion müssen alle Betriebs-, Reinigungs-, Inspektions- und Prüfzustände berücksichtigt werden. Die Konstruktion und Ausführung der Anlage beeinflusst wesentlich die Ablagerung von Produktresten sowie das Ausspülen der Produkte und der Reinigungs- und Desinfektionslösungen. Die Effektivität einer solchen Spülung und der dazu notwendige Wasserbedarf werden wesentlich von der Anlagenkonstruktion bestimmt. Im Folgenden werden die vier Gestaltungsregeln des Hygienic Designs, die in Abschn. 6.2 vorgestellt wurden, anhand von mehreren Anwendungsfällen näher erläutert und auf Anlagenelemente übertragen, die den Anforderungen einer hygienegerechten Konstruktion genügen.

Oberflächengüte

Die Oberflächengüte ist für die Reinigbarkeit von Apparaten der sterilen Prozesstechnik von großer Bedeutung. Der Einfluss der Oberflächengüte auf den Reinigungsprozess wurde bereits in Abschn. 4.3.5 ausführlich erläutert. Nach der Gestaltungsregel I des Hygienic Designs sind auf der gesamten produktberührenden Oberfläche der Anlage mikroskopische Vertiefungen zu vermeiden. Die Oberfläche ist demnach möglichst glatt und frei von Unregelmäßigkeiten auszuführen. Diese Vorgabe macht eine definierte Reduktion der Oberflächenrauigkeiten notwendig. Einschlägige Normen und Empfehlungen gehen davon aus, dass für sterile oder keimarme Prozesse ein Mittenrauwert $Ra < 0{,}8\,\mu m$ ausreichend ist. Es wurde auch gezeigt, dass mit einer Reduzierung auf Werte $Ra < 0{,}4\,\mu m$ keine nennenswerte Verkürzung der Reinigungszeit verbunden ist (Jowitt 1980). Messverfahren zur Erfassung der Topographie von Oberflächen werden in (Schmidt et al. 2003) behandelt. Das Messverfahren sollte in Verbindung mit Rauhigkeitswerten immer genannt werden, da die jeweiligen Werte auch von der eingesetzten Methode abhängen.

Auch äußere Oberflächen und Lackierungen von Anlagen sollten möglichst glatt, dicht und hydrophob ausgeführt werden sowie gegen säure- und laugenhaltige Reinigungsmittel beständig sein. Schräge und konkave äußere Oberflächen sorgen dafür, dass sich keine Flüssigkeit ansammeln kann und Schmutz mit einer herabfließenden Flüssigkeit abgeführt wird.

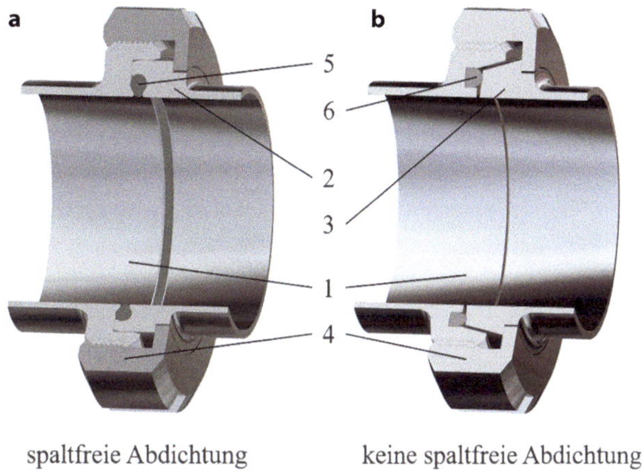

Abb. 6.2 **a)** Aseptikverschraubung analog zu DIN 11864-1:2017-10 und **b)** Milchrohrverschraubung nach DIN 11851:2013-02 mit Gewindestutzen (1), Bundstutzen (2), Kegelstutzen (3), Nutüberwurfmutter (4), O-Ring (5), Dichtring (6). (Bilder: © KIESELMANN GmbH)

Rillen und Spalte vermeiden

Rillen und Spalte sind makroskopische Vertiefungen, die nach der Gestaltungsregel I auf der produktberührenden Oberfläche der Anlage vermieden werden sollen. Wenn z. B. die zu verbindenden Elemente einer Flansch- oder Schraubverbindung zusammengeführt werden, bildet sich in der Regel an der Dichtung ein innenliegender Spalt, der nicht reinigbar ist. Aus diesem Grund ist beispielsweise eine konventionelle Milchrohrverschraubung (Abb. 6.2b) nicht CIP-fähig, also nicht reinigbar, auch wenn der Name der Verbindung es vermuten lässt. Eine Flansch- oder Schraubverbindung ist nur dann hygienegerecht konstruiert, wenn die Dichtung im eingebauten Zustand frontbündig und totraumfrei an der Produktseite abschließt (Abb. 6.2a). Da sich die frontbündige Position der Dichtung auch bei der Montage nicht verändern darf, ist eine definierte Verpressung der Dichtung konstruktiv sicherzustellen. Dazu muss für die Dichtung ein definierter Expansionsraum vorliegen, der durch eine Zentrierung und einen axialen metallischen Anschlag der Verbindungselemente zu realisieren ist. Dabei muss der Expansionsraum der Dichtung auch für erhöhte Temperaturen, die z. B. bei einer Dampfsterilisation vorliegen, ausreichend groß ausgeführt werden. Die konstruktiv fixierte Position der Dichtung ist auch wichtig, um ein Herausdrücken und eine Zerstörung der Dichtung im Betrieb zu vermeiden, die eine Kontamination des Produktes zur Folge hätte (Gestaltungsregel III).

Spalte können auch bei jedem direkten Kontakt zwischen metallischen Bauteilen durch deren nicht zu vermeidende Oberflächenrauigkeit entstehen. Diese feinsten Spalte wirken als Kapillarräume, saugen Flüssigkeiten an und können Korrosionsstellen bilden. Deshalb sind generell bei Verbindungen direkte Metall-Metall-Kontakte auf der Produktseite konstruktiv zu verhindern. An notwendigen Verbindungsstellen sind bevorzugt Schweißverbindungen einzusetzen, die bei sachgerechter Ausführung, wie im weiteren Verlauf des Abschnitts erläutert wird, spaltfrei und reinigbar vorliegen. Falls die Verbindung demontierbar sein muss, können alternativ Flansch- oder Schraubverbindung eingesetzt werden, bei denen, wie oben beschrieben, jedoch die Spaltproblematik an der Dichtungsstelle konstruktiv zu verhindern ist.

Ein Produktkontakt mit freiliegenden Gewinden muss generell vermieden werden. Auch Schrauben im Produktraum sind konstruktiv zu vermeiden. Falls keine alternative Konstruktion möglich ist, sind Schlitze und Vertiefungen an Schraubenköpfen zu verhindern. Die Sechskantschraube mit einer Hutmutter ist beispielsweise Schrauben mit einem Schlitz oder Innensechskant vorzuziehen. Für Verschraubungen im Produktraum wurden spezielle Unterlegscheiben entwickelt, die am äußeren Radius über eine überstehende Dichtlippe verfügen und dadurch eine reinigbare, totraumfreie, statische Abdichtung ermöglichen. In Bereichen mit einem Produktkontakt, werden die Dichtungen in Kombination mit polierten Spezialschrauben verwendet, was die Reinigung erleichtert.

Vermeidung von Tot- oder Schattenzonen

Ungünstige Strömungsbereiche wie Tot- oder Schattenzonen sind nach der Gestaltungsregel II innerhalb der Anlage konstruktiv zu vermeiden, da in diesen Bereichen die Wandschubspannungen und der damit verbundene Reinigungseffekt gering sind (siehe Abschn. 4.3.6). Dadurch werden Produktreste und mögliche Kontaminationen nicht herausgespült. So sind beispielsweise Blindflansche zu vermeiden, aber auch weniger offensichtliche kleinere Totzonengebiete z. B. in Armaturen. Beispielweise muss ein Sitzventil, das hygienegerecht gestaltet ist, in allen produktberührenden Bereichen totraumfrei konstruiert sein, keine Spalten, Fugen oder Ecken aufweisen, damit eine ausreichend hohe Überströmungsgeschwindigkeit beim Spülvorgängen sichergestellt werden kann. Im Zweifel kann eine strömungstechnische Optimierung der einzelnen Anlagenelemente mit Hilfe von CFD-Simulationen vorgenommen werden, um die vollständige Überströmbarkeit aller Oberflächen konstruktiv umzusetzen. Mit einer CFD-Simulation kann die Überströmung der Oberflächen numerisch berechnet und bewertet werden.

Abb. 6.3 zeigt beispielhaft ein pneumatisch betätigtes Füllventil (Fabrikat GEMÜ) für aseptische und andere hygienisch anspruchsvolle Anwendungsbereiche. Im Beispiel ist eine konusförmige Membran im Gehäuse des Antriebsteils der Armatur verklemmt, so dass einerseits eine totraumfreie Durchströmung des Produktraumes mit einem Spülmedium ermöglicht wird und andererseits die Antriebstechnik hermetisch vom Produktraum abgetrennt ist. Durch einen speziellen Abschlusskörper in Form eines parabolischen Kegels kann zudem die Regelung des Durchflusses verbessert werden, ohne Tot- oder Schattenzonen bei der Durchströmung zu verursachen.

Vollständiges Entleeren und vollständiges Befüllen

Generell ist nach der Gestaltungsregel IV darauf zu achten, dass die gesamte Anlage vollständig durch die Wirkung der Schwerkraft entleert werden kann (Selfdraining). Auch das Kondensat einer Dampfsterilisation muss abfließen können. Horizontale Flächen müssen daher vermieden werden. Stattdessen müssen die Oberflächen bis zum Ablaufstutzen mit einem Mindestwinkel von 3° geneigt sein. Ablaufstutzen sollen an den Übergängen möglichst nur konkave Formen aufweisen. Rillen, Spalte, scharfe Ecken ($\leq 90°$) und Toträume

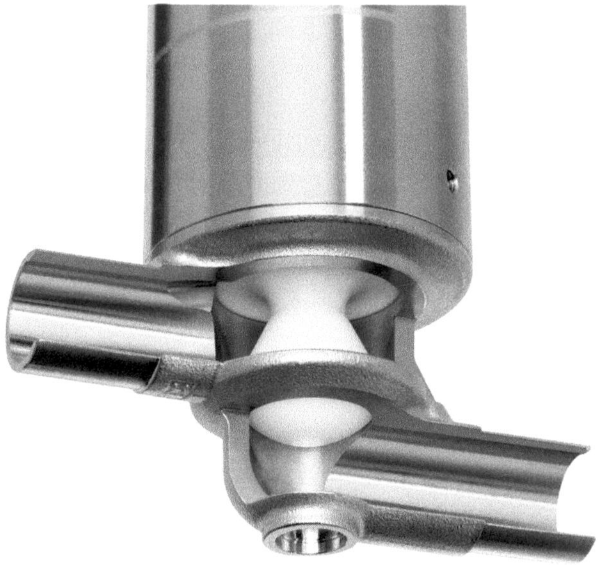

Abb. 6.3 Pneumatisch betätigtes Ventil für aseptische Anwendungsbereiche. (Foto: © GEMÜ Gebr. Müller Apparatebau GmbH & Co. KG)

(z. B. Blindstutzen) sind zu vermeiden. Insbesondere müssen abwärts gerichtete Toträume, in denen sich Flüssigkeit sammeln kann, vermieden werden. Alle Innenwinkel von 135° oder kleiner müssen einen Mindestradius von 3 mm aufweisen. Vorzugsweise ist ein Radius von 6 mm oder mehr zu berücksichtigen.

Beim Befüllen muss gewährleistet sein, dass die gesamte Luft entweicht und sich in den zu reinigenden Anlagenteilen keine Lufteinschlüsse bilden, da zur Reinigung und Desinfektion ein vollständiger Kontakt zwischen der inneren Oberfläche und der Reinigungs- bzw. Desinfektionslösung notwendig ist. Lufteinschlüsse können durch ein totraumfreies Design gemäß der Gestaltungsregel II und hygienegerechte Entlüftungsarmaturen verhindert werden.

Rohrleitungen und ihre Verbindung

Rohrleitungen sollten möglichst kurz, gerade und mit Gefälle verlegt werden, damit ein Selfdraining nach der Gestaltungregel IV ermöglicht wird. Ebenso sind Krümmungen bevorzugt durch Biegen herzustellen, um den Flüssigkeitsablauf durch große Krümmungsradien zu begünstigen. Verbindungen sollten durch sachgerechtes Schweißen ausgeführt werden (siehe unten). Mechanische Verbindungen wie Flansche oder Verschraubungen sollten wegen der bereits erläuterten Problematik der Spaltbildung (siehe oben) auf ein Mindestmaß beschränkt werden. Wenn mechanische Verbindungen nötig sind, müssen geeignete Konstruktionen verwendet werden, wie z. B. eine Aseptikverschraubung (siehe Abb. 6.2a) oder eine Aseptikklemmverbindung (siehe Abb. 6.4) oder Aseptikflanschverbindung (siehe Abb. 6.5) mit einer Dichtungsgestaltung, bei der sich keine Spalte bilden können. Eine fluchtende Verbindung der Rohrleitungen (ohne Versetzung) muss dabei gewährleistet sein. Es ist ebenso wichtig, dass Rohrverbindungen produktfern über einen

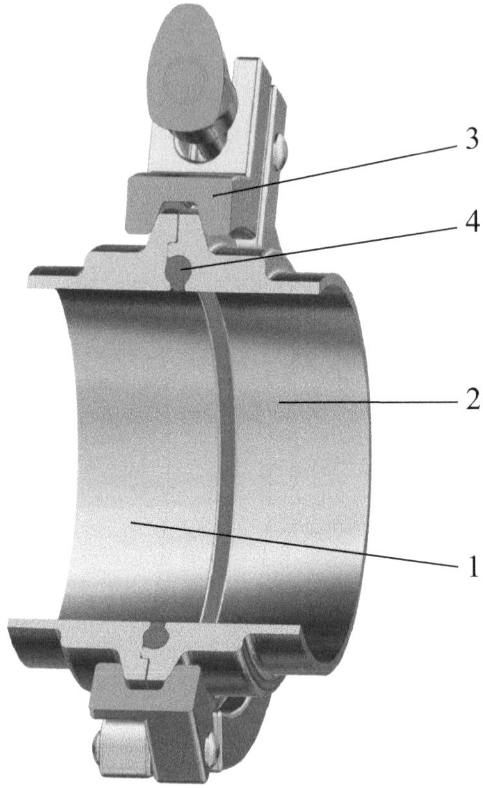

Abb. 6.4 Aseptikklemmverbindung analog zu DIN 11864-3:2021-06 mit Bundklemmstutzen (1), Nutklemmstutzen (2), Klammer in massiver Ausführung (3), O-Ring (4). (Bild: © KIESELMANN GmbH)

metallisch festen Anschlag verfügen, zentriert sind, die Dichtungen eine minimale Kontaktfläche zum Produkt haben und keine Rillen bilden.

Schweißverbindungen

Um gemäß der Gestaltungsregel I Spalte und Rillen auf der produktberührenden Oberfläche der Anlage zu vermeiden, sind generell Schweißverbindungen gegenüber Schraubverbindungen vorzuziehen. Auch bei der Fertigung der Schweißnähte dürfen produktseitig keine mikro- und makroskopische Vertiefungen entstehen. Schweißnähte sind daher immer durchzuschweißen, Schweißnahtfehler zu verhindern und die Schweißnahtoberfläche durch Nachbearbeitung glatt auszuführen.

Es wurden hierzu verschiedene Schweißverfahren entwickelt. Angewendet werden unter anderem das E-Handschweißen (Lichtbogenschweißen), das Metall-Schutzgas-(MSG)- Schweißen mit Drahtelektroden in Form des Metall-Aktivgas-(MAG)-Schweißens oder des Wolfram-Inert-Schutzgas-(WIG)-Schweißens, bei dem eine Wolframelektrode zum Erzeugen des Lichtbogens verwendet wird. Beim E-Schweißen brennt ein elektrischer Lichtbogen zwischen Werkstück und der abschmelzenden Elektrode, wobei die schmelzende Elektrodenumhüllung eine schützende Gasphase und eine Schlacke über der

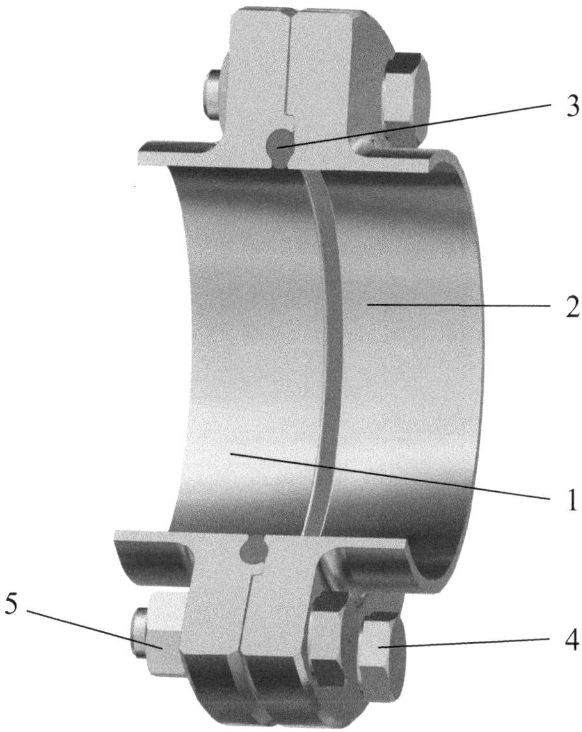

Abb. 6.5 Aseptikflanschverbindung analog zu DIN 11864-2:2024-04 mit Nutflansch (1), Bundflansch (2), O-Ring (3), Sechskantschraube (4), Sechskantmutter (5). (Bild: © KIESELMANN GmbH)

Naht erzeugt. Die Gase schützen den Lichtbogen und die Schweißstelle. Die Schlacke bindet Verunreinigungen und bewirkt ein langsameres Abkühlen. Nach dem Abkühlen wird die Schlacke auf der Naht entfernt. Auch beim WIG-Schweißen brennt ein elektrischer Lichtbogen zwischen einer Elektrode und dem Werkstück, wobei die Elektrode von einem Schutzgas umströmt wird, das die Schweißstelle vor der Außenluft schützt. Ein eventuell notwendiger Schweißzusatzstoff wird manuell oder mechanisch zugeführt wird. Auch beim MAG-Schweißen brennt ein elektrischer Lichtbogen, der von einem Schutzgas umgeben ist, allerdings schmilzt hierbei die Elektrode selbst ab. Sie ist stromführende Elektrode und Schweißzusatzstoff zugleich. Beim WIG-Schweißen wird als Schutzgas Helium, Stickstoff oder Argon verwendet. Beim MAG-Schweißen wird den Edelgasen Kohlendioxid oder Sauerstoff beigemischt, wodurch aktive Gase entstehen, die teilweise mit dem Werkstoff reagieren.

Die Auswahl eines Schweißverfahrens wird unter anderem von der Größe der Bauteile, der Breite des Spaltes zwischen den zu verbindenden Bauteilen, der Schweißposition, der Länge der Schweißnaht, der Losgröße sowie den Anforderungen und dem Prüfverfahren bestimmt. Dabei sind die EHEDG-Guidelines zum Schweißen (Guidelines Nr. 9 und Nr. 35) zu berücksichtigen. Der Guideline Nr. 35 liegt das automatisierte Orbitalschweißen zugrunde. Beim Orbitalschweißen wird der Lichtbogen maschinell um Rohre oder andere Rundkörper herumgeführt. Es kommt zum Einsatz, wenn unter kontrollierbaren

Bedingungen, gleichbleibend hohe Nahtqualitäten erzielt werden müssen. Die EHEDG-Guideline Nr. 35 definiert quantitative wie geometrische Qualitätskriterien für reinigungsgerechte Schweißnähte, unter anderem die Spaltgröße, den Kantenversatz, äußere und innere Konkavität sowie Konvexität, unzulässige Bindefehler, die Schweißnahtbreite und -ausbildung.

Mit den oben aufgeführten Verfahren können diese Forderungen erfüllt werden, wobei in der Praxis häufig das WIG-Schweißen zum Einsatz kommt. Bei der Schweißnahtausführung ist es insbesondere wichtig, dass die erste Naht immer auf der Produktseite zu schweißen ist, bevor die zweite Schweißnaht von außen aufgebracht wird. Dadurch können Schweißnahtfehler vermieden werden, die den Gestaltungsregeln des Hygienic Designs widersprechen würden. Üblich ist ein Orbitalschweißen mit geschlossener Schweißzange, wobei auf der Rohraußenseite das Schutzgas und auf der Rohrinnenseite das Formiergas mit einem höheren Druck angelegt wird, um eine konkave Innennaht zu erzeugen. Nach der Fertigung ist jede Schweißnaht auf der Produktseite ggf. endoskopisch zu prüfen. Diese Prüfung erfolgt nach dem Beizen (zur Reinigung der korrodierten Schweißnähte) und vor dem Schleifen, das auch schlechte Schweißnähte oberflächlich fehlerlos aussehen lassen würde. Neben einer visuellen Prüfung werden auch Eindringfarben und Röntgenaufnahmen als Prüfmethoden genutzt, um die hygienegerechte Ausführung der Schweißnähte nachzuweisen.

Absperrarmaturen

Bei der Auswahl geeigneter Armaturen ist darauf zu achten, dass bewährte und absolut dichtende Konstruktionen mit minimalem Totraum verwendet werden (Gestaltungsregel II), keine Spalten oder Fugen an den produktberührenden Oberflächen weder an den Anschlussstellen noch innerhalb der Armatur vorliegen (Gestaltungsregel I) und eine vollständige Befüll- und Entleerbarkeit gewährleistet ist (Gestaltungsregel IV). Hierfür gibt es hygienegerechte Ausführungen u. a. von Sitzventilen, Kugelventilen, Regelventilen, Scheibenventilen und Membranventilen.

Zu beachten sind insbesondere die Dichtungsstellen, die konstruktiv spaltfrei auszuführen sind. Bei der statischen Abdichtung des Gehäuseanschlusses zum Antriebsteil einer Armatur gelingt dies durch eine Zentrierung und einen axialen, metallischen Anschlag der Verbindung (z. B. durch eine Aseptikklemmverbindung gemäß Abb. 6.4), um eine kontrollierte Verpressung und eine radiale Ausrichtung des Dichtrings für eine produktberührende Dichtungsposition zu gewährleisten. Auch für dynamische Dichtungen (z. B. Gleitringdichtung) in Armaturen mit Kolben beispielsweise in Sitzventilen gibt es ebenso hygienegerechte, spaltfreie Konstruktionen. Dennoch ist die Abdichtung des Kolbens eine kritische Stelle, weil es bei der Kolbenbewegung trotz spaltfreier Kolbendichtung zu einer Kontamination des Produktes kommen kann. Bei der Kolbenbewegung können Mikroorganismen durch einen „Fahrstuhleffekt" von der Peripherie in die Anlage gelangen. Bei aseptischen Anwendungen muss diese Kontaminationsgefahr durch eine bakteriendichte Konstruktion ausgeschlossen werden. Für eine mikrobielle Dichtigkeit ist eine hermetische Trennung von Produktraum und Kolben notwendig, die über einen Faltenbalg, eine

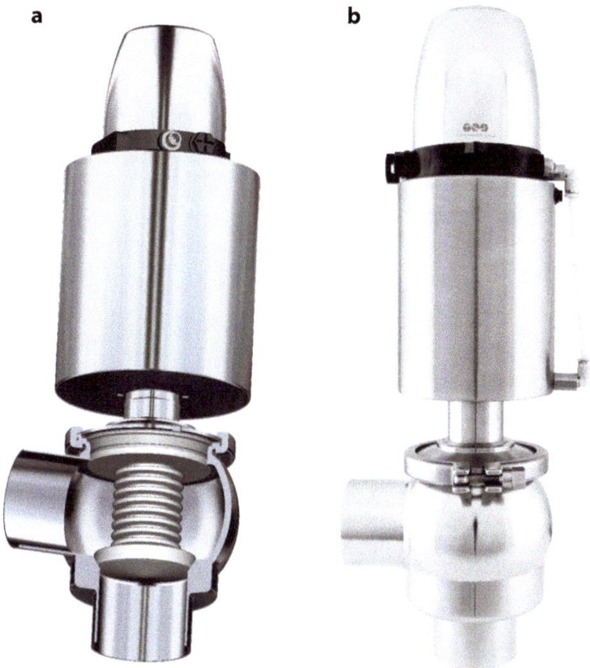

Abb. 6.6 a) 3D-Modell und b) Foto einer aseptischen Ausführung eines Sitzventils mit Faltenbalg. (Bilder: © KIESELMANN GmbH)

Membran (siehe auch Abb. 6.3) oder eine Dampf- oder Sterilbarriere unter Einhaltung der Gestaltungsregeln des Hygienic Designs realisiert werden kann (siehe Abb. 6.6).

Alternativ können bei aseptischen Anwendungen auch Membranventile eingesetzt werden (Abb. 6.7). Bei Membranventilen wird die flexible Membran durch das bewegliche Druckstück verformt und bei einer Absperrung auf den darunter angeordneten Dichtsteg gepresst. Sie übernimmt im geschlossenen Zustand die Absperrfunktion. Die kritischste Stelle ist die Einspannstelle der Membran, die über eine statische Dichtung ausgeführt ist. Die Lebensdauer der Membran hängt vom Werkstoff und der jeweiligen Beanspruchung ab. Ein Vorteil dieser Ventile ist die extrem totraumarme Ausführung des Durchströmungsraumes im geöffneten Zustand des Membranventils.

Um bei Ventilen trotz der erläuterten konstruktiven Maßnahmen, eine mögliche Kontamination des Produktes insbesondere zwischen der Antriebseite der Armatur und dem Produktraum auszuschließen, ist zusätzlich eine Überwachung der Armaturendichtungen über eine optische Leckageanzeige gemäß der EHEGD-Guideline Nr. 14 vorgeschrieben. Armaturen sind demnach so zu konstruieren, dass von außen eine schnelle Erkennung einer Dichtungsleckage möglich ist. Dadurch können mögliche Kontaminationen schnell bemerkt und beseitigt werden.

Anlagen mit automatisch ablaufender CIP-Reinigung besitzen Rohrleitungen, in denen je nach Regelung sowohl das Produkt als auch verschiedene Reinigungs- oder Desinfektionsmittel auf unterschiedlichen Fließwegen geführt werden. Im kontinuierlichen Produk-

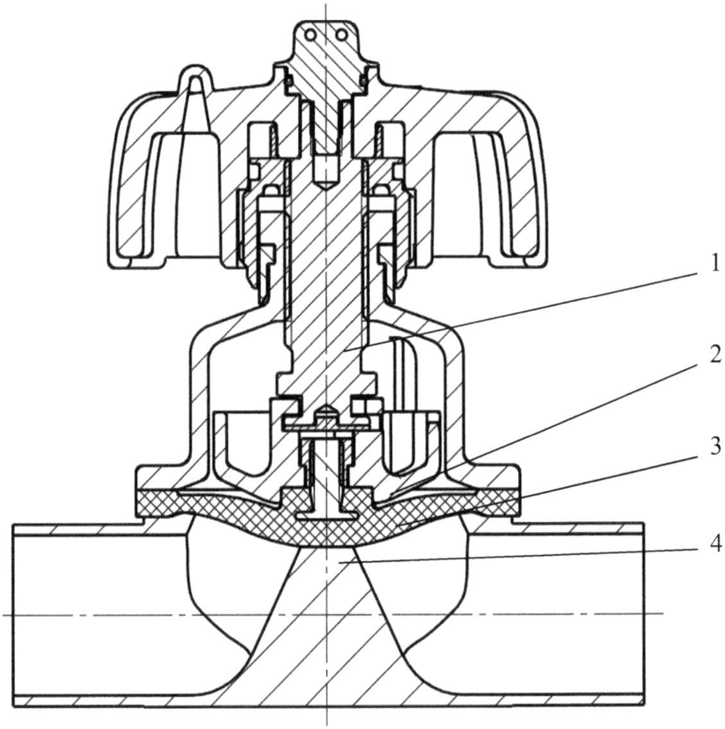

Abb. 6.7 Membranventil (geschlossen) mit Spindel (1), Druckstück (2), Membran (3), Dichtsteg (4). (Bild: © GEMÜ Gebr. Müller Apparatebau GmbH & Co. KG)

tionsbetrieb werden segmentweise einzelne Anlagenbereiche gereinigt und desinfiziert, während sich in benachbarten Bereichen das Produkt befindet. Diese Schaltung zwischen Produktion und Reinigung gelingt durch den Einsatz vieler Rohrleitungskreuzpunkte, die ein Durchströmen aller Prozessmedien durch die gesamte Anlage zulassen. Insbesondere an den Rohrleitungskreuzpunkten besteht die Gefahr einer Kontamination des Produktes. Hierzu können an den Kreuzungspunkten jeweils drei Einsitzventile so angeordnet und geregelt werden, dass eine Vermischung der Ströme verhindert werden kann. Diese Lösung funktioniert, ist aber relativ aufwändig in der Installation, Inbetriebnahme, Validierung und Wartung. Wesentlich effizienter und sicherer ist der Einsatz von Doppelsitzventilen (siehe Abb. 6.8). Die abzudichtenden Rohrleitungskreuzpunkte einer Anlage werden in dieser Armatur über zwei Ventile (ein Doppelventil) abgetrennt, zwischen denen ein nach außen druckloser, nach innen abgedichteter Leckageraum angeordnet ist. Bei der Undichtigkeit eines Ventils kann die Flüssigkeit in den Leckageraum fließen und über einen Ablauf aus der Anlage in die Peripherie gelangen. Dadurch kann die Leckage erkannt und behoben werden. Zur Abdichtung des oberen Ventiltellers wird eine Profildichtung aus einem geeigneten Material unter mechanischer Belastung (Federdruck oder pneuma-

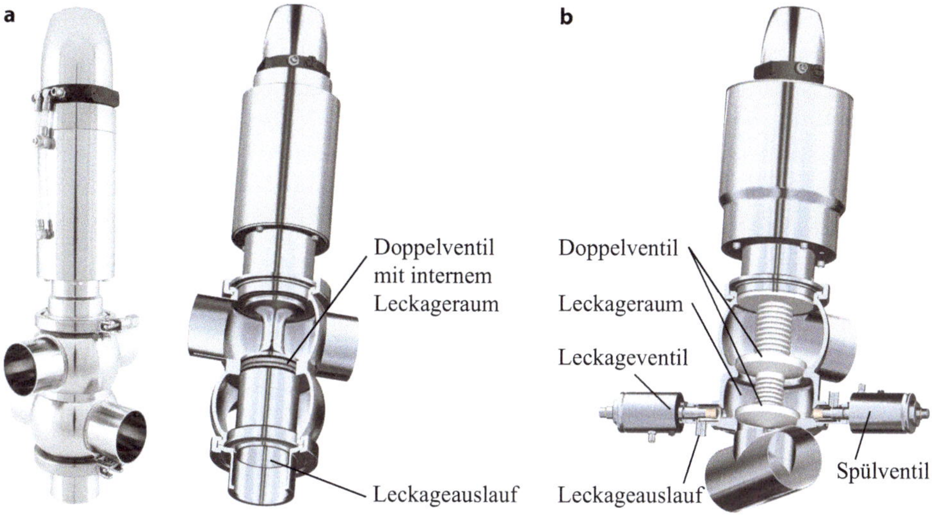

Abb. 6.8 a) Doppelsitzventil (Foto und 3D-Modell) mit Leckageauslauf durch zentrales Fallrohr, b) Doppelsitzventil mit Faltenbalg, Leckageauslauf durch zentralen Leckageraum und Leckageventil. (Bilder: © KIESELMANN GmbH)

tischer Druck) auf den Ventilsitz gepresst. Der untere Ventilteller wird durch eine zweite Profildichtung zur unteren Rohrleitung abgedichtet. Beim Öffnen des Ventils werden beide Ventilteller gemeinsam nach oben oder unten gefahren und damit ein Kreuzungspunkt zwischen den Rohrleitungen zum Durchfluss freigegeben. Zur separaten Reinigung des Leckageraums zwischen den Ventiltellern kann eines der beiden Ventile zur jeweiligen Prozessseite geöffnet werden, während das andere verschlossen bleibt. Doppelsitzventile ermöglichen eine sehr flexible Stromführung bei gleichzeitig geringem Kontaminationsrisiko.

Dichtungsmaterialien

Als Dichtungsmaterialien kommen verschiedene Synthetik-Kautschuk-Sorten zur Anwendung. Häufig werden Ethylen-Propylen-Dien-Kautschuk (EPDM), Perfluorelastomere (z. B. FFKM), Nitril-Butadien-Kautschuk (NBR) oder Silikon-Kautschuk eingesetzt. Diese Materialen erfüllen infolge ihrer guten chemischen und thermischen Beständigkeit und ihrer Oberflächenbeschaffenheit die Gestaltungsregeln I und III des Hygienic Designs zur Vermeidung von nicht-reinigbaren Oberflächen und Kontaminationen. EPDM wird im Temperaturbereich von –40 bis 130 °C eingesetzt. Das Material ist gut beständig gegen schwache Säuren, Alkohole, Laugen, Heiß-Wasser und Dampf, jedoch nicht beständig gegen mineralische Öle und Fette. Aufgrund der breiten positiven Eigenschaften ist EPDM häufig die erste Wahl für Dichtungen der Lebensmittelindustrie. NBR wird im Temperaturbereich von –40 bis 120 °C eingesetzt. Es weist eine gute Beständigkeit gegen Mineralöle, Kraftstoffe sowie Säuren und Laugen auf. Das Material sollte jedoch nicht mit ungesättigten Holgenverbindungen und oxidierenden Verbindungen verwendet werden. Der Einsatzbereich von Silikon-Kautschuk ergibt sich aus der hervorragenden Temperaturbeständigkeit im Bereich von −60 bis 200 °C, die allerdings nicht auf Heißwasser oder Dampf übertragen werden darf (bis 120 °C). Obwohl die Ölbeständigkeit des Silikon-Kautschuks ungefähr an die von NBR heranreicht, werden die guten physikalischen und mechanischen Eigenschaften dieses Werkstoffes nicht erreicht.

Perfluorelastomere sind zwar relativ teuer, werden aber dann eingesetzt, wenn andere Elastomere die Anforderungen nicht erfüllen und/oder ein hoher Sicherheitsstandard gefordert wird. Wenn Dichtungen aggressiven Medien oder einer großen Hitze ausgesetzt sind, werden zunehmend diese Elastomere verwendet. Sie erreichen nahezu die Chemikalienbeständigkeit von PTFE und weisen darüber hinaus eine bessere Kriechbeständigkeit auf. Ihr Einsatzbereich liegt im Bereich von −30 bis 220 °C.

Es kommen auch Dichtungen zum Einsatz, die mit einem Fluorpolymer (z. B. PTFE) beschichtet sind. Der Kern dieser Dichtungen weist die geforderten Dicht- und Rückstelleigenschaften auf, während die Beschichtung die Chemikalien- und Alterungsbeständigkeit verbessert. Jedoch darf hierbei die Beschichtung zur Gewährleistung von Gestaltungsregel I keine poröse Oberfläche aufweisen. Die Freigabe der Beschichtung für die Lebensmittel- oder Pharmaindustrie muss im Einzelfall geprüft werden. Neben O-Ringen in Nuten werden auch Dichtungen mit Sonderprofilen zur Realisierung von spaltfreien Abdichtungen angeboten.

Generell unterliegen Elastomere einem Alterungsprozess, der auch eine Rissbildung an den Oberflächen zur Folge haben kann. Außerdem werden diese Oberflächen von Mikroorganismen meist bevorzugt besiedelt. Es wird daher empfohlen, Dichtungen in bestimmten Intervallen ungefähr jährlich zu erneuern.

Schläuche

Was für die Dichtungsmaterialien gilt, gilt auch für die Materialien der Schläuche, die mit dem Produkt in Kontakt kommen. Zur Förderung von Lebensmitteln werden oft Schläuche eingesetzt, bei denen das Innere und der Außenmantel aus unterschiedlichen Werkstoffen bestehen. Der innere Werkstoff genügt den FDA- und/oder den BfR-Regelwerken (siehe Abschn. 2.2.2) und ist ausreichen temperatur- und chemikalienbeständig, genügt jedoch nicht den Druckanforderungen. Diese werden in Verbindung mit dem Außenmantel, der oft mit Gewebe verstärkt ist, erfüllt.

Einbau von Messgeräten und Sensoren

Bei vielen Anlagen müssen Betriebsparameter wie z. B. Druck, Temperatur, Leitfähigkeit, pH-Wert und Durchfluss während des Prozesses erfasst und überwacht werden. Es wurden hierzu Messgeräte und Sensoren mit speziellen Stutzen und Leitungsverbindungen entwickelt, die einen hygienegerechten Einbau in eine Anlage ermöglichen. Toträume und Spalte werden mit bei diesen Ausführungen vermieden, um die Gestaltungsregeln I und II zu erfüllen. Generell sind Sensoren in T-Stücken und die in Abb. 6.9a) und b) aufgeführten Einbauvarianten unter allen Umständen zu vermeiden. Bei der Variante a)

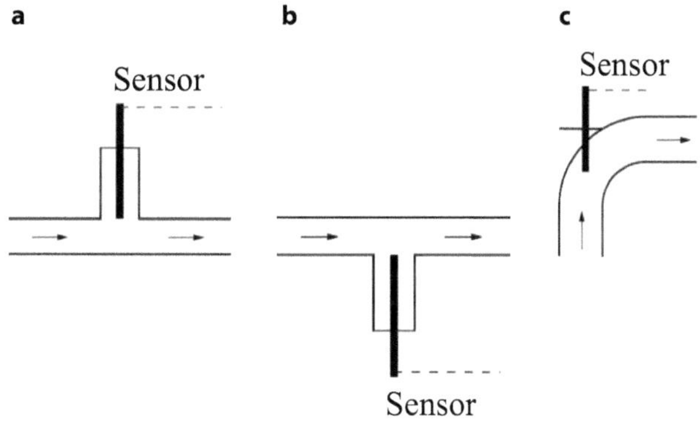

Abb. 6.9 Einbauvarianten von Sensoren und Messfühlern

bildet sich ein nicht durchströmter Totraum aus, in dem sich beim Befüllen Luft sammeln kann. Bei der Variante b) wird dieser Totraum nicht vollständig entleert und damit gegen Gestaltungsregel IV verstoßen. Die Variante c) ist günstiger und auch gut zu reinigen.

Behälterreinigungssysteme

Zur Tank- und Behälterreinigung kommen statische und rotierende Reinigungssysteme zur Anwendung. Statische Reinigungssysteme sind häufig feststehende Sprühkugeln, die bei gleichen Tankabmessungen im Vergleich zu rotierenden Reinigungssystemen einen größeren Volumenstrom erfordern und auf eine Niederdruckeinigung beschränkt sind. Sie werden zur Innenreinigung von kleineren Behältern eingesetzt, bei denen eine einfache Benetzung der Oberfläche zur Reinigung ausreichend ist. Bei rotierenden Reinigungssystemen unterscheiden sich Ausführungen, bei denen die Rotation entweder durch die Ausrichtung des austretenden Strahls (ohne externen Antrieb) erfolgt oder durch einen zusätzlichen Antrieb steuerbar ist. Letztere Ausführungen werden als Zielstrahlreiniger bezeichnet, deren Rotation entweder hydrodynamisch über eine Turbine oder über einen Elektromotor angetrieben wird. Zielstrahlreiniger, wie z. B. Orbitalreiniger, zeichnen sich durch mehrere gezielt umlaufende Freistrahlen aus, die ein engmaschiges 3D-Strahlbild erzeugen und durch Düsen am Sprühkopf einen hohen Impuls auf die Behälteroberfläche übertragen. Je nach Auftreffgeschwindigkeit kann die kinetische Energie des Strahls die Schmutzablösung befördern (siehe Abschn. 4.3.6).

Wichtig ist, dass bei der Reinigung die gesamte zu reinigende Oberfläche erfasst und über einen bestimmten Zeitraum vom Strahl beaufschlagt wird. In diesem Zusammenhang muss berücksichtigt werden, dass je nach den inneren Einbauten und dem Sprühkegel ein Sprühschatten entstehen kann. Dieser sollte gemäß der Gestaltungsregel II des Hygienic Designs unter allen Umständen vermieden werden. Bewegliche Einbauten (z. B. Rührer) sollten während der Reinigung langsam bewegt werden, damit auch zeitweise im Sprühschatten befindliche Flächen beaufschlagt werden. Bei feststehenden Hindernissen müssen oft mehrere Düsen eingebaut werden. Eine Düse wird meist im oberen Viertel eines Tanks angeordnet. Der Impuls des Düsenstrahls sollte auf die längste Distanz, die sich von der Düse bis zur unteren Behälterecke erstreckt, abgestimmt sein. Bei der Festlegung der Betriebsparameter muss der Zusammenhang zwischen der Tropfengröße und dem Druck vor der Düse beachtet werden. Ein zu hoher Vordruck führt zu kleinen Tropfen mit einer kleineren Masse, wodurch sich die Reinigungswirkung verringern kann.

Fest eingebaute Düsen kommen in den Produktionsphasen ggf. mit dem Produkt in Berührung. Sie müssen daher, wie alle anderen Reinigungssysteme auch, die Gestaltungsregeln des Hygienic Designs erfüllen. Stehende Flüssigkeit im Behälter kann die Reinigungswirkung des Strahls reduzieren und ein nachträgliches Absetzen von Feststoffen verursachen. Daher muss gemäß der Gestaltungsregel IV auf eine vollständige Entleerung des Tanks und einen guten Abfluss der Reinigungslösung geachtet werden.

Korrosionsschutz

Oftmals werden, unter anderem aus Gründen niedriger Materialkosten für Teile, welche das Produkt nicht berühren, Werkstoffe verwendet, bei denen eine Korrosion nicht ausgeschlossen werden kann. In diesem Fall müssen andere Maßnahmen zum Korrosionsschutz eingesetzt werden, um eine mögliche Kontamination des Produktes nach Gestaltungsregel III zu verhindern. Der Korrosionsschutz beinhaltet in diesem Fall meist eine Schutzschicht, die den Werkstoff vor einem chemischen Angriff schützt. Der Werkstoff und die Art des chemischen Angriffs bestimmen die Möglichkeiten des Korrosionsschutzes. Es kommen folgende Maßnahmen zur Anwendung:

- Überziehen der Oberfläche mit beständigen, dichten Kunststoffüberzügen oder mit Farben und Lacken
- Emaillieren
- Überziehen der Oberfläche mit einem edlen Metall durch beispielsweise Galvanisieren, bei dem der Metall-Überzug durch Elektrolyse erzeugt wird
- Überziehen der Oberflächen mit unedleren Metallen, die eine stabile Oxidschicht bilden („Passivieren")

Es wurde Tests entwickelt, mit welchen die Korrosionsbeständigkeit von Schutzschichten geprüft werden können. So z. B. der Salzsprühtest bzw. Salznebelsprühtest für organische Überzüge nach DIN EN ISO 9227:2023-03 bzw. ASTM B117. Mit Beanspruchungen, die Kratzer und Abplatzungen verursachen, muss bei äußeren Oberflächen gerechnet werden. Hierfür wurde nach der amerikanischen Norm ASTM D3170 ein Test entwickelt, bei dem ca. 300 Kieselsteine in einem Luftstrom unter definierten Bedingungen gegen eine Probe geschossen werden.

Pumpen

Für Anwendungen in der Lebensmittel- und Pharmaindustrie werden leicht zu reinigende Pumpen angeboten, die die Gestaltungsregeln I bis IV des Hygienic Designs erfüllen. Am häufigsten handelt es sich dabei um Kreiselpumpen, die leicht zu entleeren sind. Verdrängerpumpen, wie z. B. Schlauchpumpen (Peristaltikpumpen), Exzenterschneckenpumpen,

Membranpumpen und Drehkolbenpumpen, werden für Produkte hoher Viskosität und/oder scherempfindliche Produkte verwendet. Beim Einsatz von Kreiselpumpen sollten Pumpen mit offenen Laufrädern Anwendung finden. Dieser Typ ermöglicht eine visuelle Inspektion der Schaufeln und des Raumes zwischen den Schaufeln. Darüber hinaus besteht beim offenen Laufrad die Möglichkeit, die Oberfläche zu polieren. Für Laufräder aus Gusseisen, die schwer nachzubearbeiten sind, dürfen die Oberflächen als Ausnahme der Gestaltungsregel I einen Mittelrauwert $Ra < 3{,}2\,\mu m$ aufweisen, da die geringere Oberflächengüte durch eine hohe, lokale Überströmungsgeschwindigkeit ausgeglichen wird. Diese Mittenrauwerte können über Feingussverfahren erreicht werden. Zum Ausgleich der größeren Axialkräfte sind Ausgleichbohrungen in der Rückwand des Laufrades angebracht, die außerdem eine erhöhte Zirkulation hinter dem Laufrad ermöglichen. Diese erschweren auch die Produktanhaftungen und fördern die CIP-Reinigung. Laufräder sollten möglichst durch Verschraubungen auf den Wellen befestigt werden, so dass Spalte vermieden werden. Die kritischsten Stellen von Pumpen sind die statischen und dynamischen Dichtungen an den rotierenden Wellen, deren hygienegerechte Gestaltung im folgenden Abschnitt näher erläutert wird.

Wellendurchführungen und dynamische Dichtungen

Besonders problematisch für hygienegerechte und aseptische Anwendungen sind Wellendurchführungen durch Gehäusewände, weil bei der Rotation Verunreinigungen von der Peripherie in das Produkt gelangen können. Wenn möglich, sollten Wellendurchführungen gänzlich vermieden werden. Bei Pumpen und Rührwerken kann dies mit Magnetkupplungen erreicht werden, die für aseptische Anwendungen eine hermetische Abdichtung zwischen Produktraum und Peripherie ermöglichen.

Zur Abdichtung von Wellen wurden einfach oder doppelt wirkende Gleitringringdichtungen entwickelt. Einfach wirkende Gleitringdichtungen bestehen aus einem feststehenden Gleitring im Gehäuse (Stator) und einem rotierenden Gegenring, der auf der Welle (Rotor) befestigt ist und mit ihr rotiert. Die Ringe werden mit einer Feder gegeneinandergedrückt. Die Berührungsflächen der Ringe sind zumeist plan und bestehen oft aus einem Kohlenstoff-Graphitwerkstoff, Metall, Keramik oder kunstharzgebundenem Kohlenstoff. Die gesamte Konstruktion der Gleitringrichtung muss den Gestaltungregeln I bis IV des Hygienic Designs genügen. Die Gleitringdichtung muss reinigbar gestaltet werden und für eine Reinigung zugänglich sein. Zudem ist die bereits erläuterte hygienegerechte Gestaltung der statischen Dichtungen (z. B. Produktbündigkeit) zu berücksichtigen.

Pumpen werden mit innen oder außen liegenden Gleitringdichtungen ausgestattet. Der Unterschied besteht darin, dass die Feder entweder innerhalb oder außerhalb des Produktraums angebracht ist. Bei innen liegenden Gleitringdichtungen werden die Dichtungsteile von der Flüssigkeit und damit auch von der Reinigungsflüssigkeit umspült. Der Nachteil besteht aus hygienischer Sicht darin, dass Spalte dort auftreten, wo die Feder auf der Pumpenwelle bzw. dem Gleitring ruht. Hier besteht die Gefahr von Produktablagerungen, die nicht zu reinigen sind. Offene Federn mit Produktkontakt sind daher zu vermeiden. Der Vorteil einer außen liegenden Gleitringdichtung besteht hingegen darin, dass sich im Produktraum weder eine Feder noch die Mitnehmer des rotierenden Gleitrings befinden und so Spalte vermieden werden.

Die bessere Alternative zu einfach wirkenden Dichtungen sind gespülte und doppeltwirkende Gleitringdichtungen. Die gespülte Gleitringdichtung weist eine Spülkammer auf, die z. B. mit Lippendichtungen abgedichtet ist und in die zwei Spülröhrchen münden. Die Spülkammer wird von der Spül- bzw. Sperrflüssigkeit durchströmt. Diese dient dazu, die Dichtungen zu reinigen und zu temperieren. Sie dient auch als Barriere zwischen der Atmosphäre und dem Produkt. Um bei aseptischen Anwendungen eine Kontamination zu vermeiden, wird als Sperrflüssigkeit heißes bzw. sterilisiertes Wasser verwendet, so dass eine bakterielle Kontamination des Produkts ausgeschlossen wird.

Antriebe
Es sollten möglichst Elektromotoren ohne Lüfter verwendet werden. Dadurch wird vermieden, dass Keime und Schmutz in Form von einem Aerosol aufgewirbelt werden und in der Umgebung der Antriebe verteilt werden. Das Kontaminationsrisiko kann dadurch reduziert werden.

Schwitzwasserbildung
Eine unkontrollierte Kondensation (Schwitzwasserbildung) innerhalb und außerhalb der Anlage sollte vermieden werden. Heiße Anlagenteile müssen isoliert sein. Die Isolierung wird meist mit rostfreien Edelstahlblechen verkleidet, die möglichst spaltfrei und durchgängig verschweißt sind. Zur Wärmeisolierung sollte ein nicht saugfähiges Material verwendet werden.

Zugänglichkeit von außen
Oft wird gefordert, dass kritische Stellen innerhalb einer Anlage zugänglich sind, um eine visuelle Inspektion zu erlauben. Anlagen sollten im Raum so platziert sein, dass Inspektionen und Reinigungen von allen Seiten möglich sind. Außerdem muss der Bereich um die Anlage leicht zu reinigen sein. Dazu sollten die Abstände zwischen Maschinen und zwischen Maschinen und Wänden, Böden und Decken ausreichend groß sein

Aufstellung der Anlagen
Viele Anlagen werden in Reinräumen betrieben. In solchen Fällen ist es sinnvoll, verfahrenstechnische Maschinen wie z. B. Zentrifugen so zu errichten, dass der Prozessraum im Reinraum liegt und der Antriebsteil durch einen flexiblen Kompensator, der mit der Wand des Reinraums verbunden ist, davon getrennt außerhalb des Reinraums angeordnet ist. Durchbrüche durch Wände, Böden und Decken müssen in diesem Fall versiegelt sein, so dass keine Spalten und Lücken existieren. Dieses Konzept wurde zuerst bei Filterzentrifugen umgesetzt. Die Trennung innerhalb der Maschinen in Prozessraum und Antriebs- und Maschinentechnik wurde so auf eine räumlich getrennte Ausführung übertragen. Außerdem werden Verschleißteile (z. B. die Zentrifugentrommel) so gestaltet, dass sie mit den

zugehörigen Lagern als eine Einheit schnell ausgetauscht werden können. Die dazu notwendigen Arbeiten im Reinraum werden auf ein Minimum reduziert. Die eigentlichen Wartungsarbeiten an den Bauteilen werden außerhalb des Reinraums in eine Werkstatt verlagert. Das Prinzip wurde weiterentwickelt, indem sämtliche Medien, die dem Schleuderraum der Zentrifuge zugeführt werden, nicht im Reinraum zulaufen sondern von dem benachbarten Raum aus (F&S 2005). Das Beispiel zeigt, dass bei einer konsequenten Berücksichtigung der Anforderungen des Hygienic Designs neuartige Apparate- und Maschinenkonzepte möglich sind. Die erwähnten Zentrifugen ermöglichen auch eine CIP-Reinigung und Sterilisation mit Dampf.

6.3 Nachweis der hygienegerechten Gestaltung von Anlagen

Zur Kontrolle der hygienegerechten Gestaltung können Anlagen definiert kontaminiert, gereinigt und nach der Reinigung überprüft werden (siehe Abschn. 4.6).

Die Fachabteilung „Sterile Verfahrenstechnik" im Verband Deutscher Maschinen- und Anlagenbau e. V. (VDMA) hat das System „Qualified Hygienic Design (QHD)" entwickelt, ein zweistufiges Verfahren, mit dem man die hygienegerechte Gestaltung von Maschinen und Anlagen nachweisen kann. In der ersten Stufe wird die hygienegerechte Gestaltung durch eine Übereinstimmung der Konstruktion mit den Anforderungen relevanter Regelwerke überprüft. In der zweiten Stufe wird die Reinigbarkeit experimentell mit einem Schnelltest nachgewiesen.

Die Prüfung der ersten Stufe wird aufbauend auf der DIN EN 1672-2:2021-05 anhand von Prüflisten durchgeführt. Zusätzlich müssen die Anforderungen, die jeweils zwischen Anwender und Hersteller festgelegt wurden, berücksichtigt werden. Für bestimmte Produktgruppen müssen darüber hinaus noch spezifische Regelwerke beachtet werden. Die Einhaltung der Regeln kann durch eine Eigenbescheinigung des Herstellers für das jeweilige Bauteil dokumentiert werden. Dabei darf bei einer Erfüllung der Anforderungen eine Wort- und Bildmarke „QHD" verwendet werden. Dieses geschützte Zeichen darf nur nach einer Teilnahme an einem zugehörigen Kurs und der Abgabe einer Verpflichtungserklärung, die auch eine Registrierung beim VDMA beinhaltet, verwendet werden.

Einige Organisationen (z. B. die EHEDG) bieten die Prüfung und Zertifizierung von Bauteilen entsprechend den Anforderungen der Maschinenrichtlinie hinsichtlich Hygienic Design als Dienstleistung an. Entsprechend den dabei erarbeiteten Ergebnissen und ihrer Dokumentation kann ein Anlagenbauer, der solche Bauteile einsetzt, einfacher die Konformität mit der Maschinenrichtlinie nachweisen und die Konformitätserklärung hinsichtlich dem CE-Zeichen ausstellen. Viele Hersteller von Komponenten einer Anlage nutzen zum Nachweis des Hygienic Designs ihrer Komponenten eine Zertifizierung z. B. der European Hygienic Engineering and Design Group EHEDG (siehe Abschn. 3.2).

Literatur

F&S (2005) Produktinformation: Neuartige Stülpzentrifuge. Filtrieren und Separieren 19:29–30

Franck R (Hrsg) (1981) Kunststoffe im Lebensmittelverkehr; Empfehlungen des Bundesgesundheitsamtes. Heymanns, Köln

Jowitt R (Hrsg) (1980) Hygienic design and operation of food plant. Ellis Horwood, London

Schmidt R, Beck U, Weigl B, Gamer N, Reiners G, Sommer K (2003) Topographische Charakterisierung von Oberflächen im steriltechnischen Anlagenbau. Chem-Ing-Tech 75:428–431. https://doi.org/10.1002/cite.200390085

Die Entkeimungsfiltration

7

7.1 Einleitung

Im Bereich der Mikrobiologie, Pharmazie, Biotechnologie und Lebensmitteltechnik werden auch Filtrationsverfahren zur Reduzierung der Keimbelastung und zur Sterilisation von Flüssigkeiten und Gasen eingesetzt. Während das Ziel bei einer Entkeimungsfiltration die Reduzierung der Mikroorganismenanzahl um mehrere Zehnerpotenzen ist, wird bei einer Sterilfiltration die absolute Abtrennung aller Mikroorganismen angestrebt. Eine Entkeimungsfiltration wird unter anderem dann angewendet, wenn eine Keimreduktion bzw. Sterilisation durch Hitze eine negative Veränderung des Produktes zur Folge hätte. Bei gelagerten Produkten wird die Sicherheit gegen einen mikrobiologischen Verderb durch eine Entkeimungsfiltration erhöht. Dies gilt insbesondere dann, wenn das Produkt selbst Nährbodeneigenschaften für Mikroorganismen besitzt.

Mit einer Sterilfiltration kann auch eine aseptische Verfahrensweise realisiert werden, d. h. die Verarbeitung von sterilen Produkten unter keimfreien Bedingungen. So werden z. B. temperaturempfindliche Flüssigkeiten steril filtriert und in einen zuvor thermisch sterilisierten Behälter unter aseptischen Bedingungen abgefüllt. Die Norm DIN EN ISO 13408-1:2015-12 behandelt allgemeine Anforderungen der aseptischen Herstellung von Produkten für die Gesundheitsfürsorge. In der DIN EN ISO 13408-2:2018-06 werden Anforderung an die dabei angewendete Sterilfiltration festgelegt.

Zur Sterilfiltration werden überwiegend Membranen zur Mikrofiltration in Form einer Dead-End-Filtration (statischen Filtration) oder einer Crossflow-Filtration (dynamischen Filtration) eingesetzt. Bei einer Dead-End-Filtration akkumulieren die abgetrennten Stoffe an der Oberfläche der Membran, entsprechend einer Kuchenfiltration, so dass der Filtrationswiderstand mit der Zeit zunimmt. Bei einer dynamischen Filtration wird der Akkumulation der abgetrennten Stoffe auf der Membran während der Filtration durch geeignete Maßnahmen entgegengewirkt. In den meisten Fällen wird hierzu die Membran von der zu filtrierenden Flüssigkeit ständig überströmt. Durch die Strömung wirken in der Nähe der Membranoberfläche Scher- und Auftriebskräfte an den abzutrennenden

S. Ripperger, K. Nikolaus, *Anlagentechnik für sterile und ultrareine Prozesse*,
https://doi.org/10.1007/978-3-662-69217-2_7

Partikeln, so dass diese wieder in die Kernströmung zurückgeführt werden. Man kann in diesem Fall zwei Hauptströmungen, deren Richtungen kreuzweise zueinander stehen, unterscheiden, den Filtratstrom durch die Membran und die Überströmung parallel zur Filterfläche. Daher wird diese Art der Filtration auch als Crossflow-Filtration bezeichnet. Die Crossflow-Filtration wird u. a. zur Entkeimungsfiltration von Getränken und Milch sowie zur Zellabtrennung aus Fermentationsbrühen eingesetzt. Ripperger (2023) hat zahlreiche Ausführungsformen der dynamischen Filtration und die zugehörigen Anwendungsgebiete beschrieben.

Im Folgenden wird die in der sterilen Prozesstechnik zur Entkeimung- und Sterilfiltration angewendete Dead-End-Filtration mit Membranen näher betrachtet. Sie ist meist der letzte Schritt eines mehrstufigen Trennprozesses. Oft sind eine Sedimentation im Schwere- oder Zentrifugalfeld und/oder Filtrationsschritte mit gröberen Trenngrenzen vorgeschaltet. Zur Vorfiltration kommen z. B. Schüttschichtfilter, Kerzenfilter mit Vliesen oder Schichtenfilter zum Einsatz. Der nachgeschaltete Membranfilter wird daher mit einer vorgeklärten Flüssigkeit beaufschlagt. Die hierzu verwendeten Membranen und Filtereinheiten werden entsprechend den Anforderungen in der Pharmazie, Biotechnologie und Elektronikindustrie entwickelt und charakterisiert. Auch bei Gasen ist eine Vorfiltration üblich.

Die Filter werden vor jeder Anwendung meist mit Dampf sterilisiert. Wiederkehrende Sterilisationen sind notwendig, da abgetrennte lebende Keime sich vermehren und über einen Zeitraum von einigen Tagen durch ein Filtermedium „hindurchwachsen" können (Ripperger 2023). Zur einmaligen Anwendung werden auch Filter angeboten, die beim Hersteller sterilisiert und steril verpackt wurden (siehe Kap. 10).

Eine Sterilfiltration sollte möglichst am „point of use" d. h. kurz vor der Abfüllung bzw. Nutzung der Flüssigkeit bzw. des Gases durchgeführt werden. Während der Filtration sind die vom Hersteller des Filters vorgegebenen Betriebsparameter, insbesondere die zulässige Temperatur und Druckdifferenz zu beachten.

Bei der Filtration von Flüssigkeiten ist darauf zu achten, dass das Filtermedium von der zu filtrierenden Flüssigkeit spontan benetzt wird. Daher sind bei der Filtration von wässrigen Flüssigkeiten hydrophile Membranen gefragt. Zur Filtration von Gasen werden hydrophobe Filtermedien bevorzugt, da bei ihnen die Wasseraufnahme und die Bildung eines zusammenhängenden Wasserfilms an der Oberfläche des Filtermediums verhindert wird. Auch ein Durchwachsen von Keimen von der unsterilen auf die sterile Seite wird dadurch behindert.

Bei Fermentationsanlagen wird die Entkeimungsfiltration zum Schutz vor einer Fremdverkeimung eingesetzt. Fermenter und Tanks, die mit Dampf sterilisiert werden, benötigen Belüftungsvorrichtungen, über die beim Abkühlen des Tanks und der damit verbundenen Kondensation des Dampfes zum Druckausgleich sterile Luft angesaugt werden kann. Bei der Auslegung der Entkeimungsfilter ist darauf zu achten, dass kein unzulässiger Unterdruck im Behälter auftreten kann. Insbesondere bei großen zylindrischen Tanks kann ein Unterdruck leicht ein Einbeulen verursachen. Die Dimensionierung des Entkeimungsfilters ist an die witterungsbedingte Abkühlgeschwindigkeit gebunden. Berechnungsansätze hierzu werden von Fullarton (1986) vorgestellt. Anhand der von den Herstellern angegebenen Abhängigkeit des Gasstroms von der Druckdifferenz des Filters kann die erforderlich Filterfläche ermittelt werden.

Eine Sterilfiltration wird auch zur Filtration der Abluft von Isolierstationen und Räumen, in denen mit gentechnisch veränderten Organismen gearbeitet wird, eingesetzt. Auch bei Produktionsprozessen mit pathogenen Organismen, z. B. zur Herstellung von Impfstoffen, muss ein Kontakt mit dem lebenden Material und seine Freisetzung in die Umgebung verhindert werden. In solchen Fällen werden geschlossene Systeme, sogenannte physikalische Containments, realisiert (siehe Abschn. 9.4). Allgemein soll ein Containment Kontaminationen in drei Richtungen verhindern: Kontaminationen des Bedieners durch das Produkt, Kontaminationen des Produkts durch den Bediener und Kreuzkontaminationen zwischen verschiedenen Produkten. Ein Containment umfasst z. B. einen Bioreaktor, die zugehörigen Be- und Versorgungsleitungen, die zugehörigen Systeme zur Aufarbeitung der Produkte sowie die Verbindungen mit der Umgebung über die Grenzen des Containments hinweg.

7.2 Validierung der Sterilfiltration mit Membranen

Der heutige Stand der Sterilfiltration mit Membranen wurde wesentlich durch die Anforderungen in der Pharmazie geprägt. In den Arzneibüchern (Pharmakopöen) der Länder, z. B. Deutsches Arzneibuch (DAB), Europäisches Arzneibuch (PhEur) und United State Pharmacopeia (USP) und den zugehörigen Richtlinien ist die Filtration als Sterilisationsverfahren für Flüssigkeiten aufgeführt. In den 1968 von der Weltgesundheitsorganisation aufgestellten „Grundregeln zur Herstellung von Arzneimitteln und zur Sicherung ihrer Qualität (GMP-Richtlinien)“ wird die Validierung kritischer Prozessschritte bei der Herstellung pharmazeutischer Produkte gefordert. Durch eine Validierung wird der dokumentierte Nachweis erbracht, dass ein Prozess oder ein System die vorher spezifizierten Anforderungen im praktischen Einsatz sicher erfüllt. Im Fall einer Sterilfiltration beinhaltet die Validierung den dokumentierten Nachweis, demzufolge die verwendete Filtereinheit bei den festgelegten Betriebsbedingungen ein steriles Filtrat liefert. Ein wesentlicher Teil der hierzu notwendigen Untersuchungen kann bei einem Filterhersteller durchgeführt werden. Dieser dokumentiert seine Ergebnisse, die mit einem bestimmten Filter erzielt wurden, in einem Validation Guide. Anhand diesem kann der spätere Nutzer des Filters prüfen, ob die Übertragbarkeit der Versuchsdaten auf die Bedingungen seiner Produktion gewährleistet ist. Er muss entscheiden, ob der Filter für seine Anwendung geeignet ist, da er für die Validierung des jeweiligen Filtrationsschrittes verantwortlich ist. Diese Regelung führte dazu, dass die Filterhersteller eine Validierung ihrer Produkte unter Berücksichtigung der üblichen Betriebsbedingungen im Pharmabereich durchführen.

Der hohe Standard zur Entkeimungsfiltration in der Pharmazie wurde auf andere Gebiete übertragen, z. B. auf Filtrationsschritte in der Lebensmittel- und Biotechnologie. In der Lebensmittelindustrie unterliegen Filter, die mit einem Lebensmittel in Kontakt kommen, dem Lebensmittel- und Futtermittelgesetzbuch (siehe Abschn. 2.3.2). Die in einem Validation Guide aufgeführten Nachweise zum unbedenklichen Einsatz der Filterelemente sollten nachweisen, dass auch bei einem Einsatz mit Lebensmitteln die Forderungen erfüllt werden.

7.2.1 Filtertests mit Bakteriensuspensionen

Filter zur Sterilfiltration werden in der Regel mit Bakteriensuspensionen getestet. Auf Grundlage der Ergebnisse des Filtertests wird die nominalen Trenngrenze des Membranfilters festgelegt. Um eine Vergleichbarkeit der Testresultate zu gewährleisten, ist es notwendig, dass die Tests unter standardisierten Bedingungen durchgeführt werden. Für die Sterilfiltration in der Pharmazie und die Zuweisung einer nominalen Porengröße von 0,2 µm wurden die von der Health Industries Manufacturers Association (HIMA) in den USA festgelegten Testbedingungen allgemein anerkannt (1982). Sie waren in wesentlichen Teilen auch die Basis für andere Normen, z. B. der amerikanischen Norm ASTM F838-20, einer Standardtestmethode zur Bestimmung der Bakterienretention von Membranfiltern für die Flüssigkeitsfiltration. Zur Prüfung wird der Bakterienstamm *Brevundimonas diminuta* verwendet, der bei den in der Norm vorgegebenen Anzuchtbedingungen besonders kleine Wuchsformen ausbildet. Das Verhältnis der Anzahl der Keime zur beaufschlagten Membranfläche soll mindestens 10^7 CFU/cm^2 betragen (CFU = Colony Forming Units). Als Prüfergebnis erhält man die Anzahl der Keime, die den Prüffilter passiert haben und mit dem Filtrat abgeführt werden. Zu ihrer Bestimmung wird das gesamte Filtrat über einen weiteren Membranfilter geleitet, der danach auf einen Nährboden aufgelegt wird. Die Auswertung des Nährbodens erfolgt nach 48 h Bebrütung bei 30 bis 32 °C. Dabei werden die koloniebildenden Einheiten (CFUs) ausgezählt. Es wird erwartet, dass bei einer Beaufschlagung des Testfilters mit mindestens 10^7 Keimen pro cm^2 keine Keimpassage nachweisbar ist. Zur Beschreibung der Testergebnisse wird ein LRV-Wert (LRV = log. reduction value) angegeben, der wie folgt definiert ist:

$$LRV = \log \frac{\text{Anzahl der Keime in der Suspension}}{\text{Anzahl der Keime im Filtrat}} \tag{7.1}$$

Wenn im Filtrat keine Keime nachweisbar sind, wird im Nenner der Wert 1 eingesetzt. Man muss dabei beachten, dass ein LRV-Wert auf eine Membranfläche zu beziehen ist. Man betrachtet entweder einen cm^2 der Membranfläche oder die gesamte Membranfläche einer Filtereinheit. Der LRV-Wert gibt an, um wie viele Zehnerpotenzen die Anzahl der Keime in der Ausgangssuspension durch die Filtration vermindert wurde. Der Test gilt als bestanden, wenn mit Bezug auf einen cm^2 ein LRV-Wert >7 ermittelt wird. Bei bestandenem Test wird der Membran bzw. dem Filter die nominale Porengröße bzw. Trenngrenze von 0,2 µm zugeordnet. Bei einer Beaufschlagung einer Membran mit 10^8 bis

Tab. 7.1 Zuordnung von nominalen Porengrößen zu verschiedenen Mikroorganismen (Bacteria-Challenge-Test)

Nominelle Porengröße	Mikroorganismus	ATCC*-Stamm-Nr.
0,1 µm	*Acholeplasma laidlawii*	23206
0,1 µm	*Hydrogenophaga pseudoflava*	33668
0,2 µm	*Brevundimonas diminuta*	19146
0,45 µm	*Serratia marcescens*	14756
0,65 µm	*Lactobacillus brevis*	14869

*ATCC: American Type Culture Collection

10^9 Keimen/cm^2 beginnt sich eine Deckschicht auszubilden, welche die Filtration beeinflusst.

Äquivalente Tests werden mit anderen Mikroorganismen zur Bestimmung und Festlegung von kleineren bzw. größeren nominalen Porengrößen bzw. Trenngrenzen durchgeführt. In Tab. 7.1 sind die dafür benutzten Testorganismen aufgeführt.

7.2.2 Integritätstestverfahren

Damit eine Sterilfiltration mit einer hohen Sicherheit gewährleistet wird, ist es notwendig, dass die Unversehrtheit eines Filters, d. h. seine Integrität, mit einer nicht-destruktiven Testmethode überprüft werden kann. Eine solche Prüfung ist z. B. nach der Herstellung eines Filterelementes oder nach einer Sterilisation mit Dampf notwendig. Eine Prüfung wird auch nach einer durchgeführten Filtration vorgenommen, um nachzuweisen, dass ein unversehrter Filter verwendet wurde. Diese in der Pharmazie geforderte Arbeitsweise, wurde auch auf kritische Anwendungen der Filter in anderen Bereichen übertragen. Zur Überprüfung der Filter wurden Testmethoden entwickelt, die in drei Gruppen unterteilt werden können:

- Methoden zur Blaspunktbestimmung,
- Methoden zur Bestimmung eines zulässigen maximalen Diffusionsstroms,
- Methoden zur Bestimmung des Wassereindringdruckes.

Zur Durchführung der Tests werden von den Filterherstellern Testgeräte angeboten, mit denen die Tests weitgehend automatisch durchgeführt werden.

Der Blaspunkttest

Bei einer Beaufschlagung einer Membran mit einer benetzenden Flüssigkeit, dringt diese in das Porensystem ein (Kapillarität). Hydrophile Membranen werden in gleicher Weise auch von Wasser benetzt. Bei einer benetzten mikroporösen Membran bewirken die Oberflächenkräfte, dass die Porenstruktur erst bei einer Druckdifferenz oberhalb des Blaspunktdruckes p_{BP} von einem Gas durchströmt wird. Der Blaspunktdruck p_{BP} kann mit folgender Gleichung berechnet werden:

$$p_{BP} = \frac{4\,K\sigma\ \cos\varphi}{d_{p,\max}} \tag{7.2}$$

$d_{p,\max}$ ist der maximale Porendurchmesser der Membran und σ ist die Oberflächenspannung der Flüssigkeit. K ist ein Beiwert, der von der Porenstruktur abhängt. Für idealisierte, zylinderförmige Poren gilt: $K = 1$. Bei hydrophilen Materialien ist der Randwinkel (Benetzungswinkel) für Wasser $\varphi < 90°$. Der Randwinkel ist von den Wechselwirkungen zwischen den Flüssigkeitsmolekülen mit dem Membranwerkstoff abhängig. Organische Lösungsmittel benetzen die meisten Membranwerkstoffe.

Für einen Randwinkel von ca. 60° berechnet man z. B. mit $K = 1$, der Oberflächenspannung von Wasser $\sigma = 0{,}072\,\mathrm{Nm}^{-1}$ (Wert gilt für 20 °C) und mit einem maximalen Porendurchmesser von 0,5 µm einen Blaspunktdruck von 2,88 bar. Bei gleichem Randwinkel erhält man für organische Lösungsmitteln aufgrund der niedrigeren Oberflächenspannung entsprechend niedrigere Werte.

Bei einer in der Flüssigkeit eingetauchten Membran wird beim Erreichen des Blaspunktdruckes der Beginn der Gas-Durchströmung durch sich bildende Gasblasen an der Membranoberfläche angezeigt. Daraus wurde die englische Bezeichnung „bubble-point pressure“ für den Blaspunktdruck abgeleitet. Bei einer langsamen Druckerhöhung werden zu Beginn nur die größten Poren bzw. Kanäle vom Gas durchströmt. Ist die Oberflächenspannung der Testflüssigkeit und ihr Benetzungsverhalten bekannt, so kann mit Gl. (7.2) aus dem Blaspunktdruck ein maximaler Porendurchmesser $d_{p,\max}$ dem untersuchten Filtermedium zugeordnet werden.

Bei der Validierung von Membranfilterelementen wird die maximale Porengröße ermittelt, bei der gerade noch ein keimfreies Filtrat erzielt wird. Auf dieser Basis kann die Integrität eines Filters mit einem nicht destruktiven Test nachgewiesen werden. Die mit dem Blaspunktest ermittelte maximale Porengröße ist in der Regel größer als die nominale Porengröße, die aufgrund der Ergebnisse der Filtrationstests zugewiesen wurde.

Die vom Hersteller der Filterelemente angegebenen Daten zum Integritätstest gelten in der Regel bei Raumtemperatur. Daher müssen Filter, die zuvor mit Dampf sterilisiert bzw. autoklaviert wurden, zunächst abkühlen, bevor sie getestet werden.

Der Diffusionstest

Bei Membraneinheiten mit einer großen Membranfläche wird das Erkennen des Blaspunktdruckes durch das Auftreten von Luftblasen infolge der Absorption, Diffusion und anschließenden Desorption des gelösten Gases bei der Wirkung einer transmembranen Druckdifferenz erschwert. Die unterschiedlichen Druckverhältnisse an den Phasengrenzen haben unterschiedliche Gaslöslichkeiten und damit ein treibendes Konzentrationsgefälle für die in der Flüssigkeit gelösten Gaskomponenten zur Folge. Der dadurch verursachte Gasdiffusionsstrom einer benetzten Membran nimmt mit größer werdender Membranfläche zu. Daher kann bei großen Membraneinheiten im Bereich des Blaspunktdruckes oft kein deutlicher Unterschied in der Blasenbildung erkannt werden. Bei größeren zu testenden Membranflächen wird daher der Volumenstrom des Gasstroms in Abhängigkeit vom steigenden Gasdruck bestimmt. Bei geringen Gasdrücken steigt der Volumenstrom linear mit dem Druck infolge des Diffusionsstroms an. Beim Überschreiten des Blaspunktdruckes wird ein starker Anstieg des Volumenstroms infolge der Gasströmung in den großen Poren verzeichnet.

Der Diffusionstest wird auch mit einer vollständig benetzten Membran bzw. Membranelement durchgeführt. Vom Hersteller des Filterelementes wird ein Testdruck unterhalb des zu erwarteten Blaspunktdruckes (ca. $0{,}8 \cdot p_{BP}$) und ein zugehöriger maximaler Diffusionsstrom als Testkriterium festgelegt. Der maximale Diffusionsstrom wurde im Rahmen der Validierung des Filterelementes, analog zum Blaspunkttest, durch eine Korrelation zwischen den Ergebnissen von Filtrationsversuchen mit Mikroorganismen und den dabei ermittelten Gasdiffusionsströmen ermittelt. Bei dem Integritätstest wird der Gasstrom bei dem vorgegebenen Druck bestimmt, und kontrolliert, ob der Diffusionsstrom, bis zu dem die Integrität eines Filterelements gewährleistet ist, nicht überschritten wird.

Der Gasdiffusionsstrom kann

a) durch eine Volumenstrommessung mit einem geeigneten Durchflussmesser oder mittels der Flüssigkeitsverdrängung in einer umgekehrten Bürette ermittelt werden.
b) durch eine Bestimmung des Druckabfalls bei abgestellter Druckquelle auf der mit Druck beaufschlagten Seite des Filtergehäuses bestimmt werden. Bei Kenntnis des vom Druckgas ausgefüllten Gehäusevolumens kann der Diffusionsstrom aus dem zeitlichen Druckabfall berechnet werden (Druckhaltetest).

Für beide Testvarianten werden mikroprozessorgesteuerte, elektro-pneumatisch arbeitende Testgeräte angeboten, mit denen auch der Blaspunkt automatisch bestimmt werden kann.

Wassereindringtest (Wasserpenetrationstest)

Zur Sterilfiltration von Gasen werden überwiegend Filter mit einem hydrophoben Filtermedium eingesetzt. Diese können mit den zuvor beschriebenen Methoden mit benetzenden Flüssigkeiten (z. B. Alkoholen) getestet werden. Nach dem Test muss das durchfeuchtete Filtermedium getrocknet werden. Um die Trocknung zu sparen und, um auf organische Flüssigkeiten zu verzichten, hat man für hydrophobe Membranen einen Test entwickelt, der mit Wasser und einem trockenen Filtermedium durchgeführt wird. Im Fall eines hydrophoben Filtermediums verhindern die Oberflächeneigenschaften zusammen mit den geringen Porenabmessungen, dass Wasser bis zu dem Benetzungsdruck p_B (Wassereindringdruck bzw. water entry pressure) in die Membranstruktur eindringt und diese durchströmt. Auch für diesen Fall ist Gl. (7.2) gültig. Bei hydrophoben Materialien ist jedoch der Randwinkel für Wasser $\varphi > 90°$ und der Cosinus daher negativ. Damit wird angezeigt, dass ein Druck aufgewendet werden muss, um die Flüssigkeit in die Porenstruktur zu pressen. Erst beim Überschreiten des Benetzungsdrucks werden die größten Poren von der Flüssigkeit durchströmt. Aus dem Benetzungsdruck kann mit der Oberflächenspannung von Wasser und dem Randwinkel der maximale Porendurchmesser $d_{p,\max}$ ermittelt werden.

Für Polypropylen (PP) und Wasser wird häufig ein Randwinkel von 120° angegeben. Mit $K = 1$ und der Oberflächenspannung von Wasser ermittelt man für den Wassereindringdruck den gleichen Zahlenwerten wie für den Blaspunktdruck bei einem Randwinkel von 60°, nur mit negativem Vorzeichen. Der hohe Wert von 2,88 bar verdeutlicht die Bedeutung von hydrophilen Membranen für die Filtration von Wasser und wässrigen Lösungen. Dabei muss auch berücksichtigt werden, dass bei beim Erreichen des Blaspunktdruckes nur die größten Poren durchströmt werden, so dass nur ein Bruchteil der möglichen Permeabilität erreicht wird.

7.2.3 Nachweis eines unbedenklichen Einsatzes der Filter

Bei der Validierung einer Filtration muss auch der Nachweis erbracht werden, dass der verwendete Filter das zu filtrierende Produkt nicht negativ beeinflusst und dass die Filterkonstruktion den in der Praxis auftretenden Belastungen standhält. In der Regel werden hierzu die im Folgenden aufgeführten Merkmale und Eigenschaften eines Filterelementes ermittelt und im Validation Guide beschrieben. Er enthält in der Regel:

- eine Auflistung aller Werkstoffe, aus denen der Filter besteht.
- Angaben zum Durchströmungswiderstand. Dieser wird in der Regel mit Wasser oder Luft bei einer bestimmten Temperatur ermittelt. Meist wird in einem Diagramm der Filtratstrom über der zugehörigen Druckdifferenz aufgetragen. Bei Filterkerzen in einem Gehäuse ist zu beachten, dass der Zusammenhang für die Gesamteinheit ermittelt wird, da insbesondere bei der Luftfiltration der Strömungswiderstand des Gehäuses meist nicht zu vernachlässigen ist. Die Tests werden mit vorfiltrierten Medien durchgeführt.
- Angaben zu extrahierbaren Bestandteilen, die an das Filtrat abgegeben werden.
- Angaben zur Abgabe oxidierbarer Bestandteile beim Spülen des Filters mit Wasser.
- Angaben zur Veränderung der Leitfähigkeit von Reinstwasser beim Durchströmen des Filters.
- Angaben zur Abgabe von Partikeln an das Filtrat beim Durchströmen des Filters.
- Angaben zur Adsorption verschiedener Stoffe am Filtermedium, z. B. von Proteinen.
- Nachweis der Pyrogenfreiheit des Filtrats. Pyrogene (Endotoxine) sind Stoffe, die allergische Reaktionen und Infektionen verursachen. Sie können durch eine bakterielle Kontamination in flüssigen Produkten vorkommen und sind außerordentlich hitzestabil. Für eine Anwendung eines Filters im Bereich der Pharmazie und Medizin wird der Nachweis der Pyrogenfreiheit gefordert.

- Angabe zur Beständigkeit gegenüber Druckstößen. Hierzu werden Daten ermittelt, welche belegen, dass das Filterelement eine bestimmte Anzahl von Druckstößen einer bestimmten Charakteristik ohne Schaden übersteht.
- Angaben zur möglichen Sterilisation des Filters. Mögliche Sterilisationsverfahren werden in Abschn. 5.3 behandelt. Bei Anwendungen von Filtern in der Pharmazie, Medizin und Lebensmitteltechnik wird eine Sterilisation durch „feuchte Hitze" (Wasser oder Dampf) bevorzugt. In vielen Pharmakopöen wird die Dampfsterilisation mit gesättigtem Wasserdampf bei 121 °C über 20 min als „Standardverfahren" vorgeschrieben.
- Angaben zur Beständigkeit bei erhöhten Temperaturen.
- Angaben zur Beständigkeit gegenüber Chemikalien. Entsprechende Belastungen treten im regulären Betrieb und/oder bei Reinigungs-, Desinfektions- und Sterilisationszyklen auf.

Weiterhin werden vom Hersteller die bei der Filtration und Sterilisation einzuhaltenden Betriebsparameter angegeben. Bei kritischen Anwendungen empfiehlt es sich, die Grenzen der Beanspruchungen zwischen dem Filterhersteller und dem Filteranwender abzustimmen.

Mit den Maßnahmen des Qualitätsmanagements muss beim Filterhersteller sichergestellt werden, dass ausgelieferte Filtermedien und Filterelemente den Spezifikationen in den Datenblättern und im Validation Guide erfüllen (siehe Abschn. 10.5). Damit viele der beschriebenen Eigenschaft eingehalten werden, müssen bereits bei der Produktion der Filterelemente geeignete Vorkehrungen getroffen werden, z. B. durch eine Produktion unter Reinraumbedingungen.

7.3 Entkeimungsfiltration mit Tiefenfiltern

Zur Entkeimungsfiltration werden auch Tiefenfilter eingesetzt. Bei diesen werden Keime, feinste Partikeln und kolloidal vorliegende Stoffe im Inneren des Filtermediums abgeschieden. Das Filtermedium ist in diesem Fall eine porose Schicht, dessen Poren wesentlich größer sind als die abzutrennenden Partikeln. Die innere Oberfläche der Schicht wirkt als Kollektorfläche, an der sich die abgetrennten Stoffe anlagern. Typische Tiefenfilter sind Schichtenfilter (gepresste Massen), Filtervliese und Schüttschichtfilter. Nachteilig ist, dass bei veränderlichen Prozessbedingungen bei einer Tiefenfiltration eine ausreichende Abscheidung nicht immer gewährleistet werden kann.

Die Abscheidung in einem Tieferfilter kann in zwei Schritte unterteilt werden: den Antransport der Partikeln an die innere Oberfläche des Filtermediums und die eigentliche Anlagerung an die Oberfläche (Anhaften). Die Haftung an der inneren Oberfläche muss so stabil sein, dass ein Ablösen infolge der Strömung vermieden wird.

Mit zellulose- und asbesthaltigen Filterschichten wurden bei einer Entkeimung gute Ergebnisse erzielt. 2005 wurde die Nutzung von Asbest in der Europäischen Union aufgrund seiner kanzerogenen Wirkung verboten. Seine gute Abscheidewirkung beruht auf der positiven Oberflächenladung im wässrigen Milieu, im Gegensatz zu vielen suspendierten Stoffen. Dadurch wird die Abscheidung und die Haftung innerhalb des Tiefenfilters durch elektrostatische Wechselwirkungen verbessert. Mittlerweile werden zur Entkeimungsfiltration asbestfreie Schichten mit Dicken im Bereich von 2 bis 5 mm auf Basis von Cellulose, Kieselgur, Perlit und anderen Stoffen (z. B. Aktivkohle) angeboten. Darunter können auch Schichten ohne Mineralstoffe sein, die nur aus Cellulosefasern und einem Harz bestehen. Der Effekt einer positiven Oberflächenladung wird oft durch eine Modifikation der faserförmigen Inhaltsstoffe erzielt. Filterschichten werden zur Klärung und Entkeimung von Getränken, flüssigen Lebensmitteln (z. B. Öle) und pharmazeutischen Lösungen eingesetzt. In einigen Fällen werden Filterschichten auch mit danach angeordneten Membranfiltern kombiniert.

Auch Filtereinheiten, die Filtervliese enthalten, z. B. Filterkerzen, werden zur Entkeimungsfiltration eingesetzt. Sie werden unter anderem auch als Vorfilter in Kombination mit einem Membranfilter verwendet. Tiefenfiltermedien aus Keramik und Glas werden im industriellen Bereich zur Entkeimungsfiltration nur noch selten angewendet. Ihre spezifischen Kosten machen in der Regel eine aufwändige Reinigung zur Wiederverwendung notwendig.

Die im Zusammenhang mit Membranen entwickelten Testfiltrationen wurden auch auf Tiefenfiltermedien übertragen (Zeiler et al. 1994a; Zeiler et al. 1994b). Dabei muss jedoch berücksichtigt werden, dass der Siebeffekt bei der Partikelabscheidung im interessierenden Partikelgrößenbereich in Tiefenfiltern eine untergeordnete Rolle spielt. Die Partikelabscheidung beruht auf Effekten, die bewirken, dass Mikroorganismen und Partikeln mit der inneren Oberfläche des Filtermediums kollidieren, so dass die Haftkräfte wirksam werden und die bewirken, dass sie haften bleiben und nicht mehr abgelöst werden. Folgende Effekte spielen dabei eine Rolle:

Sperreffekt: Einige Partikeln werden aufgrund ihrer räumlichen Ausdehnung und einer Bewegung entsprechend den Stromlinien des Fluids an die innere Oberfläche des Filtermittels herangeführt. Dieser Vorgang wird im englischen mit dem Begriff „Interception“ (= Abfangen) bezeichnet. Oft spricht man auch von einem Sperreffekt, jedoch mehr als Hinweis, dass Bestandteile des Filtermediums (z. B. eine Faser) einem Partikel den Weg versperrt. Die Einschnürungen der Stromlinien im Inneren des Filtermittels verstärken diesen Effekt.

Trägheitseffekte: Die Strömung innerhalb der Porenstruktur des Filtermediums wird häufig umgelenkt. Größere Partikeln bzw. Partikeln mit einer hohen Dichte können aufgrund ihrer Massenträgheit den Stromlinien oft nicht folgen und kollidieren dadurch mit der inneren Oberfläche des Filtermediums (Umlenkabscheidung).

Sedimentationseffekte: Die Schwerkraft bewirkt eine Sinkbewegung und fördert dadurch den Kontakt mit dem Filtermedium.

Diffusionseffekte: Sehr kleine Partikeln unterliegen der Brownschen Bewegung, d. h. einer stochastisch schwankenden Bewegung, die beim Weg durch das Filtermedium die Wahrscheinlichkeit einer Kollision der Partikeln mit der inneren Oberfläche des Filtermediums erhöht. Die Brownsche Bewegung nimmt mit kleiner werdendem Partikeldurchmesser zu, so dass dieser Mechanismus für die Abscheidung kleiner Partikeln (< 1 µm) von großer Bedeutung ist.

Die Abscheidung ist erst vollständig, wenn eine Partikel beim Auftreffen auf die innere Oberfläche auch haftet. Wie bereits erwähnt spielen hierbei elektrostatische Wechselwirkungen und die Van-der-Waals-Kraft eine wesentliche Rolle.

Aufgrund der Komplexität der Abscheidung in Tiefenfiltern ist die Übertragung von Ergebnissen einer Testfiltration auf eine praktische Filtration wesentlich problematischer als bei Membranfiltern, bei denen der Siebeffekt die Partikelabscheidung maßgeblich bewirkt.

7.4 Filterbauarten zur Dead-End-Filtration

Unterschiedliche Filterbauarten werden zur Entkeimungs- und Sterilfiltration eingesetzt. Oft werden Filterkerzen verwendet, von denen eine oder mehrere in einem zugehörigen Filtergehäuse eingebaut sind. Filterkerzen werden in Nennlängen von 250, 500, 750 und 1000 mm (ca. 10, 20, 30 und 40 Inch) angeboten. Sie werden in der Regel von außen angeströmt und meist in einem Kerzengehäuse aus nichtrostendem Stahl eingesetzt. Die Kerzen sind im Gehäuse mit Dampf sterilisierbar. Filterkerzengehäuse sind Druckbehälter und müssen daher die entsprechenden Druckgeräterichtlinie erfüllen (Ripperger und Nikolaus 2020).

Capsule-Filter sind einsatzfertige Filtereinheiten aus Kunststoff zum direkten Einsatz. Sie werden in verschiedenen Größen, auch in steriler Ausführung, in einer versiegelten Verpackung angeboten. Meist werden Sie in Verbindung mit Schlauchleitungen eingesetzt.

Zur Flüssigkeitsfiltration werden Filterelemente mit hydrophilen und zur Gasfiltration mit hydrophoben Filtermedien gewählt. Sie werden im Detail in (Ripperger 2023) und (Meltzer 1987) beschrieben.

Schichtenfilter für industrielle Anwendungen bestehen aus einem Gestell mit vertikal angeordneten quadratischen Schichten. Es werden Plattenformate mit einer Seitenlänge von 200 bis 1200 mm angeboten. Die Suspension wird zwischen zwei Schichten zugeführt, wobei das Filtrat auf der anderen Seite der Filterschichten abgeführt wird. Jeweils zwei Platten arbeiten parallel. In einem Apparat können bis zu 400 Filterschichten angeordnet sein. Eine Druckdifferenz von 3 bar wird meist nicht überschritten. Das Gestell besteht häufig aus einem nichtrostenden Chrom-Nickel-Stahl. Für kritische Anwendungsfälle wurden geschlossene Ausführungen entwickelt.

Es werden auch einbaufertige Elemente mit mehreren horizontal angeordneten kreisförmigen Filterschichten angeboten. Die Elemente werden wie die Filterkerzen in ein druckfestes Filtergehäuse aus nichtrostendem Stahl eingebaut.

Literatur

Fullarton D (1986) Sicherheitstechnische Überlegungen bei Atmungsvorgängen in Lagertanks - Einfluß der Kondensation von Produktdämpfen. Chem-Ing-Tech 58:38–40. https://doi.org/10.1002/cite.330580111

Health Industry Manufacturers Association (1982) HIMA document 3: microbiological evaluation of filters for sterilizing liquids. The Association

Meltzer TH (1987) Filtration in the pharmaceutical industry. Dekker, New York

Ripperger S (2023) Mikro- und Ultrafiltration mit Membranen. John Wiley & Sons, Newark

Ripperger S, Nikolaus K (2020) Entwicklung und Planung verfahrenstechnischer Anlagen. Springer Vieweg, Berlin

Zeiler M, Oechsle D, Hammes WP (1994a) Das Rückhaltevermögen von Tiefenfilterschichten gegenüber lebensmittelrelevanten Keimen. Filtrieren und Separieren 8:212–216

Zeiler M, Oechsle D, Hammes WP (1994b) Untersuchungsmethoden Tiefenfilter (Filterschichten). Filtrieren und Separieren 8:248–250

Die Trink-, Rein- und Reinstwasserbereitung 8

8.1 Einleitung

Die Anforderungen an die Reinheit von Wasser sind sehr verschieden und je nach Anwendung durch Gesetze, Verordnungen oder Betriebsvorschriften festgelegt. In der sterilen und ultrareinen Prozesstechnik werden an das Wasser oft höhere Anforderungen gestellt als an Trinkwasser. Mit den bekannten Wasseraufbereitungsverfahren können diese Forderungen an die Qualität des Wassers erfüllt werden.

8.2 Übersicht über die geforderte Wasserqualität

Trinkwasser

Trinkwasser unterliegt den hygienischen Vorschriften des Lebensmittelrechts. Seine Qualitätsanforderungen sind in Deutschland durch die „Verordnung über die Qualität von Wasser für den menschlichen Gebrauch", der Trinkwasserverordnung (TrinkwV), im Bundesgesetzblatt Jahrgang 2023 Teil I Nr. 159 festgelegt. Sie gilt damit auch für Wasser zur Zubereitung von Lebensmitteln. Mit dieser Verordnung zum Infektionsschutzgesetz (IfSG) wurde die Richtlinie (EU) 2020/2184 des Europäischen Parlaments und des Rates über die Qualität von Wasser für den menschlichen Gebrauch in nationales Recht übertragen. In Deutschland von Relevanz ist auch die zum Infektionsschutzgesetz zugehörige „Verordnung über allgemeine Bedingungen für die Versorgung mit Wasser (AVBWasserV)". Die festgelegten Standards beinhalten zahlreiche Wasserqualitätsparameter unter besonderer Berücksichtigung von pathogenen Wasserkeimen und dem Wunsch, die Abhängigkeit der Wasserversorgung von chemischen Desinfektionsmitteln zu reduzieren. Als Indikator für den Nachweis von Krankheitserregern benutzt man unter anderem das Darmbakterium *Escherichia coli* (Abk.: *E. coli*), von dem selbst keine akute Gefahr ausgeht, das jedoch als Fäkalindikator in den Proben andere für die menschliche Gesundheit gefährliche Keime repräsentieren kann. Der Grenzwert für die bakterielle Verunreinigung

S. Ripperger, K. Nikolaus, *Anlagentechnik für sterile und ultrareine Prozesse*,
https://doi.org/10.1007/978-3-662-69217-2_8

liegt laut Trinkwasserverordnung bei 0 „koloniebildenden Einheiten" (KbE) je 100 ml. Richtwerte für Trinkwasser sind auch in den Guidelines der Weltgesundheitsorganisation WHO (2017) und den Normen DIN EN 1717:2011-08, DIN 2000:2017-02, DIN 2001-1:2019-01 und DIN 2001-2:2018-01 festgelegt. Zusätzlich wurde die VDI/DVGW-Richtlinie 6023 für Trinkwasserinstallationen erarbeitet. Sie gibt Hinweise für die Planung, Errichtung, Inbetriebnahme, Nutzung, Betriebsweise und Instandhaltung solcher Anlagen. Ausführungen hierzu finden sich auch in dem Buch „Gebäudetechnik für Trinkwasser" (Kistemann et al. 2012). Die Verantwortung für die Anlagen liegt bei deren Betreiber oder Inhaber.

Ergänzend zur deutschen Trinkwasserverordnung wurden vom Bundesumweltamt (UBA) eine „Bewertungsgrundlage für Kunststoffe und andere organische Materialien im Kontakt mit Trinkwasser" (KTW-BWGL) verbindlich geregelt (siehe https://www.bundesumweltamt.de). Alle, die Trinkwasser im Rahmen einer gewerblichen oder öffentlichen Tätigkeit abgeben und nutzen, müssen selbstverantwortlich sicherstellen, dass in Trinkwasseranlagen nur noch solche Materialien genutzt werden, die den Anforderungen der Bewertungsgrundlage entsprechen. Der Nachweis kann für die entsprechenden Produkte durch einen gültigen Konformitätsnachweis einer externen Zertifizierungsstelle erbracht werden.

Rein- und Reinstwasser

Als Reinwasser bezeichnet man aufbereitetes Wasser. Bei der Aufbereitung werden schädliche Wasserinhaltsstoffe entfernt oder in nichtschädliche umgewandelt. Die Bezeichnung Reinstwasser wird verwendet, wenn mittels Aufbereitungsverfahren Fremdstoffe aus dem Wasser weitgehend entfernt wurden. Zu den Fremdstoffen gehören Mineralstoffe, gelöste organische Stoffe, kolloidale Verunreinigungen sowie Mikroorganismen und Partikeln. Reinstwasser wird für technische, analytische, pharmazeutische und medizinische Anwendungen benötigt. Es wird unter anderem bei der Herstellung von integrierten Schaltungen, Medikamenten und Injektionsflüssigkeiten angewendet.

Reinstwasser wird meist aus Trinkwasser hergestellt. Im Gegensatz zum Trinkwasser, welches unter anderem noch Mineralstoffe enthält, sind diese dem Reinstwasser bis auf einen minimalen Rest entzogen. Die Unterschiede sind daher besonders an der spezifischen elektrischen Leitfähigkeit zu erkennen, die einfach bestimmt werden kann. Bei Reinstwasser wird die spezifische Leitfähigkeit meist in $\mu S/cm = 10^{-6}\ S/cm = 10^{-4}\ S/m$ angegeben. Da Wasser sowohl Protonen aufnehmen als auch Protonen abgeben kann,

$$2\,H_2O \rightleftharpoons H_3O^+ + OH^-$$

weist selbst Reinstwasser eine geringe spezifische elektrische Leitfähigkeit auf. Der rechnerische Grenzwert beträgt $0{,}055\ \mu S/cm$ bei 25 °C. Der Wert von destilliertem Wasser liegt zwischen 0,5 und $5\ \mu S/cm$ bei 25 °C. Der Kehrwert der Leifähigkeit ergibt den maximalen spezifischen elektrischen Widerstand. Der Grenzwert nach oben beträgt dann $18{,}2 \cdot 10^6\ \Omega cm = 18{,}2\ M\Omega cm$. Wasser für analytische Zwecke und den Laborbedarf darf nach

DIN ISO 3696:1991-06 bei 25 °C in der Qualitätsstufe 1 eine maximale Leitfähigkeit von 0,1 µS/cm, in der Qualitätsstufe 2 eine maximale Leitfähigkeit von 1 µS/cm, in der Qualitätsstufe 3 eine maximale Leitfähigkeit von 5 µS/cm aufweisen.

Je nach Anwendung muss bei der Erzeugung von Reinstwasser der Gehalt an Partikeln deutlich reduziert werden. Mikroorganismen werden durch eine Sterilfiltration entfernt oder durch eine besondere Behandlung abgetötet (inaktiviert), wobei die abgetöteten Keime als Partikeln zu werten sind.

Im pharmazeutischen Bereich unterscheidet man hochgereinigtes Wasser (Purified Water) für die Herstellung von Arzneimitteln und Wasser für Injektionszwecke (Water for Injection – WFI), das zur Herstellung von Arzneimitteln verwendet wird, die dem menschlichen Körper per Injektion zugeführt werden. Die Spezifikation der Forderungen an die Wässer sind in den Pharmokopöen enthalten. In der Europäischen Union werden die Wässer und ihre Anwendungsbereiche in der „Guideline on the quality of water for pharmaceutical use" beschrieben, die 2020 von der European Medicines Agency (EMA) herausgegeben wurde. Die Anforderungen an die Wässer werden im Europäischen Arzneibuch festgelegt. In den USA findet man entsprechende Angaben in der US Pharmacopeia (USP). Für Reinstwasser zur Anwendung in der Pharmazie (Purified Water) werden beispielsweise im Europäische Arzneibuch (PhEur) unter anderem die folgenden Grenzwerte festgelegt:

- Leitfähigkeit $\leq$ 1,1 µS/cm bei 20 °C
- Bakterielle Endotoxine < 0,25 IE/mL (entspricht rund 25 ng/Liter)
- TOC $\leq$ 0,5 mg/ml
- Nitrat $\leq$ 2 ppm

Auch in vielen anderen Bereichen der Industrie ist der Einsatz von Reinstwasser unerlässlich. So wird z. B. Rein- und Reinstwasser in der Elektronikindustrie, der Solartechnik und der chemischen Industrie eingesetzt. Seine Spezifikation wird den unterschiedlichen Anforderungen angepasst und ist in Betriebsvorschriften oder Normen festgelegt. Darin sind u. a. Grenzwerte für folgende Parameter enthalten: Leitfähigkeit bei einer bestimmten Temperatur, Endotoxine, aerobe Keime, verschiedene anorganische und organische Ionen, organischer Kohlenstoff (TOC). Grenzwerte werden z. B. in folgenden Normen aufgeführt: DIN ISO 3696:1991-06, ASTM D1193-06(2018) und ASTM D5127-13(2018).

8.3 Verfahren zur Bereitung von Reinstwasser

Die Herstellung von Reinstwasser ist ein mehrstufiger Prozess, bei dem je nach Prozesskonfiguration und Anforderungen die folgenden Verfahren eingesetzt werden:

Filtration: Oberflächenfiltration, Anschwemmfiltration, Tiefenfiltration
Membranverfahren: Umkehrosmose (RO), Nanofiltration (NF), Ultrafiltration (UF), Mikrofiltration (MF), Elektrochemische Deionisation (EDI),
Destillation: Hauptsächlich zur Erzeugung von WFI,
Ionenaustausch: Oft in Form von Mischbettaustauschern,
Adsorption: Meist in Form von Aktivkohleadsorbern,
Entgasung: Vakuumentgasung, Vakuumentgasung mit Membranen,
Entkeimung: Mittels ultravioletter Bestrahlung (UV-Bestrahlung) und/oder Ozonierung.

Reinstwasser wird meist zentral durch eine Serienschaltung dieser Verfahren produziert. Dabei können folgende Aufbereitungsstufen unterschieden werden:

1. Die Rohwasservorbehandlung
Zur Rohwasservorbehandlung werden Fällungs- und Flockungsanlagen in Verbindung mit Filtern, z. B. Sandfilter, Schichtenfilter oder Kerzenfilter eingesetzt. Zunehmend werden auch Membranen zur Mikro- oder Ultrafiltration zur Rohwasservorbehandlung verwendet. Man erreicht damit gegenüber den konventionellen Verfahren eine höhere Wasserqualität. Mikroorganismen und kolloidale Verunreinigungen werden damit sicher abgetrennt. Zur Abtrennung organischer Verunreinigungen und zur Chlorabtrennung aus Stadtwasser kommen Adsorber mit Aktivkohle zur Anwendung. Da diese zur Verkeimung neigen, werden sie von Zeit zu Zeit mit Dampf, Heißwasser oder Chemikalien desinfiziert.

2. Die Hauptentsalzung
Zur Hauptentsalzung werden Umkehrosmoseanlagen und/oder Ionenaustauscher eingesetzt. Die Membranen zur Umkehrosmose erlauben die Abtrennung nahezu aller in Wasser gelösten Fremdstoffe und damit auch eine Wasserentsalzung. Der osmotische Druck dieser gelösten Komponenten muss dabei überwunden werden. Das der Umkehrosmoseanlage zugeführte Wasser muss aufbereitet werden, um die angestrebte lange Standzeit der Membranen zu erreichen. Die Vorbehandlung des Rohwassers (Pretreatment) muss auf das Rohwasser und die Umkehrosmose derart abgestimmt sein, dass eine Bildung eines Belags auf der Umkehrosmose-Membran verhindert wird.

Zur Hauptentsalzung werden auch Ionenaustauscher, überwiegend in Form synthetisch hergestellter kugelförmiger organischer Feststoffe (Austauscherharze) eingesetzt. Sie kommen mit einem Kugeldurchmesser im Bereich von 0,3 bis 1,2 mm in Form eines Festbettes zur Anwendung. Der poröse polymere Feststoff (Trägersubstanz) enthält funktionelle Gruppen mit beweglichen Ionen, die gegen andere Ionen mit gleichen Ladungsvorzeichen ausgetauscht werden können. In Kontakt mit Wasser quellen die Harze, so dass die ionischen Gruppen zugänglich und durch niedermolekulare Gegenionen ausgetauscht werden. Je nach Art der funktionellen Gruppen handelt es sich um einen Kationen- oder Anionen-Austauscher. Benutzt man nacheinander oder gleichzeitig Kationenaustauscher mit ersetzbaren H^+-Ionen und ein Anionen-Austauscher mit ersetzbaren OH^--Ionen können alle anderen niedermolekularen Ionen weitgehend aus dem Wasser entfernt werden. Nach der Beladung eines Ionenaustauschers mit Gegenionen kann er durch eine Behandlung mit einer Säure bzw. einer Lauge regeneriert werden. Dabei wird der im Wasser ablaufende Ionenaustausch umgekehrt. In den Ionenaustauschern kann ein Wachstum von Mikroorganismen oft nicht vermieden werden.

3. Die Entgasung

Zur Entfernung von gelösten Gasen wird die Vakuumentgasung, zunehmend in Verbindung mit hydrophoben Membranen, eingesetzt.

4. Die antimikrobielle Nachbehandlung

Zur kontinuierlichen Abtötung von Mikroorganismen kommen hauptsächlich UV-Strahler zur Anwendung. In Einzelfällen wird auch Ozon eingesetzt. Hierzu werden Ozongeneratoren angeboten. Ein Ozongehalt von ca. 0,2 mg/l ist ausreichend, um ein keimarmes Niveau zu erreichen. Rest-Ozon kann durch eine UV-Bestrahlung abgebaut werden. Bei der Anwendung von Ozon ist darauf zu achten, dass ozonbeständige Materialien verwendet werden.

5. Die Feinentsalzung

Zur Erzielung der geforderten geringen Leitfähigkeitswerte wird der Hauptentsalzung meist eine Feinentsalzung nachgeschaltet. Hierzu werden häufig Ionenaustauscher in Form eines Mischbetts eingesetzt. Bei ihnen besteht das Festbettes aus Anionen- und Kationen-Austauscherharzen. Auch die Anwendung der Elektrodeionisation (EDI) hat sich zur Feinentsalzung bewährt. Dabei handelt es sich um ein Kombinationsverfahren aus Elektrodialyse und Ionenaustausch, das kontinuierlich betrieben wird und bei dem quasi die Ionenaustauscher mittels einer Elektrodialyse kontinuierlich regeneriert werden.

6. Die Mikro- bzw. Ultrafiltration

Mit einer nachfolgenden Mikro- bzw. Ultrafiltration werden noch vorhandene Spuren von Partikeln (z. B. Harzabrieb) sowie abgetötete oder lebende Mikroorganismen abgetrennt. Bei Kleinanlagen werden Membran-Filterkerzen eingesetzt. Bei größeren Anlagen kommen Membranmodule in der Crossflow-Betriebsweise zur Anwendung. Oft werden Ultrafiltrationsmembranen verwendet, um auch Pyrogene abzutrennen. Die Membranmodule werden blockweise zusammengefasst, so dass einzelne Blöcke ohne Unterbrechung der Reinstwasserproduktion von Zeit zu Zeit gereinigt und desinfiziert werden können. Bei MF- und UF-Membranen besteht die Möglichkeit, die Membranen regelmäßig auf Beschädigungen mittels eines Integritätstests zu überprüfen (s. Abschn. 7.2.2).

Das erzeugte Reinstwasser wird in der Regel durch eine ständig durchströmte Hauptringleitung und den davon abgehenden Leitungssträngen den einzelnen Verbrauchern zugeführt. Je nach Anwendung sind bei den Verbrauchern sogenannte Point-of-use-Filter installiert. Dies sind meist Membranfilter mit einer Trenngrenze von 0,2 µm oder kleiner in Form von Capsule-Filter oder Filterkerzen mit zugehörigen Gehäusen.

Im Pharmabereich werden die Anlagen zur Erzeugung von Reinstwasser oft in Edelstahl errichtet. In anderen Bereichen werden meist Kunststoffe eingesetzt. PVDF hat sich im Bereich der Elektronikindustrie als Konstruktionswerkstoff und auch als Membranmaterial bewährt. PVDF ist temperaturbeständig bis 140 °C, alterungs- und abrasionsbeständig sowie beständig gegenüber einer Vielzahl von Chemikalien. Es ist ein Thermoplast und damit auch schweißbar. Rohre aus PVDF weisen eine Mittenrauigkeit von Ra = 0,2 µm auf. Es wurden Schweißverfahren zum Verbinden von Rohren und Fittings entwickelt, die eine Verbindung ohne Nut und Wulst ermöglichen.

8.4 Wasserdesinfektion durch eine UV-Bestrahlung

Zur Desinfektion von Wasser wird die UV-Strahlung mit einer Wellenlänge im Bereich von 200 bis 300 nm eingesetzt. Die Strahlung wird z. T. von den Mikroben absorbiert, wodurch deren DNA, Zellmembran und Enzyme zerstört werden. Außerdem werden freie Radikale im Wasser gebildet, welche die Zersetzung begünstigen. Häufig werden Quecksilber-(Hg)-Strahler eingesetzt, die eine starke Emission bei einer Wellenlänge von 254 nm aufweisen.

Die Desinfektion findet nach einer Vorreinigung des Wassers in einer Bestrahlungskammer statt. In ihr wird das Wasser den UV-Strahlen ausgesetzt. Vorteile des Verfahrens sind

- die relativ einfache Integration in neuen oder bestehenden Anlagen,
- die große Anpassungsfähigkeit,
- der Verzicht auf Chemikalien, so dass die chemischen Parameter des Wassers nicht beeinträchtigt werden.

8.5 Wasserdesinfektion mit Ozon

Die desinfizierende Wirkung von Ozon wird in Abschn. 5.2.2 beschrieben. Ozon kann mit verschiedenen Methoden am Ort der Nutzung elektrolytisch erzeugt und in Wasser gelöst werden. Zur nachtäglichen Entkeimung von Reinstwasser wird erfahrungsgemäß eine Ozonkonzentration unter 0,1 mg/l angewendet. Restozon kann rasch durch eine UV-Bestrahlung abgebaut werden. Bei der Anwendung von Ozon ist darauf zu achten, dass ozonbeständige Materialien eingesetzt werden. Infolge der Oxidationsprodukte kommt es

Tab. 8.1 Verfahren zur Verhinderung einer Verkeimung von Reinstwasser-Verteilsystemen

Verfahren	Problematik
Periodische Desinfektion mit Chemikalien	– Arbeitsintensiv – Betriebsunterbrechung – Abbau und Ausspülung von Restchemikalien – Schwankung der Wasserqualität
Dampfsterilisation	– Installations- und Betriebskosten – Betriebsunterbrechung – Verfügbarkeit von Dampf erforderlich – Schwankung der Wasserqualität
Sterilfiltration	– Kein Schutz des gesamten Netzes – Durchbruchgefahr – Periodische Sterilisation erforderlich – Integritätstests erforderlich
UV-Bestrahlung	– Nur begrenzte Wirkung im Strahlengang – Kein Schutz des gesamten Netzes – Keine 100 %ige Desinfektion – Sterilfiltration erforderlich
Heißlagerung	– Installations- und Betriebskosten – Abkühlung am „point of use" oft erforderlich

zu einem Anstieg der Leitfähigkeit, so dass der antimikrobiellen Nachbehandlung eine Feinentsalzung nachgeschaltet wird.

Ozon wird auch eingesetzt, um in Reinstwasser-Verteilsystemen eine Wiederverkeimung zu verhindern. Dabei ist wichtig, dass das gesamte Verteilsystem erfasst wird. In Tab. 8.1 sind auch alternative Sterilisations- und Desinfektionsmethoden zur Verhinderung einer Verkeimung eines Reinstwasser-Verteilsystems aufgeführt.

Literatur

World Health Organization (2022) Guidelines for drinking-water quality: fourth edition incorporating the first and second addenda. World Health Organization, Geneva

Kistemann T, Schulte W, Rudat K (2012) Gebäudetechnik für Trinkwasser; Fachgerecht planen, rechtssicher ausschreiben, nachhaltig sanieren. Springer Vieweg, Berlin, Heidelberg

9 Reinraumtechnik

9.1 Einleitung

Reinräume sind in vielen Industriezweigen erforderlich. Insbesondere in Produktionsbereichen vieler Hightech-Branchen, wie z. B. der Elektronik- und Halbleiterindustrie, sind sie unerlässlich. Mit dem Trend zur Miniaturisierung in diesen Industriezweigen kann erwartet werden, dass die Bedeutung der Reinraumtechnologie noch zunehmen wird. Auch bei den Arbeitsmethoden der Mikrobiologie und der Gentechnik sowie bei der Herstellung von Arzneimitteln, Medizinprodukten, Feinchemikalien und Lebensmitteln muss die Konzentration von schädlichen Keimen und Partikeln in der umgebenden Luft durch die Reinraumtechnik reduziert werden.

Nach der DIN EN ISO 14644-1:2016-06 ist ein Reinraum ein „festgelegter Bereich, in dem die Konzentration luftgetragener Partikel geregelt wird und klassifiziert ist und der zur Regelung der Einschleppung, Entstehung und Ablagerung von Partikeln im Bereich entsprechend baulich ausgeführt und betrieben wird." Es handelt sich damit um einen abgeschlossenen kontaminationskontrollierten Bereich, in dem festgelegte prozess- und produktspezifische Reinheitsanforderungen zu gewährleisten sind. Der Bereich kann unterschiedlich groß sein. Es kann sich dabei um einen kompletten Arbeitsraum oder eine gekapselte Kabine einer Maschine oder einer Werkbank, um ein sogenanntes Mini-Environment, handeln. In ihnen wird die Konzentration luftgetragener Partikeln auf einen geringen Wert beschränkt. Der Begriff Partikel schließt auch Mikroorganismen mit ein. Um einen unkontrollierten Lufteintritt von außen zu vermeiden, wird in dem „festgelegten Bereich" gegenüber der Umgebung ein geringer Überdruck von 10 bis 20 Pa im Raum eingestellt. In ihm werden meist auch die klimatischen Bedingungen (Temperatur und Luftfeuchte) auf festgelegten Werten konstant gehalten. Die zu kontrollierenden Parameter werden über die Zeit erfasst und damit überwacht. All diese Maßnahmen dienen dazu, jederzeit definierte Luft-Bedingungen in dem „festgelegten Bereich" zu gewährleisten.

In Produktionsbereichen sind Reinräume meist mit einer sterilen und ultrareinen Prozesstechnik gekoppelt. An Arbeitsgeräte und Einrichtungsgegenstände werden besondere

S. Ripperger, K. Nikolaus, *Anlagentechnik für sterile und ultrareine Prozesse*,
https://doi.org/10.1007/978-3-662-69217-2_9

Anforderungen gestellt. Das Arbeitspersonal in den Räumen muss strenge Auflagen erfüllen, wie z. B. das Tragen einer speziellen Schutzkleidung und Atemmasken. Oft kann nur in dieser Kombination eine potenzielle Kontaminationsgefahr für die Produkte vermieden werden. So z. B. bei der Fertigung elektronischer Mikrochips, wo kleinste Partikeln die Funktion der integrierten Schaltkreise, mit einer Strukturbreite im Bereich von Bruchteilen eines Mikrometers, stören. Auch in vielen anderen Bereichen werden Produkte in Reinräumen gefertigt, um die Qualitätsansprüche zu erfüllen. In der pharmazeutischen Industrie werden Wirkstoffe unter definierten Bedingungen in sogenannten Isolatoren verarbeitet. Damit wird der Schutz des Produktes vor einer Kontamination und gleichzeitig der Schutz der Mitarbeiter vor den gefährlichen Produkten gewährleistet. Anders als in vielen technischen Branchen sind die einzuhaltenden Bedingungen in Bereichen der Life-Science-Branche standardisiert und gesetzlich reglementiert. Die mikrobiologische Qualität ist bei Arzneimitteln, Medizinprodukten und Kosmetika national wie international geregelt.

Auch bei der Verarbeitung von Lebensmitteln setzen sich vermehrt Reinraumkonzepte durch. Anders als für Pharmaprodukte und Kosmetika ist eine hochreine Verarbeitung dieser Produkte nicht vorgeschrieben. Die Lebensmittelgesetze lassen Herstellern einen großen Spielraum. Da jedoch zunehmend auf Konservierungsstoffe verzichtet wird, ist zur Erreichung der vom Handel und den Verbrauchern geforderten Haltbarkeit eine an Keimen arme Umgebungsluft und Verpackung notwendig. Daher werden heute z. B. auch Joghurt, Wurst, Käse, Salate und Getränke unter reinen Umgebungsbedingungen verarbeitet, maschinell abgefüllt und verpackt. Auf diese Weise kann meist auf zusätzliche Desinfektionsmethoden, z. B. auf eine Bestrahlung mittels UV-Strahlen oder Gammastrahlen, verzichtet werden.

Die Ausführung der Reinraumtechnik hängt maßgeblich vom Prozess und den jeweiligen Anforderungen an das Produkt ab. Zur Reinraumbranche gehören auch Zulieferer von Filtern, Schleusen, Bekleidung, Steuerungs- und Überwachungssystemen und Zubehör. Zu tieferen Einarbeitung in die Reinraumtechnik wird das Buch von L. Gail und U. Gommel (2018) empfohlen.

9.2 Klassifikation von Reinräumen

Die Anforderungen an Reinräume richten sich nach darin ausgeübten Tätigkeiten und den hergestellten Produkten. Bei der Festlegung der Reinheitsanforderungen wird die Partikelgrößenverteilung in der Luft im Reinraum berücksichtigt. Als eine Grundlage für die Errichtung und den Betrieb von Reinräumen haben sich die ISO 14644, die VDI-Richtlinie 2083 sowie der EU-GMP-Leitfaden weitgehend durchgesetzt.

Die DIN EN ISO 14644-1:2016-06 legt Grenzwerte für die maximal zulässige Partikelkonzentration pro m^3-Luft fest und ordnet diese den Reinraumklassen ISO 1 bis 9 zu. Die Reinraumklasse 1 erzielt die höchste Reinheit, die Klasse 9 die niedrigste. Bei der Reinheitsklasse ISO 1 dürfen nur 10 Partikeln $>0{,}1\,\mu m$ in einem m^3 Luft auftreten (sie-

Tab. 9.1 Partikelreinheitsklassen der Luft für Reinräume nach DIN EN ISO 14644-1:2016-06

	Höchstwert der Partikelkonzentration (Partikeln je m³ Luft) gleich oder größer als die betrachteten Partikelgrößen				
ISO Klassifizierungszahl (N)	0,1 µm	0,3 µm	0,5 µm	1 µm	5 µm
ISO Klasse 1	10	–	–	–	–
ISO Klasse 2	100	10	4	–	–
ISO Klasse 3	1000	102	35	–	–
ISO Klasse 4	10.000	1020	352	8	–
ISO Klasse 5	100.000	10.200	3520	83	29
ISO Klasse 6	1.000.000	102.000	35.200	832	293
ISO Klasse 7	–	–	352.000	8320	2930
ISO Klasse 8	–	–	3.520.000	83.200	29.300
ISO Klasse 9	–	–	35.200.000	832.000	293.000

he Tab. 9.1). Bei der Reinheitsklasse 9 sind dagegen noch 32.200.000 Partikeln > 0,5 µm und 29.300 Partikel > 5 µm erlaubt. Die Normenreihe berücksichtigt auch Aspekte zu Planung, Betrieb und Kontrolle von Reinräumen. In der Tab. 9.2 sind die Überschriften der einzelnen Blätter der Normenreihe DIN EN ISO 14644 und damit die darin behandelten Themen aufgeführt. Die Norm wurde hauptsächlich im Zusammenhang mit den Anforderungen in der Halbleiterindustrie entwickelt. Sie wird jedoch auch in vielen anderen High-Tech-Branchen angewendet.

In der Außenluft in Städten muss mit einer Partikelkonzentration zwischen 10^6 bis 10^8 Partikeln größer als 1 µm in einem Kubikmeter gerechnet werden.

Der EU-GMP-Leitfaden, Annex 1, definiert Grenzwerte für die mikrobiologische Kontamination durch Mikroorganismen und durch Partikel in der Luft von Reinräumen. Der Leitfaden ist bei der Herstellung von pharmazeutischen Produkten zu beachten. Unterschieden werden die Reinraumklassen A, B, C und D. Die strengsten Maßstäbe werden an die Klasse A gestellt.

Die VDI-Richtlinienreihe 2083 ergänzt und erweitert die ISO 14644 und den EU-GMP-Leitfaden. In Blatt 1 werden konkrete Anforderungen an die Reinheit der Raumluft, des Arbeitsplatzes (Oberflächen, Maschinen, Werkzeuge), der Prozessmedien (Gase, Flüssigkeiten, Chemikalien) und der Mitarbeiter formuliert. Sie nimmt stark Bezug auf die ISO 14644-1 und enthält auch Hinweise zur Kontrolle, Planung und dem Betrieb von Reinräumen. Sie ergänzt die Norm durch praktische Aspekte des Betriebs, wie zum Beispiel zur Energie- und Kosteneffizienz oder zur Biokontamination. Zudem finden sich branchenspezifische Hinweise, unter anderem für Mikroelektronik, Pharmazie oder Life-Science-Anwendungen.

Die Entwicklungen der Reinraumtechnik sind nicht abgeschlossen. Nach Ausweitung der Reinheitsklassen auf Nanopartikeln müssen diese mit neuen Messverfahren erfasst werden. Wenn künftig Partikeln mit einer Größe unter 5 nm als „Critical Particle Size/ Molekulare Kontamination" eingestuft und überwacht werden, wird eine neue VDI/ISO-

Tab. 9.2 Liste der Normenreihe DIN EN ISO 14644 „Reinräume und zugehörige Reinraumbereiche“

Norm	Inhalt
ISO 14644-1:2016	Teil 1: Klassifizierung der Luftreinheit anhand der Partikelkonzentration
ISO 14644-2:2016	Teil 2: Überwachung zum Nachweis der Reinraumleistung bezüglich Luftreinheit anhand der Partikelkonzentration
ISO 14644-3:2020	Teil 3: Prüfverfahren
ISO 14644-4:2023	Teil 4: Planung, Ausführung und Erstinbetriebnahme
ISO 14644-5:2005	Teil 5: Betrieb
ISO 14644-7:2005	Teil 7: SD-Module (Reinlufthauben, Handschuhboxen, Isolatoren und Mini-Environments)
ISO 14644-8:2022	Teil 8: Bewertung der chemischen Luftreinheit
ISO 14644-9:2022	Teil 9: Bewertung der partikulären Oberflächenreinheit
ISO 14644-10:2022	Teil 10: Bewertung der chemischen Oberflächenreinheit
ISO 14644-12:2018	Teil 12: Spezifikationen für die Überwachung der Luftreinheit anhand der Nanopartikelkonzentration
ISO 14644-13:2017	Teil 13: Reinigung von Oberflächen zur Erreichung definierter Reinheitsgrade hinsichtlich Partikel- und Chemikalienklassifikationen
ISO 14644-14:2017	Teil 14: Bewertung der Reinraumtauglichkeit von Geräten durch Partikelkonzentration in der Luft
ISO 14644-15:2018	Teil 15: Bewertung der Reinraumtauglichkeit von Ausrüstungsgegenständen und Materialien anhand der chemischen Luft- und Oberflächenkonzentration
ISO 14644-16:2020	Teil 16: Energieeffizienz von Reinräumen und Reinluftgeräten
ISO 14644-17:2021	Teil 17: Anwendungen zur Partikelabscheidungsrate
ISO 14644-18:2023	Teil 18: Bewertung der Reinraumtauglichkeit von Verbrauchsgegenständen

Klassifikation nötig. Die bislang höchste Klasse ISO 1 berücksichtigt wie in Tab. 9.1 angegeben nur Partikeln bis zu einer Größe von 100 nm.

Neben den Nanopartikeln stellen auch die vermehrungsfähigen Organismen, wie Bakterien, ein Problem dar. Der Nachweis der Keimfreiheit erfordert meist einige Tage. Es existiert dazu die VDI-Richtlinie 2083 Blatt 18 „Reinraumtechnik – Biokontaminationskontrolle“, die dem Bedarf nach einer Regelsetzung für hygienegerechtes Design von Reinräumen Rechnung trägt.

Große Reinräume mit einer anspruchsvollen Reinheitsklasse, wie sie z. B. im Zusammenhang mit der Herstellung und Verarbeitung von Wafern noch betrieben werden, werden heute nur noch selten errichtet. Im Zuge der Entwicklung wurden die Anforderungen an die Umgebung, in der sich auch Personen aufhalten, gesenkt und dadurch Kosten gespart. Diese Entwicklung wurde durch die Einrichtung von sogenannten Mini-Environments an den Maschinen, in denen die hohen Anforderungen eingehalten werden, möglich. Die Maschinen und der darin enthaltene Arbeitsraum werden so gestaltet, dass die notwendige hohe Reinheit innerhalb des Arbeitsraums gewährleistet wird, während die Umgebung eine niedrigere Reinheitsklasse aufweist.

9.3 Luftführung in Reinräumen

Reinräume können sich in der Reinraumklasse aber auch in der Luftführung innerhalb des Raumes unterscheiden. Um eine geringe Partikelkonzentrationen in einem Reinraum zu gewährleisten, ist es notwendig, dass erzeugte und eingetragene Partikeln mit der zugeführten reinen Luft möglichst schnell aus dem Reinraum ausgetragen werden. Aus dem ausgetragenen Luftstrom werden die Partikeln mittels einer Filtration abgetrennt. Die filtrierte Luft wird dem Reinraum wieder zugeführt. Der Luftstrom wird also stetig gefiltert und umgewälzt (Umluftbetrieb). Ein wichtiger Betriebsparameter dabei ist die Luftwechselrate n. Sie gibt das Vielfache des Raumvolumens an, das dem Raum in einer bestimmten Zeitspanne als Zuluft zugeführt bzw. als Abluft abgeführt wird. Sie wird meist in der Einheit 1/Stunde angegeben.

Bei einer idealen Verdrängung der kontaminierten Luft durch die Frischluft würde jedes Volumenelement n-mal in einer Stunde mit ausgetauscht. Bei einer Vermischung der Luft und ggf. einer Kurzschlussströmung wird das Raumvolumen auch n-mal pro Stunde ausgetauscht, wobei sich jedoch die Aufenthaltsdauer einzelner Kontaminationen in der Luft im Raum deutlich unterscheiden können. Es muss daher zwischen einer turbulenzarmen Verdrängungsströmung einer turbulenten Verdünnungsströmung unterschieden werden.

Bei der turbulenten Verdünnungsströmung werden durch die Wirbelbildung alle freigesetzten Emissionen im Raum verteilt, wobei jedoch die hochreine Zuluft für eine stetige Verdünnung der Kontaminationen sorgt. Bei einer sachgerechten Auslegung und Wahl der Luftwechselrate wird auf diese Weise die geforderte Reinraumklasse an allen Stellen im Raum eingehalten. Die notwendige Luftwechselrate ist stark von der einzuhaltenden Reinheitsklasse abhängig. Generell muss darauf geachtet werden, dass Partikel erzeugende Prozesse und Vorgänge im Reinraum minimiert werden.

Durch die Luftumwälzung werden gleichzeitig auch die vorgegebenen klimatischen Bedingungen im Reinraum konstant gehalten. Die Umwälzung einer großen Luftmenge und ihre Aufbereitung (Filtration, Kühlung oder Erwärmung) erfordert einen erheblichen gerätetechnischen Aufwand und einen hohen Energiebedarf. Die Umluftmenge wird wesentlich von der gewählten Reinraumklasse, den ablaufenden Vorgängen im Reinraum und ggf. der abzuführenden Wärme beeinflusst. Partikelemittenten im Raum sind die dort arbeitenden Personen und die darin ablaufenden Prozesse. Eine Person kann je nach Bewegungsablauf in Reinraumkleidung zwischen 10^5 und $5 \cdot 10^6$ Partikeln $< 0{,}5\,\mu m$ pro Minute emittieren. Generell ist es notwendig, auf eine möglichst geringe Partikelgenerierung im Reinraum zu achten und eine an die jeweiligen Anforderungen angepasste Reinraumklasse festzulegen.

Dem Ideal einer turbulenzarmen Verdrängung der kontaminierten Luft durch die einströmende Frischluft kommt man nahe, wenn die Reinluft gleichmäßig über die Decke vertikal in den Raum einströmt und über den perforierten Boden oder in Bodennähe am Rand des Reinraums abgesaugt wird. Der größte Teil der Luft wird wieder gefiltert und als Umluft dem Reinraum wieder zugeführt. Die Decke ist in diesem Fall mit Schwebstofffiltern im Deckenraster nahezu vollständig belegt. Die Luftwechselraten liegen oft im Bereich von 300/h bis 600/h. Entsprechend hoch sind die Luftvolumenströme.

Bei einer sogenannten Druckdecke befindet sich über den Schwebstofffiltern ein Raum mit einem Überdruck von 80–120 Pa, das sogenannte Plenum, über das alle Filter mit Luft versorgt werden. Das Plenum muss entsprechend druckdicht ausgeführt werden. Auf eine druckdichte Ausführung des Plenums kann verzichtet werden, wenn Filter-Ventilator-Einheiten (engl. Filter-Fan-Units bzw. FFUs) verwendet werden. Es handelt sich dabei um Einheiten, die eine Kombination eines Schwebstofffilters mit einem kleinen Ventilator beinhalten, der aus dem Plenum die Luft frei ansaugt und durch den Filter in den Reinraum fördert. In diesem Fall herrscht im Plenum ein Unterdruck.

Wenn die Luft nur an wenigen Stellen im Raum über Filter in der Decke zugeführt und in Bodennähe über Wandgitter abgeführt wird, bilden sich Querströmungen und Turbulenzen aus, die für eine Vermischung sorgen. In solchen Fällen wird die Luft oft über Filterhauben mit integrierten Schwebstofffilter zugeführt, die über flexible Verbindungen mit Luftkanälen verbunden sind. Eine turbulenzarme horizontale Strömung von einer Filterwand zur gegenüberliegenden Wand wird selten verwirklicht.

Die zugehörigen Umluftgeräte sind in großen Reinräumen, wie sie z. B. zur Halbleiterfertigung errichtet werden, in einer zusätzlichen Gitterrostebene oberhalb des Reinraums bzw. des Plenums angeordnet. Mehrere Reinräume können auch mit einem zentralen Umluftsystem verbunden sein. In diesem Fall sind die zugehörigen Geräte in einem separaten Raum untergebracht. Die Reinräume sind in diesem Fall über Luftkanäle mit dem Umluftsystem verbunden. Die Strömungswiderstände im Kanalnetz sorgen dabei für zusätzliche Energiekosten. Dies ist von Bedeutung, da die Kosten für elektrische Energie zum Betrieb der Umluftventilatoren einen erheblichen Anteil der Betriebskosten von Reinräumen ausmachen. Je nach Auslegung wird der Umluft auch Außenluft zugeführt. Es muss auch berücksichtigen werden, dass bei einem zentralen Umluftsystem mit mehreren angeschlossenen Reinräumen die Luft aus verschiedenen Räumen gemischt wird, so dass Querkontaminationen von einem Raum zum anderen auftreten können.

Wenn jeder Reinraum mit einem eigenen Umluftsystem ausgestattet ist, spricht man von dezentralen Umluftsystemen. In diesem Fall sind keine langen Strömungskanäle notwendig, so dass geringere Strömungswiderstände zu überwinden sind, was sich günstig auf die Energiekosten auswirkt. Außerdem können kleinere Komponenten verbaut und diese den jeweiligen Anforderungen angepasst werden. Da jeder Reinraum ein eigenes Umluftsystem besitzt ist eine Quervermischung mit anderen Räumen ausgeschlossen.

9.4 Containment in der Prozesstechnik

Ein Containment soll die Mitarbeiter vor dem Produkt und das Produkt vor den Mitarbeitern schützen. Dies gilt insbesondere im Pharmabereich, wenn hochaktive Wirkstoffe hergestellt werden, die für die Mitarbeiter als gefährlich eingestuft werden. In diesem Fall gelten besondere Regeln. Die zulässigen Staubmengen in der Luft am Arbeitsplatz hängen von den jeweiligen Wirkstoffen ab, die im Staub enthalten sind. Nach der Gefahrstoffverordnung GefStoffV (2010) erfolgt die Gefährdungsbeurteilung und darauf aufbauend die Festlegung der Schutzmaßnahmen nach einem Schutzstufenkonzept. Die Einteilung in eine der Schutzstufen erfolgt anhand der Toxizität der Stoffe und der zu erwartenden Exposition bei der Tätigkeit.

Im Bereich der pharmazeutischen Industrie werden zur Einteilung der Schutzstufen die „Occupational Exposure Band (OEB)" bzw. „Occupational Exposure Limit (OEL)" angewendet. Sie geben Auskunft darüber, welches Gefährdungspotential von einem Stoff ausgeht. Der OEB-Wert beschreibt dabei die Toxikologie des reinen Stoffes, während OEL die durchschnittliche Konzentrationsgrenzbelastung durch den Wirkstoff während einer 8-h-Schicht auf das Personal ausdrückt. Die Werte dienen auch dazu, Chemikalien bestimmten Kategorien (Bändern) zuzuordnen. Ein Verfahren zur Zuordnung wurde vom „National Institute for Occupational Safety and Health (NIOSH)" in den USA entwickelt. Es kann auf ein breiteres Spektrum von Chemikalien angewendet werden. Die Zuordnung basiert dabei auf der Grundlage der toxikologischen Potenz einer Chemikalie und der negativen gesundheitlichen Auswirkungen im Zusammenhang mit einer Exposition gegenüber der Chemikalie.

Beide Werte haben sich als Arbeitsplatzgrenzwerte, jeweils mit der Einheit $\mu g/m^3$, etabliert. Die Angaben reichen von $> 1000\,\mu g/m^3$ für Stoffe mit einem geringen Gefährdungspotential (OEL 1) bis zu $< 10\,\mu g/m^3$ für Stoffe mit einem hohen Gefährdungspotential (OEL 4) und $< 1\,\mu g/m^3$ für OEL 5. Eine Basis zur Bestimmung der Werte ist der NOEL (no observed effect level) mit der Einheit mg/kg Körpermasse. Der OEL-Wert wird wie folgt bestimmt:

$$OEL = \frac{NOEL \cdot m_K}{a \cdot V_{8h} \cdot b \cdot S} \tag{9.1}$$

Dabei ist m_K die Körpermasse und V_{8h} das Volumen, das ein Mitarbeiter in 8 h einatmet. Mögliche kumulierte Konzentrationen im Blutplasma, die durch eine wiederholte Aufnahme von toxischen Stoffen verursacht werden, können durch den Faktor S eingebunden werden. Mit dem Faktor a können Unsicherheiten bei der OEL-Bestimmung berücksichtigt werden. Der Faktor b beschreibt Unterschiede in der Bioverfügbarkeit zwischen inhalierter Aufnahme und ggf. einer abweichenden Art der Verabreichung.

Anhand der OEL- bzw. OEB-Werte kann abgeleitet werden, welche Maßnahmen im Einzelnen zu treffen sind. Die über die Jahre gestiegene Anzahl hochaktiver Stoffe führt dazu, dass mittlerweile in vielen Bereichen ein OEL von 5 im Bereich der pharmazeutischen Industrie oft als Standard gilt. OEL 5 bedeutet eine Belastung von weniger als $1\,\mu g/m^3$.

Mittlerweile werden Containments auch in anderen Bereichen, z. B. bei Allergie auslösenden Produkten oder Chemikalien, angewendet.

9.5 Filter für die Reinraumtechnik

In der Reinraumtechnik kommen als letzte Stufe einer Filterkaskade, so genannte Schwebstofffilter zum Einsatz, welche kritische Partikel zu nahezu 100 % aus der Zu- bzw. Umluft abscheiden. Bei ihnen handelt es sich überwiegend um plissierte Filtermatten, welche in einem Rahmen angeordnet sind. Als Filtermittel werden meist Glasfaservliese mit Faserdurchmesser im Bereich von 0,5 bis 5 µm verwendet. Um die Standzeit von Schwebstofffilter zu verlängern, werden Tiefenfilter in Form von Taschen- oder Kassettenfilter zur Vorfiltration eingesetzt.

Schwebstofffilter werden in Europa nach DIN EN 1822-1:2019-10 in verschiedene Filterklassen eingeteilt. Danach unterscheidet man die Filterklassen E10–E12 (EPA), H13–H14 (HEPA) und U15–U17 (ULPA) (siehe Tab. 9.3). Die Bezeichnungen stehen für „High Efficiency Particulate Airfilter – HEPA" und „Ultra Low Penetration Airfilter – ULPA". Die Partikelabscheidung ist bei diesen Filtern unter anderem von der Partikelgröße abhängig. Im Partikelgrößenbereich von 0,1 bis 0,4 µm besteht ein Abscheideminimum (Abscheidelücke). Daher werden Schwebstofffilter anhand ihrer Abscheidung gegenüber der Partikelgröße mit dem geringsten Abscheidegrad klassifiziert. Man spricht auch von der „Most penetrating Particle Size" (MPPS). Zur Prüfung wird ein Aerosol generiert, womit die Filterfläche lokal beaufschlagt und im Laufe des Tests praktisch abgescannt wird. Man unterscheidet daher auch zwischen der Gesamteffizienz des Filters und der Effizienz der schlechtesten lokalen Stelle.

Tab. 9.3 Einteilung der Filterklassen nach DIN EN 1822-1:2019-10 und ISO 29463-1:2017-09

Filterklasse	EN 1822	ISO 29463	Abscheidegrad (gesamt) [%]	Abscheidegrad (lokal) [%]
EPA	E10	–	≥ 85	–
	E11	ISO 15 E	≥ 95	–
		ISO 20 E	≥ 99	
	E12	ISO 25 E	≥ 99,5	–
		ISO 30 E	≥ 99,9	
HEPA	H13	ISO 35 H	≥ 99,95	≥ 99,75
		ISO 40 H	≥ 99,99	≥ 99,95
	H14	ISO 45 H	≥ 99,995	≥ 99,975
		ISO 50 H	≥ 99,999	≥ 99,995
ULPA	U15	ISO 55 U	≥ 99,9995	≥ 99,9975
		ISO 60 U	≥ 99,9999	≥ 99,9995
	U16	ISO 65 U	≥ 99,99995	≥ 99,99975
		ISO 70 U	≥ 99,99999	≥ 99,9999
	U17	ISO 75 U	≥ 99,999995	> 99,9999

Von der DIN EN 1822-1 wurde die internationale Normreihe ISO 29463 abgeleitet. Diese spezifiziert in Teil 1 insgesamt 13 Filterklassen von ISO 15 E bis ISO 75 U (siehe Tab. 9.3).

Um die Standzeit der Schwebstofffilter zu verlängern, werden Standardluftfilter zur Filtration von Grob- und Feinstaub vorgeschaltet, die auch in Klima- und Lüftungsanlagen von Gebäuden eingesetzt werden. Es handelt sich dabei meist um sogenannte Taschenfilter. Ihre Klassifizierung und Prüfung wird in Europa durch die Normenreihe DIN EN ISO 16890 geregelt. Das im Teil 1 (2017-08) beschriebene Prüfverfahren ist für Volumenströme zwischen 900 und 5400 m^3/h anwendbar, bei einem Prüfstand mit einer nominellen Anströmfläche von 610 mm × 610 mm (24 Inch × 24 Inch).

Literatur

Gail L, Gommel U (2018) Reinraumtechnik. Springer, Berlin, Heidelberg

Gefahrstoffverordnung – GefStoffV (2010) Verordnung zum Schutz vor Gefahrstoffen (letzte Änderung 2021)

Single-Use-Produkte und -Systeme 10

10.1 Entwicklung der Single-Use Technologie (SUT)

Für den Einsatz in der Biotechnologie und biopharmazeutischen Labortechnik werden steril ausgelieferte Produkte, wie z. B. Kunststoffflaschen, Kunststoffbeutel, Filtercapsulen, Schlauchsysteme und Behälter, für den einmaligen Gebrauch angeboten. Sie werden auch als Single-Use-Produkte bzw. als Disposables bezeichnet. Diese Nutzung solcher Produkte wurde mittlerweile auf hygienisch sensible Produktionsprozesse ausgeweitet.

Der Einsatz sterilisierter Single-Use-Produkte zur Durchführung verfahrenstechnischer Grundoperationen hat ihren Ursprung in der Medizintechnik. Zur Durchführung der Hämodialyse wurden neben den in der Regel nur einmal verwendeten Dialysator auch sterilisierte Schlauchsysteme zum einmaligen Gebrauch entwickelt. Zur Förderung der Flüssigkeiten werden die Schläuche in Schlauchpumpen eingesetzt, wodurch ein Kontakt der zu fördernden Medien mit der Umgebung sicher vermieden wird. In den 70er Jahren des letzten Jahrhunderts wurden auf Basis dieser Technik auch Hohlfaser-Bioreaktoren zur Züchtung von Säugerzellen entwickelt (Knazek et al. 1972). Sie waren die Basis für die ca. 10 Jahre spätere in vitro-Produktion diagnostischer und therapeutischer Antikörper im mg-Bereich. In dieser Zeit wurden auch sterile Capsule-Filter entwickelt, welche kein gesondertes Gehäuse mehr benötigten. All diese Produkte wurden aus Kunststoffen gefertigt und waren zum einmaligen Gebrauch bestimmt. Sie wurden in sterilisierter Form ausgeliefert und waren damit direkt einsetzbar.

Die Entwicklung von Single-Use-Produkten ging danach über einzelne Komponenten hinaus und erstreckt sich heute auch auf Bioreaktoren und mehrere Verfahrensstufen des Upstream- und Downstream-Processing. Sie werden überwiegend zur Kultivierung von Säugerzellen und zur Produktion von therapeutischen Wirkstoffen genutzt. Vom Einsatzgebiet und der Art der Produkte hängt es ab, wann sie verworfen und entsorgt werden. Einige müssen nach jeder Produktionscharge verworfen werden, andere können über mehrere Chargen genutzt werden.

S. Ripperger, K. Nikolaus, *Anlagentechnik für sterile und ultrareine Prozesse*,
https://doi.org/10.1007/978-3-662-69217-2_10

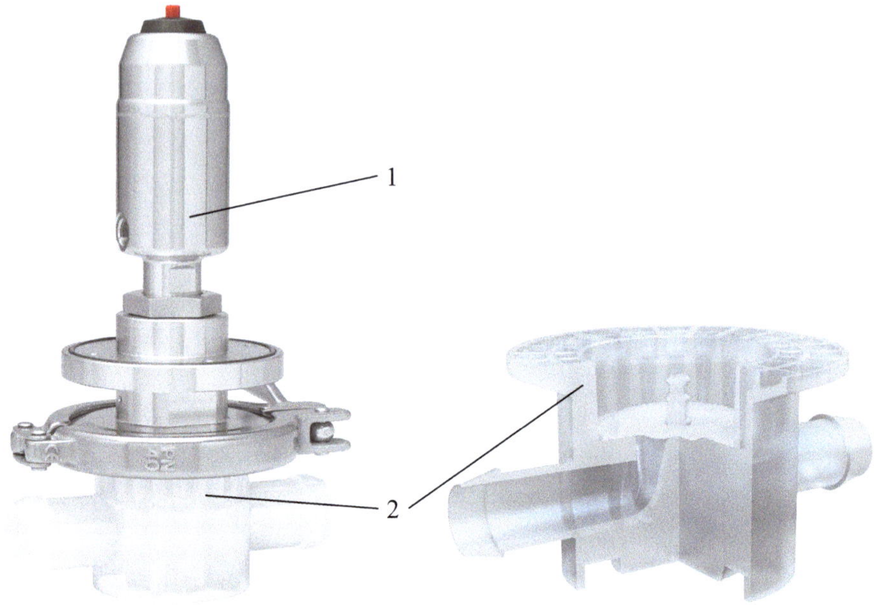

Abb. 10.1 Pneumatischer Antrieb (1) für Single-Use-Membranventile mit adaptiertem Single-Use-Membranventilkörper (2) in vergrößerter Darstellung. (Foto und 3D-Modell: © GEMÜ Gebr. Müller Apparatebau GmbH & Co. KG)

Die Anwender können heute auf eine Vielzahl von Single-Use-Komponenten unterschiedlicher Anbieter zurückgreifen. Die Abb. 10.1 zeigt beispielsweise einen pneumatischen Antrieb für ein Membranventil (siehe auch Abb. 6.7) in Single-Use-Ausführung. Die Verbindung des Antriebs mit dem medienberührenden Single-Use-Ventil erfolgt über eine Klemmverbindung (siehe Abb. 6.4). Das Single-Use-Membranventil besteht aus einem Ventilkörper mit einer aufgeschweißten Dichtmembran. Membran und Druckstück des Antriebteils können durch eine Arretierung miteinander verbunden bzw. voneinander gelöst werden. Nach Gebrauch kann der Ventilkörper mitsamt Membran vom Antrieb getrennt und ausgetauscht werden, während der Antrieb mehrfach verwendbar ist und in der Anlage verbleibt.

Weitere Entwicklungen auf dem Gebiet der Single-Use Technology (SUT) werden von Brod et al. (2012) und in Sonderheften der Fachzeitschrift „Chemie Ingenieur Technik“ beschrieben (Eibl und Eibl 2013; 2022).

10.2 Vor- und Nachteile von Single-Use-Produkten

Die Ausführung einer Produktionslinie mit Single-Use-Produkten bedeutet, dass kein Teil, das mit dem herzustellenden Produkt oder den dazu notwendigen Ausgangsstoffen in Berührung kommt, gereinigt und sterilisiert werden muss. Dadurch entfällt der apparative Aufwand für die Durchführung von CIP- (CIP – Cleaning in Place) und SIP-Prozeduren (SIP – Sterilization in Place). Außerdem werden Wasser und chemische Reinigungs- und Desinfektionsmitteln eingespart. Da bei jedem Ansatz oder einer Produktumstellung eine neue bzw. saubere Oberfläche angeboten wird, wird eine Kreuzkontamination sicher ausgeschlossen. Für den Pharmabereich werden validierte Produkte angeboten, so dass damit der Qualifizierungsaufwand für eine Anlage reduziert wird. Dadurch können Entwicklungs- und Implementierungszeiten wesentlich verkürzt werden. Außerdem entfällt der zeitliche und personelle Aufwand zur Validierung der Apparatereinigung. Diese Zeitersparnis ist von Vorteil, wenn eine schnelle Reaktion auf Markterfordernisse notwendig ist. Dies ist z. B. der Fall, wenn ein neuer Impfstoff in kurzer Zeit in nennenswerten Mengen hergestellt werden muss.

Durch den Einsatz von Single-Use-Produkten werden in der Regel auch Investitionskosten eingespart und der Platzbedarf für eine Anlage reduziert, weil Vorratsbehälter, Pumpen und Rohrleitungen für die Reinigung entfallen. Der Aufwand für die Verbrauchsprodukte schlägt bei den laufenden Betriebskosten zu Buche. Bei einer Chargenproduktion wird wegen kurzer Rüstzeiten mit Single-Use-Produkten oftmals auch die Auslastung bzw. die Gesamtproduktivität einer Anlage erhöht.

Single-Use-Produkte werden aus verschiedenen Kunststoffen gefertigt und in steriler Form angeliefert. Ihre Sterilisation erfolgt in der Regel durch eine Gamma-Bestrahlung. Ethylenoxid als Sterilisationsmittel wird nur in wenigen Fällen noch angewendet. Aufgrund der verschiedenen Kunststoffe liegt eine hohe Komplexität bei ihrer Validierung für Anwendungen in der pharmazeutischen Produktion und in der Lebensmitteltechnik vor (siehe hierzu auch den Abschn. 7.2 zur Validierung von Filtern für die Entkeimungsfiltration). Die hierzu bestehenden Anforderungen, die in der EU und in den USA verschieden sein können, müssen beachtet werden.

Single-Use-Produkte aus Kunststoff werden in der Regel bis zu einer Temperatur von ca. 60 °C eingesetzt. Wer beispielsweise mit Mikroorganismen arbeitet, die nach abgelaufener Fermentation noch im Reaktor durch Erhitzen abgetötet werden müssen, wird Kunststoffteile nur begrenzt einsetzen. Bei Anlagen einer bestimmten Größe zur Produktion eines gleichen Produktes bzw. mit Produktwechseln in großen Abständen kann eine reinigbare Anlagenausführung aus Edelstahl wirtschaftlicher sein.

Im Gegensatz zu Filtern, lassen sich viele andere Single-Use-Produkte bei der Anlieferung nicht auf Integrität prüfen. Bei solchen Produkten kann daher meist vor der Benutzung nicht festgestellt werden, ob sie beschädigt sind, was letztlich zu einer Kontamination führen kann. Daher ist ein hoher Qualitätsstandard beim Hersteller erforderlich. Im Abschn. 10.5 werden notwendige Maßnahmen beim Hersteller, die im Rahmen des Qualitätsmanagementsystems ergriffen werden, erläutert.

Zur Nutzung von Single-Use-Produkten gehört auch ihre sichere Entsorgung. Im Fall von Kunststoffen erfolgt diese üblicherweise durch Verbrennen im Rahmen der Abfallbeseitigung. Die dabei anfallenden mit Organismen und/oder mit umweltgefährdenden Chemikalien oder Wirkstoffen belasteten Beutel, Schläuche, Filter etc. müssen ggf. vor der Entsorgung inaktiviert bzw. dekontaminiert werden. Einfache Lösungen hierfür sind noch nicht vorhanden. Auch einfache Möglichkeiten die verschiedenen Materialien vor Ort zu trennen, um sie ggf. wieder einer stofflichen Wiederverwertung zuzuführen, sind meist nicht gegeben. Hier besteht noch ein Entwicklungsbedarf. Konzepte zum Materialfluss, die sowohl die Ver- als auch die Entsorgung umfassen, müssen jedoch bereits in der Planungsphase eines Prozesses mit Single-Use-Produkten erarbeitet werden.

Die Nachhaltigkeit von Investitionsentscheidungen muss auch im industriellen Bereich berücksichtigt werden. M. Ottinger et al. (2022) untersuchten die Single-Use-Technology unter dem Aspekt der Nachhaltigkeit und zeigten, dass Anlagen auf Basis der Single-Use-Technology im Bereich der pharmazeutischen Produktion im Vergleich zu konventionellen Anlagen aus Edelstahl oftmals mit einem niedrigeren Energieaufwand, Wasserverbrauch und Platzbedarf betrieben werden können. Damit ist es möglich, dass bei einer sachgerechten Entsorgung der Single-Use-Produkte die Auswirkungen auf die Umwelt sogar reduziert werden.

10.3 Single-Use-Reaktoren

Der Reaktor einer biotechnologischen Produktion ist ein Behälter mit einer Rühr- bzw. Mischvorrichtung und Öffnungen zum Füllen und Entleeren sowie Anschlüssen für die Zufuhr weiterer Edukte und für die Geräte der Mess- und Regeltechnik. Bei aerob betriebenen Bioreaktoren sind die Zufuhr von Sauerstoff und die Abfuhr von CO_2 notwendig. Darüber hinaus ist oft eine Möglichkeit zur Erwärmung bzw. Kühlung notwendig.

Ein Single-Use-Bioreaktor (SUB) bestehen aus einer dichten oft mehrschichtigen Polyethylen-Folie, die in einen Edelstahlcontainer eingebaut wird und von ihm gestützt wird. Die so realisierten Reaktorgrößen reichen von 20 bis 2000 l Inhalt. Größen bis zu 5000 l werden bereits angeboten. Noch größere Biorektoren sind schwer zu handhaben. Große Produktionskapazitäten können jedoch durch Parallelschaltung mehrerer Reaktoren ermöglicht werden.

Große Systeme enthalten einen Rührer, der über Magnete angetrieben wird. Bei anderen führt der gesamte Container eine schaukelnde Bewegung aus und sorgt so für eine Durchmischung. Einige zur Überwachung und Regelung der Fermentation notwendige Messsensoren sind in der Folie integriert und werden als Single-Use-Sensoren ausgeführt. Die Verbindung zu Filtern und anderen Behältern werden über fest verschweißte Schläuche hergestellt. In der Regel werden Capsule-Filter eingesetzt (siehe Abschn. 7.4).

Zur Förderung der Medien werden meist Schlauchpumpen verwendet. Sie haben den Vorteil, dass das Fördergut nicht direkt mit der Pumpe in Berührung kommt. Dadurch wird ein sicherer Schutz vor Kontaminationen gewährleistet. Bei einem Chargenwechsel muss nur der Schlauch getauscht werden, der meist untrennbar mit dem Reaktor verbunden ist. Eine Reinigung der Pumpe ist nicht erforderlich.

10.4 Prozessketten der Single-Use-Technology

Eine Prozesskette beinhaltet ein System mit mehreren Verfahrensstufen, das z. B. aus einem Single-Use-Reaktor, Filtern sowie Behältnissen die mit Schlauchleitungen miteinander verbunden sind. Single-Use-Capsule-Filter mit Membranen oder Tiefenfilterschichten werden von vielen Herstellern angeboten. Oft kann damit das Upstream-Processing vollständig mit Single-Use-Produkten realisiert werden, wogegen beim Downstream-Processing noch Lücken bestehen. Das Downstream-Processing beinhaltet die Grundoperationen zur Isolierung und Aufreinigung des Produktes. Die Art und Reihenfolge der Grundoperationen variiert dabei in Abhängigkeit von den Produkteigenschaften und Anforderungen. Zur Herstellung biopharmazeutischer Produkte werden unter anderem Filter, Zentrifugen, Chromatographiesäulen und Membran-Adsorber eingesetzt. Letztere kombinieren die Vorteile der Filtration mit funktionellen Oberflächen, die vor allem Ionenaustauscher- und Affinitätseigenschaften aufweisen. Es gibt auf diesem Gebiet bereits Produkte, die als Single-Use-Systeme konzipiert wurden.

Aus Kostengründen werden Zentrifugen, Affinitäts-Chromatographiesäulen und Ultrafiltrationsanlagen im Downstream-Processing noch nicht durch Single-Use-Systeme ersetzt. Beim mehrfachen Einsatz z. B. von Membranmodulen zur Crossflow-Filtration kann der Zeitaufwand für die Anlagenspülung und Sterilisation vor sowie Spülung und Reinigung nach der Filtration die Verfügbarkeit der Anlage stark einschränken. Diese „Rüstzeiten“ werden bei Single-Use-Membranmodulen stark verkürzt, jedoch kann dieser Vorteil nur genutzt werden, wenn die Preise der Membranmodule eine solche Betriebsweise auch wirtschaftlich ermöglichen.

Es muss auch berücksichtigt werden, dass die Installation und Nutzung einer Prozesskette mit Single-Use-Komponenten viele manuelle Schritte zu ihrer Installation beinhaltet. Damit ist der Automatisierungsgrad der Systeme geringer als bei vergleichbaren klassischen Systemen. Auch das Prozessmonitoring ist bei Single-Use-Systemen meist nicht so umfangreich wie bei konventionellen Mehrproduktanlagen. Daher werden noch häufig hybride Produktionsanlagen eingesetzt, in denen Single-Use- und konventionelle Systeme, z. B. aus Edelstahl, kombiniert genutzt werden.

10.5 Qualitätsmanagement

Mit den Maßnahmen des Qualitätsmanagements soll erreicht werden, dass alle ausgelieferten Produkte die festgelegten Spezifikationen erfüllen. Neben der Produktion der Bauelemente (z. B. Schläuche, Folien, Verbindungsstücke, Membranen) umfasst der Herstellungsprozess das Verbinden dieser Bauelemente zu den ausgelieferten Einheiten, deren Prüfung, Sterilisation und Verpackung. Die Bauelemente bestehen überwiegend aus Kunststoffen und sind üblicherweise durch Schweißverbindungen miteinander verbunden. Durch die Verpackung muss das Eintreten von lebensfähigen Mikroorganismen verhindert und die aseptische Bereitstellung des Produktes am Einsatzort ermöglicht werden.

Einen Leitfaden für Spezifikation, Design, Verifizierung und Anwendung von Single-Use-Systemen in der pharmazeutischen und biopharmazeutischen Produktion wurde von ASTM International als Standard Guide ASTM E3051 entwickelt und 2016 veröffentlicht. Er berücksichtigt unter anderem die Konstruktionsmaterialien, die Komponenten und ihre Montage, Versorgungseinrichtungen, die Prozessüberwachung und die Produktqualität.

Bereits bei der Produktentwicklung müssen die geforderten Qualitätsmerkmale entsprechend der Produktanwendung bedacht und berücksichtigt werden. Sie werden entsprechend den Fertigungsmöglichkeiten und den Anforderungen gewichtet und als Qualitätsforderung mit einem vertretbaren Toleranzbereich festgelegt. In einem Unternehmen wird diese Aufgabe in enger Abstimmung zwischen den Organisationseinheiten (Vertrieb, Anwendungstechnik, Produktion und Qualitätsmanagement) bearbeitet.

Die Qualität eines Produkts wird durch die Fertigungsverfahren, die Anlagen, das Personal und die Maßnahmen zur Qualitätssicherung beeinflusst. Eine Aufgabe des Qualitätsmanagements ist es, sicherzustellen, dass jedes gefertigte Produkt, das in den Handel gelangt, die zugesagten Eigenschaften besitzt und damit die Qualitätsforderungen erfüllt. Es ist üblich, dass ein Hersteller von Single-Use-Produkten ein zertifiziertes Qualitäts-Managementsystem unterhält. Diesem System liegt auch ein ökonomischer Leitgedanke zugrunde, der darin besteht, dass Produkte, welche die Spezifikation nicht erfüllen auch nicht produziert werden (Null-Fehler-Strategie). Dazu muss auch sichergestellt werden, dass Zulieferer die vereinbarte Qualität ihrer Produkte einhalten und dass der Fertigungsprozess in einer angepassten Fertigungsumgebung abläuft.

Viele Hersteller orientieren sich beim Aufbau eines Qualitätsmanagementsystems (QM-Systems) an den GMP-Richtlinien (siehe Abschn. 2.2.3). In der Regel werden diese Richtlinien zur Qualitätssicherung bei der Herstellung von Single-Use-Produkten für die biopharmazeutische Produktion sinngemäß angewendet. Allgemein formulierte Mindestanforderungen, die an ein QS-System gestellt werden, enthalten auch die Normen der Reihe EN ISO 9000 bis 9004. Die Norm EN ISO 9001 ist eine Grundlage für eine Zertifizierung eines QM-Systems von Unternehmen oder Organisationen.

Ein Qualitätsmanagementsystem wird an das Produkt und seine Anwendungsbereiche, die Struktur des Unternehmens sowie die Verfahren zur Produktion angepasst. Jedes Qualitätsmanagementsystem weist jedoch Grundelemente auf, von denen im Folgenden einige für den Fall von Single-Use-Produkten erläutert werden:

Organisation
Die Verantwortung und Befugnisse der Personen, welche die Qualität eines Produkts beeinflussen, sind festgelegt.

Beschaffung (Einkauf)

Bei der Beschaffung von Materialien wird sichergestellt, dass sie festgelegte Anforderungen erfüllen. Die Angaben in den Beschaffungsdokumenten liefern eine klare Beschreibung des Materials. Häufig werden zwischen Lieferer und Abnehmer Prüfungen vereinbart, deren Resultate in entsprechenden Prüfzertifikaten aufgeführt sind. Dabei ist zu beachten, dass Prüfzertifikate des Lieferers den Auftraggeber nicht von seiner Verantwortung für das von ihm hergestellte Produkt befreien. Daher werden auch zusätzliche Abnahme- oder Eingangsprüfungen durch den Auftraggeber durchgeführt.

Dokumentation

Die Dokumentation beinhaltet alle Unterlagen, welche das Qualitätsmanagementsystem betreffen. Die Unterlagen müssen durch befugtes Personal geprüft und freigegeben werden. Dies betrifft z. B. die technischen Zeichnungen, die Festlegung der Qualitätsmerkmale, Prüfvorschriften, Protokolle mit Testresultaten sowie Arbeitsanweisungen zu bestimmten Produktionsschritten. Es muss sichergestellt werden, dass an jeder Stelle der aktuelle Stand der sie betreffenden Dokumentation bekannt ist.

Kennzeichnung und Rückverfolgbarkeit

Der Art. 17 Absatz 1 der EG-Verordnung 1935/2004 enthält das allgemeine Gebot zur „Sicherstellung der Rückverfolgbarkeit“ für Materialien und Gegenstände, die dazu bestimmt sind, mit Lebensmitteln in Berührung zu kommen. Ähnliche Anforderungen gelten auch für Anwendungsfälle im Bereich der Pharmazie und Medizin. Um den Anforderungen gerecht zu werden, muss die Zuordnung der Bauteile eines Single-Use-Systems zu den zugehörigen Zeichnungen, Spezifikationen und sonstigen Dokumenten in den Phasen der Produktion und nach der Auslieferung möglich sein. Das Produkt ist meist Teil einer Charge (bzw. Lot), d. h. einer festgelegten Anzahl von Einheiten, bei denen aufgrund von Produktionsbedingungen und Behandlungen angenommen werden kann, dass für jedes Einzelelement das Risiko einer Abweichung von den Qualitätsforderungen gleich groß ist. Zur Rückverfolgbarkeit müssen einzelne Produkte oder Chargen unverwechselbar gekennzeichnet werden.

Warenein- und -ausgänge müssen geordnet ablaufen, d. h. der jeweils unmittelbare (Vor-)Lieferant und der Abnehmer des Produktes müssen bekannt sein. Die Ausgestaltung der Organisation der Rückverfolgbarkeit und ihre Dokumentation innerhalb des Unternehmens sind offen, so dass ein hohes Maß an Flexibilität innerhalb eines Unternehmens gegeben ist. Folgende Grundsätze sollten dabei jedoch berücksichtigt werden:

- Das Unternehmen bzw. Rechtspersonen, die Produkte zuliefern und abnehmen, müssen ermittelt werden können.
- Auch eine interne Rückverfolgbarkeit ist zu gewährleisten, d. h. es kann nachvollzogen werden, aus welchen Teilen sich ein Produkt zusammensetzt und wer diese geliefert bzw. produziert hat.

- Name und Anschrift von Lieferanten und Kunden sind zusammen mit den gelieferten Produkten und dem Datum einer Lieferung bzw. Abgabe zu erfassen. Weiterhin sollten Informationen zur Charge (z. B. Menge und Chargennummer) zusammen mit einer Produktbeschreibung verfügbar sein.

Produktion

Fertigungs- und Montageschritte, die unmittelbar die Produktqualität beeinflussen, sind festgelegt und beherrschbar. Die Festlegung geschieht z. B. durch dokumentierte Arbeitsanweisungen und/oder Muster. Die Beherrschbarkeit wird durch den Einsatz validierter Arbeitsschritte und Einrichtungen erreicht. Die Validierung beinhaltet die systematische Überprüfung eines Arbeitsschrittes und der Einrichtungen, um sicherzustellen, dass Produkte mit der gewünschten Qualität zuverlässig und reproduzierbar hergestellt werden. Die Validierung beginnt in der Phase der Produktentwicklung, wenn hierzu parallel das Produktionsverfahren entwickelt und wichtige Verfahrensparameter festgelegt werden. Die Validierung in der Produktionsphase umfasst vorrangig die Ermittlung günstiger Maschinen- und Prozessparameter und ihre Kontrolle.

Ebenso sind die Auswertung der gesammelten Kontrolldaten im Herstellungsprozess, die Untersuchungsergebnisse am Endprodukt sowie Betriebserfahrungen Bestandteile der Validierung. Das Besondere der Validierung im Vergleich zu einer üblichen Produktionsentwicklung liegt in der systematischen Vorgehensweise und ihrer Dokumentierung. Die Sauberkeit der Fabrikationsgebäude, Maschinen und Geräte müssen durch eine angemessene Instandhaltung, Reinigung und durch das Verhalten der Mitarbeiter sichergestellt werden.

Qualitätsprüfung (Qualitätskontrolle)

Die Qualitätsprüfung wird von Personen wahrgenommen, deren Leiter unmittelbar der Geschäftsführung verantwortlich und von anderen Abteilungen unabhängig ist. Den Mitarbeitern der Qualitätsprüfung obliegen die Auswahl geeigneter Prüfmethoden und Prüfmittel sowie ihre Festlegung in Form von Prüfvorschriften. Sie sorgen dafür, dass die Prüfmittel die nötige Richtigkeit und Präzision besitzen, und führen die Messungen entsprechend dem festgelegten Prüfplan durch. Sie entscheiden über die Freigabe oder Zurückweisung von Halb- und Fertigprodukten. Die Prüfungen werden angemessen protokolliert.

Freigabe, Lagerung, Versand

Die Freigabe der Produkte erfolgt durch die Qualitätsprüfung. Die Verpackung und Lagerung werden so durchgeführt, dass eine Beschädigung bzw. eine Beeinträchtigung der Qualität vermieden wird. Über ein- und ausgehende Materialien wird Buch geführt. Die Auslieferung erfolgt nach dem Prinzip des Warenumschlags (first in – first out).

Qualitätsaudits
Mit Qualitätsaudits wird die Wirksamkeit des Qualitätsmanagementsystems überprüft. Audits werden in der Regel durch geschultes Personal im Auftrag der Geschäftsführung durchgeführt. Die Ergebnisse der Qualitätsaudits sind Grundlage für eine Bewertung des Qualitätsmanagementsystems.

Vertrieb
Der Vertrieb der Produkte wird schriftlich festgehalten, damit die Rückverfolgbarkeit gewährleistet ist. Reklamationen und Beschwerden werden den betroffenen Stellen zugeleitet und sorgfältig überprüft. Erweisen sie sich als begründet, werden geeignete Maßnahmen unverzüglich ergriffen.

Literatur

Brod H, Vester A, Kauling J (2012) Möglichkeiten und Grenzen von Disposable-Technologien in biopharmazeutischen Verfahren. Chem-Ing-Tech 84:633–645. https://doi.org/10.1002/cite.201100229

Eibl D, Eibl R (Hrsg) (2013) Special Issue: Single-Use Technology. Chem-Ing-Tech 85(1)

Eibl D, Eibl R (Hrsg) (2022) Special Issue: Single-Use Technology. Chem-Ing-Tech 94(12)

Knazek RA, Gullino PM, Kohler PO, Dedrick RL (1972) Cell culture on artificial capillaries: an approach to tissue growth in vitro. Science 178:65–66. https://doi.org/10.1126/science.178.4056.65

Ottinger M, Wenk I, Carvalho Pereira J, John G, Junne S (2022) Single-use technology in the biopharmaceutical industry and sustainability: a contradiction? Chem-Ing-Tech 94:1883–1891. https://doi.org/10.1002/cite.202200105

Stichwortverzeichnis

S. Ripperger, K. Nikolaus, *Anlagentechnik für sterile und ultrareine Prozesse*,
https://doi.org/10.1007/978-3-662-69217-2

MIX
Papier aus verantwortungsvollen Quellen
Paper from responsible sources
FSC® C105338

If you have any concerns about our products,
you can contact us on
ProductSafety@springernature.com

In case Publisher is established outside the EU,
the EU authorized representative is:
Springer Nature Customer Service Center GmbH
Europaplatz 3, 69115 Heidelberg, Germany

Printed by Libri Plureos GmbH
in Hamburg, Germany